运筹与管理科学丛书 23

最优化方法

杨庆之 编著

科学出版社
北 京

内 容 简 介

本书系统介绍线性规划、整数线性规划、无约束最优化和约束最优化的基本理论和方法，还介绍经济、金融、信息处理、统计、几何等领域中的具体优化模型，以及 MATLAB 软件包中部分优化工具箱的操作方法.

本书适合作为理工类本科生，特别是信息与计算科学、应用数学专业高年级本科生的教科书或教学参考书，也可供具有高等数学基础的高校师生和科研人员等阅读.

图书在版编目(CIP)数据

最优化方法/杨庆之编著. —北京：科学出版社，2015
(运筹与管理科学丛书；23)

ISBN 978-7-03-043462-3

Ⅰ. ①最… Ⅱ. ①杨… Ⅲ. ①最优化算法 Ⅳ. ①O242.23

中国版本图书馆 CIP 数据核字 (2015) 第 038251 号

责任编辑：李静科／责任校对：彭 涛
责任印制：赵 博／封面设计：陈 敬

科学出版社 出版
北京东黄城根北街 16 号
邮政编码：100717
http://www.sciencep.com
北京天宇星印刷厂印刷
科学出版社发行 各地新华书店经销
*
2015 年 3 月第 一 版 开本：720 × 1000 1/16
2025 年 1 月第七次印刷 印张：14 3/4
字数：277 000
定价：68.00 元
(如有印装质量问题，我社负责调换)

《运筹与管理科学丛书》序

运筹学是运用数学方法来刻画、分析以及求解决策问题的科学. 运筹学的例子在我国古已有之, 春秋战国时期著名军事家孙膑为田忌赛马所设计的排序就是一个很好的代表. 运筹学的重要性同样在很早就被人们所认识, 汉高祖刘邦在称赞张良时就说道:“运筹帷幄之中, 决胜千里之外. ”

运筹学作为一门学科兴起于第二次世界大战期间, 源于对军事行动的研究. 运筹学的英文名字 Operational Research 诞生于 1937 年. 运筹学发展迅速, 目前已有众多的分支, 如线性规划、非线性规划、整数规划、网络规划、图论、组合优化、非光滑优化、锥优化、多目标规划、动态规划、随机规划、决策分析、排队论、对策论、物流、风险管理等.

我国的运筹学研究始于20世纪50年代, 经过半个世纪的发展, 运筹学研究队伍已具相当大的规模. 运筹学的理论和方法在国防、经济、金融、工程、管理等许多重要领域有着广泛应用, 运筹学成果的应用也常常能带来巨大的经济和社会效益. 由于在我国经济快速增长的过程中涌现出了大量迫切需要解决的运筹学问题, 因而进一步提高我国运筹学的研究水平、促进运筹学成果的应用和转化、加快运筹学领域优秀青年人才的培养是我们当今面临的十分重要、光荣, 同时也是十分艰巨的任务. 我相信,《运筹与管理科学丛书》能在这些方面有所作为.

《运筹与管理科学丛书》可作为运筹学、管理科学、应用数学、系统科学、计算机科学等有关专业的高校师生、科研人员、工程技术人员的参考书, 同时也可作为相关专业的高年级本科生和研究生的教材或教学参考书. 希望该丛书能越办越好, 为我国运筹学和管理科学的发展做出贡献.

袁亚湘

2007 年 9 月

前　　言

最优化方法是运筹学的一个重要分支, 是一门实用性很强的学科. 它以数学和计算机作为其理论分析和实际应用的主要工具.

本书是在作者多次给南开大学数学科学学院高年级本科生开设的《最优化方法》课程基础上形成的. 作者开始是按我院一位教师编写的教材讲授这门课的, 在教学过程中, 通过借鉴其他教材的内容并加上自己的教学体会逐渐形成本书. 作者开始并没有打算出版, 后来通过和科学出版社有关人员的接触, 萌生了出版本书的想法.

该课程在我院是专业选修课, 课时不超过 60 学时. 由于课时不算多, 还经常有本校其他学院的学生选修这门课, 所以我觉得课程内容最好能涵盖面广一些, 而不过多涉及复杂的数学推导. 但由于本学科理论及算法分析方面的特点, 不可避免地需要对一些重要理论和算法分析的较复杂的数学推导和有关结论给予介绍. 基于这个考虑和原因, 在陈述命题时, 对不太复杂的命题证明给予介绍, 而对有些证明过于复杂的命题, 只列出有关结论而略去推导过程, 有进一步需要和兴趣的读者可查阅相关文献.

考虑到这门学科交叉和应用的特点, 作者希望学生通过对这门课的学习, 能在最优化模型、最优化理论及算法分析和上机编程操作这几个有机联系的方面都能学到一定的知识或操作技能. 因此本书除了以最优化理论和方法的理论内容为主, 还简单介绍 MATLAB 中某些优化函数的使用, 安排一些最优化模型的内容和需要上机计算的练习. 因为最优化方法的建模内容不同于优化理论和算法分析的偏数学分析的特点, 我们将这部分内容集中放在第 6 章并大致根据所属学科进行分类介绍, 虽然在之前各章穿插有比较简单的例子. 再就是为了启发学生对有些问题作进一步的思考, 书中还不时加入 “问题” 条目, 以对学生养成随时提问的习惯能有所帮助.

从理论内容上来说, 虽然我们希望能介绍本学科的基本内容和一些比较新颖的发展, 但由于篇幅所限, 一些重要内容, 比如带约束优化问题的信赖域方法、线性规划的内点法都没有介绍.

本书在编写过程中, 最后阶段较大的修改 (主要是补充了第 6 章内容) 是在 2014 年暑假作者在香港理工大学访问期间完成的, 作者感谢祁力群教授的访问邀请和对本书提出的宝贵修改意见, 还感谢杭州电子科技大学凌晨教授对本书内容提出的修改建议. 作者在使用这本书的过程中, 得到听课学生不少有益的反馈意见, 这对作者改进本书内容的叙述方法或严谨性是有益的. 作者还要感谢多位研究生在本书排版录入、习题补充和验证等方面给予的重要帮助. 书中借鉴了一些参考文献中的内容, 作者在此对其作者表示感谢.

最后还要感谢科学出版社有关人员对作者的督促和耐心周到的帮助和支持.

由于水平所限, 本书肯定还有些不足之处, 欢迎读者批评指正, 以便以后有机会再版时修改.

杨庆之

2014 年 11 月

目　　录

第 1 章　引论及预备知识

1.1　最优化问题简介

最优化是人们在工程技术、科学研究和经济管理等诸多领域中经常遇到的问题. 例如, 结构设计要在满足强度要求等条件下使所用材料的总重量最轻; 资源分配要使各用户利用有限资源产生的效益最大; 安排运输方案要在满足物质需求和装载条件下使运输费用最低; 编制生产计划要按照产品工艺流程和顾客需求尽量降低人力、设备、原材料等成本使总利润最高, 等等. 简单地说, 人们总是在各项具体的工作和生活中, 在一定的人力、物力、财力的条件下, 追求最好或更好的结果; 或者, 为了达到某个预想的目标, 使得有限的人力、物力、财力花费尽可能小. 通常, 可供选择的方案或方法有多个, 甚至是无限多种, 最优化方法就是研究如何从中选出最好的方案或进行最佳决策的一门学科.

随着社会生产和科学技术的不断发展, 最优化理论和技术在人们的工作和生活诸方面起着越来越重要的作用.

用最优化方法解决实际问题一般包括两个基本步骤: 一是把需要求解的问题表述成数学上最优化问题的形式, 这一步简称为优化建模; 二是在已有的模型基础上, 选择已有的优化方法或自己设计某种方法对模型进行求解. 优化建模具有一般数学建模的共性, 同时也有一定的特殊性和专业性.

下面我们看几个优化建模的例子.

例 1.1.1　线段围面积问题.

设有一长度为 l 的木条, 想用该木条围成一个矩形, 问长和宽各多少时矩形面积最大?

建立该问题的数学模型.

设已用木条围成一个矩形, 一边长度为 x, 则另一边的长度为 $\frac{l}{2}-x$. 矩形面积为$x\left(\frac{l}{2}-x\right)$. 该问题的数学模型可以写为

$$\begin{aligned}\max\quad & x\left(\frac{l}{2}-x\right)\\ \text{s.t.}\quad & 0\leqslant x\leqslant \frac{l}{2}\end{aligned}\tag{1.1}$$

这里 “max” 和 “s.t.” 分别是 “maximize” 和 “subject to” 的缩写.

例 1.1.2　食谱问题.

设市场上有 n 种不同的食物, 第 j 种食物每单位的价格为 $c_j(j=1,2,\cdots,n)$. 研究表明, 人体在正常生命活动中需要 m 种基本的营养成分. 为了保证人体的健康, 一个人每天至少需要摄入第 i 种营养成分 $b_i(i=1,2,\cdots,m)$ 个单位. 此外人们还知道第 j 种食物的每个单位包含营养成分 $a_{ij}(i=1,2,\cdots,m;j=1,2,\cdots,n)$ 个单位.

设一个人摄入的营养成分会被人体完全吸收, 每天不同食物的配给量构成一种配食方案. 食谱问题就是要求在满足人体基本营养需求的前提下寻求最经济的食谱.

建立该问题的数学模型.

设食谱中第 j 种食物的数量为 x_j, 于是食谱的花费为 $c_1x_1+c_2x_2+\cdots+c_nx_n$; 人体的营养需求要求满足:

$$a_{i1}x_1+a_{i2}x_2+\cdots+a_{in}x_n \geqslant b_i, \quad i=1,\cdots,m$$

显然应该有 $x_j \geqslant 0,\ j=1,\cdots,n$.

于是食谱问题的数学模型可以写为

$$\begin{aligned}\min \quad & \sum_{j=1}^{n} c_jx_j \\ \text{s.t.} \quad & \sum_{j=1}^{n} a_{ij}x_j \geqslant b_i, \quad i=1,\cdots,m \\ & x_j \geqslant 0, \quad j=1,\cdots,n\end{aligned} \tag{1.2}$$

这里 “min” 是 “minimize” 的缩写.

例 1.1.3　资金使用问题.

设某单位有 400 万元资金, 打算 4 年内使用完. 若在一年内使用资金 x 万元, 则可以得到收益 $\sqrt{x}$ 万元 (收益不能再使用), 当年不用的资金可存入银行, 年利率为 0.1. 问如何使用这一笔资金, 可以使 4 年后收益总和最大?

建立该问题的数学模型.

设第 i 年使用资金 x_i 万元, 则 4 年后的收益为

$$\sqrt{x_1}+\sqrt{x_2}+\sqrt{x_3}+\sqrt{x_4}$$

由问题条件知, x_i 满足

$$\begin{aligned}&0 \leqslant x_1 \leqslant 400 \\ &0 \leqslant x_2 \leqslant (400-x_1)\times 1.1\end{aligned}$$

$$0 \leqslant x_3 \leqslant ((400 - x_1) \times 1.1 - x_2) \times 1.1$$

$$0 \leqslant x_4 \leqslant (((400 - x_1) \times 1.1 - x_2) \times 1.1 - x_3) \times 1.1$$

于是这个资金使用问题的数学模型为

$$\begin{array}{ll} \max & \sqrt{x_1} + \sqrt{x_2} + \sqrt{x_3} + \sqrt{x_4} \\ \text{s.t.} & x_1 \leqslant 400 \\ & 1.1x_1 + x_2 \leqslant 440 \\ & 1.21x_1 + 1.1x_2 + x_3 \leqslant 484 \\ & 1.331x_1 + 1.21x_2 + 1.1x_3 + x_4 \leqslant 532.4 \\ & x_j \geqslant 0, \quad j = 1, \cdots, 4 \end{array} \tag{1.3}$$

在实际应用中, 一个问题是不是可以表述为一个最优化模型和怎样表示为一个最优化模型, 这是优化方法是否可以应用的前提, 因而是十分重要的. 但优化问题的建模和其他数学问题的建模一样, 不属于精确科学或数学的范畴, 而是一项技术或技艺, 没有统一的标准和方法. 当然, 建立的模型是否正确和模型的优劣是可以通过实际效果来检验的. 已有一些优秀的优化问题的建模教材, 如书末参考文献中的《运筹学案例》《优化建模与 Lindo/Lingo 软件》.

最优化方法涵盖的范围很广, 对问题进行分类研究形成了不同的学科分支. 可以大致地把最优化问题分为两类: 连续型优化问题和离散型优化问题. 本书主要介绍连续型优化问题的理论和解法.

连续型优化问题的一般形式如下:

$$\begin{array}{ll} \min & f(x) \\ \text{s.t.} & c_i(x) = 0, \quad i = 1, \cdots, m \\ & c_i(x) \geqslant 0, \quad i = m+1, \cdots, p \end{array} \tag{1.4}$$

这里 $x \in \mathbf{R}^n$, $f(x), c_i(x) (i = 1, \cdots, p)$ 为连续函数, x 称为决策变量, $f(x)$ 称为目标函数, $c_i(x)$ 称为约束函数. $c_i(x) = 0 (i = 1, \cdots, m)$ 称为等式约束, $c_i(x) \geqslant 0 (i = m+1, \cdots, p)$ 称为不等式约束.

在问题 (1.4) 中, 如没有约束, 则称问题为无约束优化问题, 否则称为约束优化问题; 若 $f(x), c_i(x) (i = 1, \cdots, p)$ 都是线性函数, 则问题称为线性规划问题, 否则称为非线性规划 (优化) 问题.

可以看出, 例 1.1.1~ 例 1.1.3 都属于连续型优化问题, 第一个问题使用初等数学的知识就可以求解. 但当变量或约束条件很多时, 一般用初等数学的知识无法求解. 而实际的问题往往有几千个或更多的变量或约束条件, 因此对连续型优化问题进行一般的理论研究并设计切实可行的计算方法是十分重要的.

记

$$F = \{x \in \mathbf{R}^n | c_i(x) = 0, i = 1, \cdots, m; c_i(x) \geqslant 0, i = m+1, \cdots, p\}$$

称 F 为问题 (1.4) 的**可行域**, F 中任一点称为**可行点**.

一个点 $x^* \in F$ 称为问题 (1.4) 的**整体最优解**, 若

$$f(x^*) \leqslant f(x), \quad \forall x \in F \text{ 且 } x \neq x^*$$

若不等式严格成立, 则称 x^* 为**严格整体最优解**.

若对 x^* 的一个邻域 $N(x^*) = \{x | \|x - x^*\| \leqslant \delta\}$ 有

$$f(x^*) \leqslant f(x), \quad \forall x \in F \cap N(x^*) \text{ 且 } x \neq x^*$$

则称 x^* 为问题 (1.4) 的**局部最优解**.

问题　局部最优解与整体最优解何时一致?

从一些简单的例子 (如图 1.1) 可以猜测: 如果可行区域是凸集合, 目标函数是凸函数, 这时局部最优解和整体最优解一致.

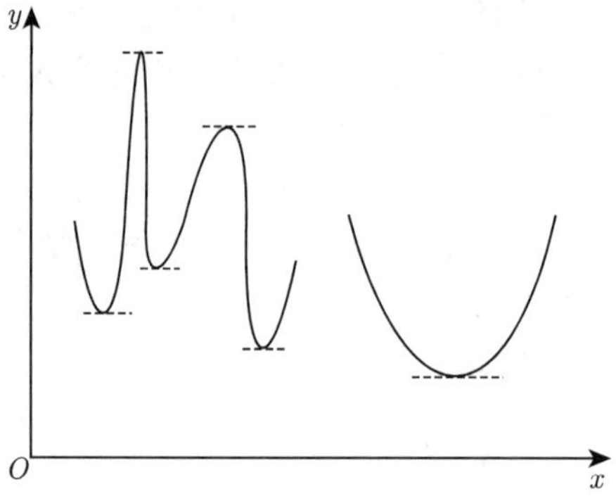

图 1.1

1.2　凸集和凸函数

求一个定义在闭凸集合上的凸函数的极小值的问题称为凸优化问题. 凸优化问题是最优化问题中非常重要的一类, 它有很好的理论性质, 也有十分有效的系统的求解方法. 凸集和凸函数是凸优化中主要的两个概念, 本节给出凸集与凸函数的定义, 并讨论它们的一些相关性质.

1.2.1　凸集及相关性质

定义 1.2.1　集合 $D \subseteq \mathbf{R}^n$ 称为凸的, 如果对任意 $x, y \in D$, 有

$$\lambda x + (1-\lambda) y \in D, \quad \forall \lambda \in (0, 1)$$

定义 1.2.2 设 $x^1,\cdots,x^m$ 是 $\mathbf{R}^n$ 中 m 个点, 称 $\sum\limits_{i=1}^m \lambda_i x^i$ 为 $x^1,\cdots,x^m$ 的凸组合, 这里 $\lambda_i \geqslant 0(i=1,\cdots,m)$ 且 $\sum\limits_{i=1}^m \lambda_i = 1$.

定义 1.2.3 设 $D\subseteq \mathbf{R}^n$, 称下列集合

$$H(D)=\{y|y\text{为}D\text{中任意有限个点的凸组合}\}$$

为集合 D 的凸包.

问题 对非凸集合 D, 它的凸包 $H(D)$ 是凸集吗?

定理 1.2.4 设 $D\subset \mathbf{R}^n$ 是凸集, 则 D 中任意 m 个点的凸组合仍属于 D.

证明 用归纳法证明. 当 $m=2$ 时, 由定义知命题成立. 设当 $m=k$ 时命题成立, 即 D 中任意 k 个点的凸组合仍属于 D. 当 $m=k+1$ 时, 设有 D 中任意 $k+1$ 个点 $x^1,\cdots,x^{k+1}$, 任取一组非负实数 $\alpha_1,\cdots,\alpha_{k+1}$ 满足 $\sum\limits_{i=1}^{k+1}\alpha_i=1$, 不妨设 $\alpha_{k+1}\neq 1$, 则有

$$\begin{aligned}\sum_{i=1}^{k+1}\alpha_i x^i &= \sum_{i=1}^{k}\alpha_i x^i+\alpha_{k+1}x^{k+1}\\ &=(1-\alpha_{k+1})\sum_{i=1}^{k}\frac{\alpha_i}{1-\alpha_{k+1}}x^i+\alpha_{k+1}x^{k+1}\end{aligned}\tag{1.5}$$

因为 $1-\alpha_{k+1}=\sum\limits_{i=1}^k\alpha_i$, 所以 $\sum\limits_{i=1}^k\dfrac{\alpha_i}{1-\alpha_{k+1}}=1$. 由归纳假设有

$$\sum_{i=1}^{k}\frac{\alpha_i}{1-\alpha_{k+1}}x^i\in D$$

于是由凸集的定义得

$$\sum_{i=1}^{k+1}\alpha_i x^i=(1-\alpha_{k+1})\sum_{i=1}^{k}\frac{\alpha_i}{1-\alpha_{k+1}}x^i+\alpha_{k+1}x^{k+1}\in D$$ □

定理 1.2.5 设 $D\subset \mathbf{R}^n$, 则对 $H(D)$ 中任一点 x, 它一定可以表示为 D 中 $n+1$ 个点的凸组合.

证明 设 x 是 $H(D)$ 中任一点, 由定义 1.2.2, 设有 k 个 D 中的点 $x^1,\cdots,x^k$ 使得

$$x=\sum_{i=1}^k\lambda_i x^i$$

这里 $\lambda_i \geqslant 0(i=1,\cdots,k)$, 且 $\sum\limits_{i=1}^k \lambda_i = 1$.

如果 $k \leqslant n+1$, 命题得证. 当 $k > n+1$ 时, 因为向量是 n 维的, 则 $x^2 - x^1, \cdots, x^k - x^1$ 线性相关, 即有不全为 0 的实数 $\mu_2, \cdots, \mu_k$, 使得

$$\sum_{i=2}^k \mu_i(x^i - x^1) = 0 \Leftrightarrow -\left(\sum_{i=2}^k \mu_i\right) x^1 + \sum_{i=2}^k \mu_i x^i = 0$$

记 $\mu_1 = -\sum\limits_{i=2}^k \mu_i$, 则有 $\sum\limits_{i=1}^k \mu_i x^i = 0$. 显然, $\mu_1, \cdots, \mu_k$ 中至少有一个大于 0.

对任意正数 α, 有

$$x = \sum_{i=1}^k \lambda_i x^i - \alpha \sum_{i=1}^k \mu_i x^i = \sum_{i=1}^k (\lambda_i - \alpha\mu_i) x^i$$

取

$$\alpha = \min\left\{ \frac{\lambda_i}{\mu_i} \middle| \mu_i > 0 \right\} \triangleq \frac{\lambda_j}{\mu_j}$$

则 $\lambda_j - \alpha\mu_j = 0$ 且 $\lambda_i - \alpha\mu_i \geqslant 0, \forall i : 0 \leqslant i \leqslant k$ 及 $\sum\limits_{i=1}^k (\lambda_i - \alpha\mu_i) = 1$.

所以, 至多 $k-1$ 个 D 中的点即可凸表示 x. 若 $k-1 \leqslant n+1$, 定理得证, 否则重复上述步骤有限次后即知命题成立. □

1.2.2 保凸运算

判断一个集合是不是凸集, 除了从定义出发去验证, 还有些运算可以保持集合的凸性, 通过这些运算也可以从已知的凸集构造新的凸集, 或者判断一个集合是否为凸集. 下面列出的几种运算是保凸运算.

1. 交集运算

容易验证, 两个凸集合的交仍然是凸的. 不难验证, 无限个凸集合的交仍然是凸的.

例 1.2.1　n 阶半正定矩阵的全体 S_+^n 可记为

$$S_+^n = \bigcap_{z \neq 0} \{X \in S^n | z^{\mathrm{T}} X z \geqslant 0\}$$

显然, 对每一个 $z \neq 0$, $\{X \in S^n | z^{\mathrm{T}} X z \geqslant 0\}$ 是凸集. 于是 S_+^n 是凸集.

2. 仿射函数运算

设 $f(x) = Ax + b$ 是 $\mathbf{R}^n \to \mathbf{R}^m$ 的仿射函数, 这里 $A \in \mathbf{R}^{m\times n}, b \in \mathbf{R}^m$. 设 $S \subseteq \mathbf{R}^n$ 是一凸集合, 则 S 在 f 作用下的像 $f(S) = \{f(x)|x \in S\}$ 是凸集. 类似地, S 在仿射函数作用下的逆图像也是凸集合. 设 $g(y)$ 是 $\mathbf{R}^k \to \mathbf{R}^n$ 的仿射函数, 则 $g^{-1}(S) = \{y|g(y) \in S\}$ 是凸集.

仿射运算及逆运算包含了好几种特殊的常见的运算, 如数量乘积和平移 $\alpha S = \{\alpha x|x \in S\}, S + \alpha = \{x + \alpha|x \in S\}$.

一个凸集到几个象限的投影是凸集, 如

$$T = \left\{x_1 \in \mathbf{R}^m|(x_1, x_2) \in \mathbf{R}^m \times \mathbf{R}^n \text{对某个} x_2 \in \mathbf{R}^n\right\}$$

是凸集.

两个凸集合的和 $S_1 + S_2 = \{x + y|x \in S_1,\ \ y \in S_2\}$ 及部分和是凸集.

下面再举几个具体的例子.

例 1.2.2 多面体. 集合 $H = \{x \in \mathbf{R}^n|Ax \leqslant b, Cx = d\}$ 称为多面体. 容易由定义验证 H 是凸集. 也可以由运算规则证明 H 是凸集.

记 $f(x) = (b - Ax, d - Cx)$, 可见 $f(x)$ 是仿射函数, 且 $H = \left\{x|f(x) \in \mathbf{R}^m_+ \times \{0\}\right\}$. 可见多面体 H 可以看成仿射函数作用下的逆图像, 因而是凸集.

例 1.2.3 线性矩阵不等式的解集. 设 A_i, B 是 m 阶实对称矩阵, $i = 1, \cdots, n$. 条件

$$A(x) = x_1 A_1 + \cdots + x_n A_n \preceq B$$

称为线性矩阵不等式 (linear matrix inequality), 这里的不等式表示 $A(x) - B$ 是负半定的, 即 $B - A(x)$ 是正半定的. 记 $f(x) = B - A(x)$, 则 $f(x)$ 是 $\mathbf{R}^n \to S^m$ 的仿射函数, 于是 $\{x|A(x) \preceq B\} = \{x|f(x) \succeq 0\}$. 容易知道, 正半定矩阵的全体是凸集, 于是由仿射函数作用下的逆图像仍然是凸集合的结论知 $\{x|A(x) \preceq B\}$ 是凸集.

3. 线性分式函数和透视函数

线性分式函数是比仿射函数更一般但仍然保凸的函数.

透视函数: 透视函数定义为 P: $\mathbf{R}^{n+1} \to \mathbf{R}^n$, $P(z, t) = z/t$.

定义域为 $\text{dom}(P) = \mathbf{R}^n \times \mathbf{R}_{++}$, 这里 $\mathbf{R}_{++}$ 表示正实数集.

定理 1.2.6 如果 $C \subseteq \text{dom}(P)$ 是凸集, 则其透视函数图像 $P(C) = \{P(x)|x \in C\}$ 也是凸集.

证明 首先证明透视函数将定义域内的一条线段仍然变换为一条线段. 设 $x = (\widetilde{x}, x_{n+1}), y = (\widetilde{y}, y_{n+1}) \in \mathbf{R}^{n+1}$, $x_{n+1} > 0$, $y_{n+1} > 0$. 对 $\theta \in (0, 1)$,

$$P(\theta x + (1-\theta)y) = \frac{\theta\widetilde{x} + (1-\theta)\widetilde{y}}{\theta x_{n+1} + (1-\theta)y_{n+1}} = \mu P(x) + (1-\mu)P(y)$$

这里

$$\mu = \frac{\theta x_{n+1}}{\theta x_{n+1} + (1-\theta) y_{n+1}} \in (0,1)$$

可以看出, μ 是 θ 的单增满射的函数, 所以, $P([x,y]) = [P(x), P(y)]$. 这里 $[a,b]$ 表示连接 a, b 的线段.

设 C 是 $\mathbf{R}^{n+1}$ 中的凸集, 对任意 $x \in C$, 有 $x_{n+1} > 0$. 任取 $x, y \in C$, 只需证明 $[P(x), P(y)] \in P(C)$. 但由上面已知该线段是 $[x,y]$ 在 P 映射下的像, 所以结论成立. □

实际上, 定理 1.2.6 的逆命题也是成立的, 证明留作练习.

线性分式函数是由透视函数与仿射函数复合而成. 设 $g: \mathbf{R}^n \to \mathbf{R}^{m+1}$ 是仿射函数,

$$g(x) = \begin{pmatrix} A \\ c^{\mathrm{T}} \end{pmatrix} x + \begin{pmatrix} b \\ d \end{pmatrix}$$

这里 $A \in \mathbf{R}^{m\times n}, b \in \mathbf{R}^m, c \in \mathbf{R}^n, d \in \mathbf{R}$. $f: \mathbf{R}^n \to \mathbf{R}^m$ 由复合函数 $f = P \circ g$ 定义, 即

$$f(x) = (Ax+b)/(c^{\mathrm{T}}x+d), \quad \mathrm{dom}(f) = \left\{x | c^{\mathrm{T}}x + d > 0\right\}$$

称为线性分式函数.

定理 1.2.7　设凸集 $C \subseteq \mathrm{dom}(f)$, 则 C 在线性分式函数 $f(x)$ 的作用下仍然是凸集, 即 $f(C)$ 是凸集.

由前面仿射映射和透视映射的保凸性可以证明定理 1.2.7 成立. 这里留作练习.

1.2.3　凸集的分离和支撑

定义 1.2.8　设 $x \in \mathbf{R}^n$, $N_\varepsilon(x) = \{y | \|y-x\|_2 < \varepsilon\}$ 表示以 x 为中心, ε 为半径的 x 的邻域. 对集合 $D \subseteq \mathbf{R}^n$, 称

集合 $\mathrm{cl}(D) = \{x | \forall \varepsilon > 0, N_\varepsilon(x) \cap D \neq \varnothing\}$ 为 D 的闭包;

集合 $\mathrm{int}(D) = \{x | \exists \varepsilon > 0, N_\varepsilon(x) \subset D\}$ 为 D 的内部;

集合 $\partial D = \{x | \forall \varepsilon > 0, N_\varepsilon(x) \cap D \neq \varnothing, N_\varepsilon(x) \cap (\mathbf{R}^n \setminus D) \neq \varnothing\}$ 为 D 的边界.

这里 $\mathbf{R}^n \setminus D$ 表示 D 的补集.

定义 1.2.9　设 $D_1, D_2 \subset \mathbf{R}^n$ 为两个非空凸集, 若存在非零向量 $\alpha \in \mathbf{R}^n$ 和实数 β, 使得

$$D_1 \subseteq H^+ = \left\{x \in \mathbf{R}^n | \alpha^{\mathrm{T}} x \geqslant \beta\right\}$$

$$D_2 \subseteq H^- = \left\{x \in \mathbf{R}^n | \alpha^{\mathrm{T}} x \leqslant \beta\right\}$$

则称超平面 $H = \left\{x \in \mathbf{R}^n | \alpha^{\mathrm{T}} x = \beta\right\}$ 分离了 D_1 和 D_2.

如果 $D_1 \subset H_0^+ = \left\{x \in \mathbf{R}^n | \alpha^{\mathrm{T}} x > \beta\right\}, D_2 \subset H_0^- = \left\{x \in \mathbf{R}^n | \alpha^{\mathrm{T}} x < \beta\right\}$, 则称 H 严格分离了 D_1 和 D_2.

定理 1.2.10　设 $D \subset \mathbf{R}^n$ 是非空闭凸集, $y \in \mathbf{R}^n$ 但 $y \notin D$, 则

(1) 存在唯一的点 $\overline{x} \in D$ 使得

$$\|\overline{x} - y\|_2 = \inf\{\|x - y\|_2, x \in D\}$$

(2) $\overline{x} \in D$ 是 D 中离 y 最近的点的充要条件是

$$(x - \overline{x})^{\mathrm{T}}(\overline{x} - y) \geqslant 0, \quad \forall x \in D$$

证明　(1) 在 D 中取一点 z, 以 y 为球心, $r = \|y - z\|_2$ 为半径做一球 $C = \{x | \|x - y\|_2 \leqslant r\}$, 如图 1.2 所示.

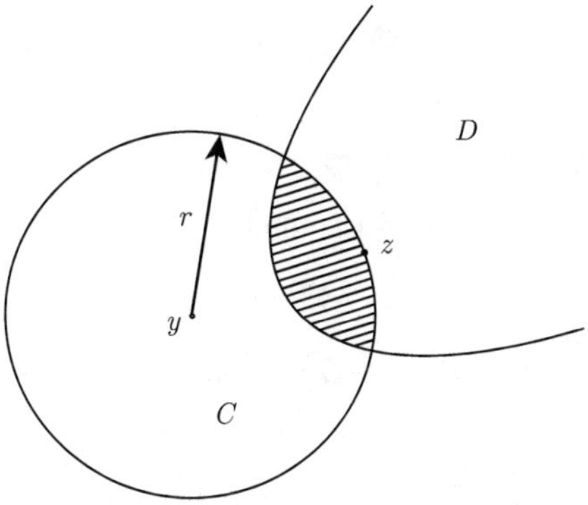

图 1.2

显然 $C \cap D$ 是有界闭凸集. 记 $f(x) = \|x - y\|_2$, 因为 $f(x)$ 是连续函数, 所以在 $C \cap D$ 中可达最小值, 即有 $\overline{x} \in C \cap D$, 使

$$f(\overline{x}) \leqslant f(x), \quad \forall x \in C \cap D$$

所以 $\|\overline{x} - y\|_2 = \inf\{\|x - y\|_2, x \in D\}$.

下证 $\overline{x}$ 的唯一性. 设另有一点 $\widetilde{x}$ 使

$$\|\widetilde{x} - y\|_2 = \|\overline{x} - y\|_2 = \inf\{\|x - y\|_2, x \in D\}$$

则有

$$\left\|\frac{\overline{x} + \widetilde{x}}{2} - y\right\|_2 \leqslant \frac{1}{2}\|\overline{x} - y\|_2 + \frac{1}{2}\|\widetilde{x} - y\|_2$$

又因为 D 是凸集, 所以 $\dfrac{\overline{x} + \widetilde{x}}{2} \in D$, 从而 $\left\|\dfrac{\overline{x} + \widetilde{x}}{2} - y\right\|_2 \geqslant \inf\{\|x - y\|_2, x \in D\}$. 于是有

$$\left\|\frac{\overline{x} + \widetilde{x}}{2} - y\right\|_2 = \frac{1}{2}\|\overline{x} - y\|_2 + \frac{1}{2}\|\widetilde{x} - y\|_2$$

从而必存在实数 α 满足 $\widetilde{x}-y=\alpha(\overline{x}-y)$, 等式两边取范数, 得 $|\alpha|=1$. 若 $\alpha=-1$, 则有 $y=\dfrac{\overline{x}+\widetilde{x}}{2}\in D$, 这与 $y\notin D$ 矛盾. 所以 $\alpha=1$, 于是 $\widetilde{x}=\overline{x}$. 这就证明了 $\overline{x}$ 的唯一性.

(2) 先证充分性. $\forall x\in D$, 有

$$\|x-y\|_2^2=\|(x-\overline{x})+(\overline{x}-y)\|_2^2=\|(x-\overline{x})\|_2^2+2(x-\overline{x})^{\mathrm{T}}(\overline{x}-y)+\|\overline{x}-y\|_2^2$$

因为 $(x-\overline{x})^{\mathrm{T}}(\overline{x}-y)\geqslant 0$, 所以 $\|x-y\|_2^2\geqslant\|\overline{x}-y\|_2^2$, 即 $\overline{x}$ 是 D 中离 y 最近的点.

再证必要性. 既然 $\|\overline{x}-y\|_2^2\leqslant\|x-y\|_2^2, \forall x\in D$, 又 D 是凸集, 则对任一给定的 $x\in D$ 及 $\lambda\in(0,1)$, 有

$$\overline{x}+\lambda(x-\overline{x})=(1-\lambda)\overline{x}+\lambda x\in D$$

所以

$$\|\overline{x}-y\|_2^2\leqslant\|\overline{x}+\lambda(x-\overline{x})-y\|_2^2=\|\overline{x}-y\|_2^2+2\lambda(\overline{x}-y)^{\mathrm{T}}(x-\overline{x})+\lambda^2\|x-\overline{x}\|_2^2$$

由此得

$$2(\overline{x}-y)^{\mathrm{T}}(x-\overline{x})+\lambda\|x-\overline{x}\|_2^2\geqslant 0$$

令 $\lambda\to 0^+$, 则有

$$(\overline{x}-y)^{\mathrm{T}}(x-\overline{x})\geqslant 0,\quad \forall x\in D$$

□

定理 1.2.11　设 D 为 $\mathbf{R}^n$ 中非空闭凸集, $y\notin D$, 则存在非零向量 $a\in\mathbf{R}^n$ 和实数 β, 使得

$$a^{\mathrm{T}}x\leqslant\beta<a^{\mathrm{T}}y,\quad \forall x\in D$$

证明　由条件和定理 1.2.10 知, 存在唯一的 $\overline{x}\in D$ 使

$$(x-\overline{x})^{\mathrm{T}}(\overline{x}-y)\geqslant 0,\quad \forall x\in D$$

即

$$x^{\mathrm{T}}(y-\overline{x})\leqslant\overline{x}^{\mathrm{T}}(y-\overline{x}),\quad \forall x\in D$$

由此得

$$\|y-\overline{x}\|_2^2=y^{\mathrm{T}}(y-\overline{x})-\overline{x}^{\mathrm{T}}(y-\overline{x})\leqslant y^{\mathrm{T}}(y-\overline{x})-x^{\mathrm{T}}(y-\overline{x}),\quad \forall x\in D$$

记 $a=y-\overline{x}$, 则 $a\neq 0$, 且由上式知

$$0<\|a\|_2^2\leqslant a^{\mathrm{T}}y-a^{\mathrm{T}}x$$

所以

$$a^{\mathrm{T}}x\leqslant a^{\mathrm{T}}y-\|a\|_2^2<a^{\mathrm{T}}y,\quad \forall x\in D$$

记 $\beta = \sup\left\{a^{\mathrm{T}}x | x \in D\right\}$, 则

$$a^{\mathrm{T}}x \leqslant \beta < a^{\mathrm{T}}y, \quad \forall x \in D$$

□

由定理 1.2.11 可以推出下列重要引理, 该引理在约束优化问题最优性条件中起着重要作用.

引理 1.2.12(Farkas 引理) 设 A 为 $m \times n$ 矩阵, $b \in \mathbf{R}^n$, 则下列两个不等式系统有且仅有一组有解:

$$Ax \leqslant 0, \quad b^{\mathrm{T}}x > 0 \tag{1.6}$$

$$A^{\mathrm{T}}y = b, \quad y \geqslant 0 \tag{1.7}$$

证明 设系统 (1.7) 有解 y. 若 x 满足 $Ax \leqslant 0$, 则 $b^{\mathrm{T}}x = y^{\mathrm{T}}Ax \leqslant 0$, 即系统 (1.6) 无解.

若系统 (1.7) 无解, 记 $D = \left\{z \in \mathbf{R}^n | z = A^{\mathrm{T}}y, y \geqslant 0\right\}$, 则 D 为非空闭凸集且 $b \notin D$. 由定理 1.2.11, 存在 a 及 β 使

$$a^{\mathrm{T}}z \leqslant \beta < a^{\mathrm{T}}b, \quad \forall z \in D$$

显然 $0 \in D$, 于是由上式可得 $\beta \geqslant 0$ 及 $a^{\mathrm{T}}b > 0$.

注意到 D 的定义, 则有

$$\beta \geqslant a^{\mathrm{T}}z = a^{\mathrm{T}}A^{\mathrm{T}}y = y^{\mathrm{T}}(Aa), \quad \forall y \geqslant 0$$

这意味着 $Aa \leqslant 0$. 所以 a 是系统 (1.6) 的解. □

问题 为什么 $D = \left\{z \in \mathbf{R}^n | z = A^{\mathrm{T}}y, y \geqslant 0\right\}$ 是闭集? 该问题留作练习.

定理 1.2.11 讨论了点与闭凸集之间的分离. 下面讨论两个闭凸集之间的分离.

定义 1.2.13 设 D 为非空集合, 点 $\overline{x} \in \partial D$, 这里 ∂D 表示 D 的边界. 若存在 $a \neq 0$, 使

$$D \subseteq H_{\overline{x}}^{+} = \left\{x | a^{\mathrm{T}}(x - \overline{x}) \geqslant 0\right\}$$

或

$$D \subseteq H_{\overline{x}}^{-} = \left\{x | a^{\mathrm{T}}(x - \overline{x}) \leqslant 0\right\}$$

则称超平面 $H_{\overline{x}} = \left\{x | a^{\mathrm{T}}(x - \overline{x}) = 0\right\}$ 是集合 D 在 $\overline{x}$ 处的支撑超平面.

问题 什么样的集合在任一边界点处都有支撑超平面?

从图 1.3 容易推测出: 凸集合在任一边界点处都有支撑超平面.

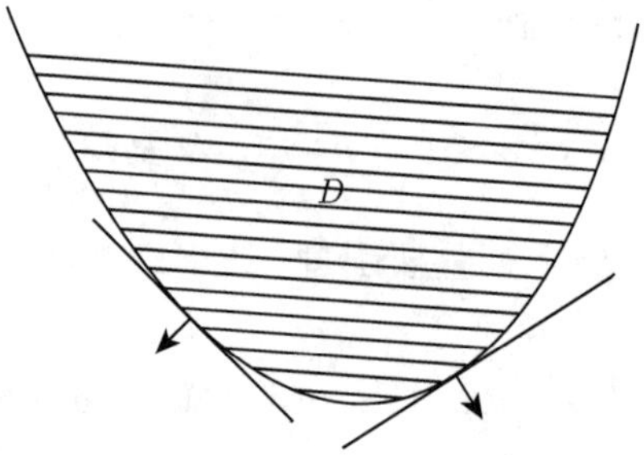

图 1.3

定理 1.2.14 设 D 是非空凸集, $\overline{x}\in\partial D$, 则存在非零向量 a 使

$$a^{\mathrm{T}}x\leqslant a^{\mathrm{T}}\overline{x},\quad \forall x\in\overline{D}$$

这里 $\overline{D}$ 表示 D 的闭包.

证明 因为 $\overline{x}\in\partial D$, 所以存在 $\{y^{(k)}\}\not\subseteq\overline{D}$ 且 $y^{(k)}\to\overline{x}$. 由定理 1.2.11 知, 对每一 $y^{(k)}$, 存在非零向量 $a^{(k)}$ 使

$${a^{(k)}}^{\mathrm{T}}x\leqslant {a^{(k)}}^{\mathrm{T}}y^{(k)},\quad \forall x\in\overline{D}$$

不妨假定 $\|a^{(k)}\|_2=1$. 因为 $\{a^{(k)}\}$ 有界, 所以存在子列 $\{a^{(k_i)}\}$ 使得 $a^{(k_i)}\to a$, 这里极限点 a 满足 $\|a\|_2=1$. 于是对任意 $x\in\overline{D}$, 有 $a^{\mathrm{T}}x\leqslant a^{\mathrm{T}}\overline{x}$. □

推论 1.2.15 设 D 是非空凸集, $\overline{x}\notin D$, 则存在 $a\neq 0$, 使

$$a^{\mathrm{T}}x\leqslant a^{\mathrm{T}}\overline{x},\quad \forall x\in\overline{D}$$

推论 1.2.15 由定理 1.2.11 和定理 1.2.14 立即可得.

定理 1.2.16 设 D_1,D_2 是两个非空凸集, 且 $D_1\bigcap D_2=\varnothing$, 则存在超平面分离 D_1 和 D_2, 即存在 $a\neq 0$ 使

$$a^{\mathrm{T}}x\leqslant a^{\mathrm{T}}y,\quad \forall x\in\overline{D_1},\quad \forall y\in\overline{D_2}$$

证明 记 $D=D_1-D_2=\{z|z=x-y,\forall x\in D_1,\forall y\in D_2\}$, 显然 D 是非空凸集. 因为 $D_1\bigcap D_2=\varnothing$, 所以 $0\notin D$. 由推论 1.2.15 知, 存在 $a\neq 0$ 使

$$a^{\mathrm{T}}z\leqslant a^{\mathrm{T}}0=0,\quad \forall z\in D$$

由此得

$$a^{\mathrm{T}}x\leqslant a^{\mathrm{T}}y,\quad \forall x\in D_1,\ \forall y\in D_2$$

记 $\sup\left\{a^{\mathrm{T}}x|x\in D_1\right\}=\beta$, 则

$$a^{\mathrm{T}}x\leqslant\beta\leqslant a^{\mathrm{T}}y,\quad \forall x\in D_1,\ \forall y\in D_2$$

于是有

$$a^{\mathrm{T}}x\leqslant a^{\mathrm{T}}y,\quad \forall x\in\overline{D_1},\ \forall y\in\overline{D_2}.$$

□

由定理 1.2.16 可以推出下列引理, 它在约束优化问题的最优性条件中起着重要作用.

引理 1.2.17(Gordan 引理) 设 A 为 $m\times n$ 矩阵, 则下述两个不等式系统有且仅有一组有解:

$$Ax<0 \tag{1.8}$$

$$A^{\mathrm{T}}y=0,\quad y\geqslant 0,\ y\neq 0, \tag{1.9}$$

证明 若有 x 和 y 分别是 (1.8) 和 (1.9) 的解, 则

$$y^{\mathrm{T}}Ax<0=(A^{\mathrm{T}}y)^{\mathrm{T}}x=y^{\mathrm{T}}Ax$$

矛盾! 所以系统 (1.8) 和系统 (1.9) 不可能同时有解.

下证两个系统有一个有解. 不妨设系统 (1.8) 无解. 记

$$Z_1=\{z\in\mathbf{R}^m|z<0\},\quad Z_2=\{z\in\mathbf{R}^m|z=Ax,\forall x\in\mathbf{R}^n\}$$

则 Z_1,Z_2 均为凸集且 $Z_1\bigcap Z_2=\varnothing$. 由定理 1.2.16 知, 存在 $a\neq 0$ 使

$$a^{\mathrm{T}}z\leqslant a^{\mathrm{T}}(Ax),\quad \forall z\leqslant 0,\ \forall x\in\mathbf{R}^n$$

由此得 $a\geqslant 0$. 取 $z=0$, 则有 $(a^{\mathrm{T}}A)x\geqslant 0,\forall x\in\mathbf{R}^n$. 所以 $A^{\mathrm{T}}a=0$. 可见 a 是系统 (1.9) 的一个解. □

问题 上面的 Farkas 引理和 Gordan 引理形式和结论都比较相像, 二者的几何意义有何联系和区别. 可否由一个引理去证明另一个引理?

1.2.4 凸函数及相关性质

下面讨论定义在凸集上的凸函数的一些性质.

定义 1.2.18 设 $f(x)$ 是定义在凸集 D 上的函数, 如对任意 $x,y\in D$ 和 $\lambda\in(0,1)$, 有

$$f(\lambda x+(1-\lambda)y)\leqslant\lambda f(x)+(1-\lambda)f(y)$$

则称 $f(x)$ 是 D 上的凸函数. 如上述不等式对 $x\neq y$ 严格成立, 则称 $f(x)$ 是 D 上严格凸函数.

问题　如果定义中的 λ 换成 $\frac{1}{2}$ 或其他 $(0,1)$ 中固定的数, 可以吗?

下面给出凸函数的几个判定定理.

定理 1.2.19　*函数 $f(x)$ 是 $\mathbf{R}^n$ 上凸函数的充要条件是对任意 x,y, 单变量函数 $\psi(\alpha)=f(x+\alpha y)$ 是 α 的凸函数.*

证明　先证必要性. 设 α_1,α_2 是两个任意实数, 由 $\psi(\alpha)$ 的定义, $\forall\lambda\in(0,1)$, 有

$$\begin{aligned}\psi(\lambda\alpha_1+(1-\lambda)\alpha_2)&=f(x+(\lambda\alpha_1+(1-\lambda)\alpha_2)y)\\&\leqslant\lambda f(x+\alpha_1 y)+(1-\lambda)f(x+\alpha_2 y)\\&=\lambda\psi(\alpha_1)+(1-\lambda)\psi(\alpha_2)\end{aligned}\tag{1.10}$$

所以 $\psi(\alpha)$ 是凸函数.

再证充分性. $\forall x,y\in\mathbf{R}^n$, 设 $\overline{z}=x+\alpha_1 y$, $\widehat{z}=x+\alpha_2 y$, $\alpha_1\neq\alpha_2$.

对任意 $\lambda\in(0,1)$, 有

$$\begin{aligned}f(\lambda\overline{z}+(1-\lambda)\widehat{z})&=f(\lambda(x+\alpha_1 y)+(1-\lambda)(x+\alpha_2 y))\\&=f(x+(\lambda\alpha_1+(1-\lambda)\alpha_2)y)\\&=\psi(\lambda\alpha_1+(1-\lambda)\alpha_2)\\&\leqslant\lambda\psi(\alpha_1)+(1-\lambda)\psi(\alpha_2)\\&=\lambda f(x+\alpha_1 y)+(1-\lambda)f(x+\alpha_2 y)\\&=\lambda f(\overline{z})+(1-\lambda)f(\widehat{z})\end{aligned}\tag{1.11}$$

对任意两个不同点 $\overline{z}$ 和 $\widehat{z}$ 及 $\alpha_1\neq\alpha_2$ 给定, 取 $y=\dfrac{\overline{z}-\widehat{z}}{\alpha_1-\alpha_2}, x=\overline{z}-\alpha_1 y$, 便得 $\overline{z}=x+\alpha_1 y$, $\widehat{z}=x+\alpha_2 y$. 可见, $\overline{z},\widehat{z}$ 可任取为两个不同点. 于是, 由凸函数的定义知定理成立. □

定理 1.2.20　*设 $f:\mathbf{R}^n\to\mathbf{R}$ 是凸函数, 则对任意 $x\in\mathbf{R}^n$ 及非零方向 d, f 在 x 点沿方向 d 的方向导数存在.*

证明　对给定的 x 和 d, 令 $g(\lambda)=f(x+\lambda d)$, 则 $g(\lambda)$ 是一元凸函数. 对任意 $\lambda_2>\lambda_1>0$,

$$g(\lambda_1)=g\left(\left(1-\frac{\lambda_1}{\lambda_2}\right)\cdot 0+\frac{\lambda_1}{\lambda_2}\cdot\lambda_2\right)\leqslant\left(1-\frac{\lambda_1}{\lambda_2}\right)g(0)+\frac{\lambda_1}{\lambda_2}g(\lambda_2)$$

即

$$\frac{g(\lambda_1)-g(0)}{\lambda_1}\leqslant\frac{g(\lambda_2)-g(0)}{\lambda_2}$$

所以 $\dfrac{g(\lambda)-g(0)}{\lambda}$ 在 $(0,+\infty)$ 上是单增的.

又对任意 $\lambda > 0$,

$$g(0) = g\left(\frac{1 \cdot \lambda + \lambda \cdot (-1)}{\lambda + 1}\right) \leqslant \frac{1}{\lambda+1} g(\lambda) + \frac{\lambda}{\lambda+1} g(-1)$$

即

$$\frac{g(0) - g(-1)}{1} \leqslant \frac{g(\lambda) - g(0)}{\lambda}$$

所以 $\dfrac{g(\lambda) - g(0)}{\lambda}$ 在 $(0, +\infty)$ 上有下界. 从而 $\lim\limits_{\lambda \to 0^+} \dfrac{g(\lambda) - g(0)}{\lambda}$ 存在, 即方向导数 $\lim\limits_{\lambda \to 0^+} \dfrac{f(x + \lambda d) - f(x)}{\lambda}$ 存在. □

定理 1.2.21 设 $f(x)$ 是定义在凸集 D 上的连续可微函数, 则

(1) $f(x)$ 是 D 上凸函数的充要条件是

$$f(y) \geqslant f(x) + \nabla f(x)^{\mathrm{T}} (y - x), \quad \forall x, y \in D$$

(2) $f(x)$ 是 D 上严格凸函数的充要条件是

$$f(y) > f(x) + \nabla f(x)^{\mathrm{T}} (y - x), \quad \forall x, y \in D \text{ 且 } x \neq y$$

证明 (1) 先证必要性. 对任意 $x, y \in D$ 及 $\lambda \in (0, 1)$, 有

$$f(\lambda y + (1 - \lambda) x) \leqslant \lambda f(y) + (1 - \lambda) f(x)$$

由此得

$$\frac{f(x + \lambda(y - x)) - f(x)}{\lambda} \leqslant f(y) - f(x)$$

令 $\lambda \to 0$, 则有

$$\nabla f(x)^{\mathrm{T}} (y - x) \leqslant f(y) - f(x)$$

即 $f(y) \geqslant f(x) + \nabla f(x)^{\mathrm{T}} (y - x), \forall x, y \in D$.

再证明充分性. 对任意 $x, y \in D$ 及 $\lambda \in (0, 1)$, 取 $\overline{x} = \lambda x + (1 - \lambda) y$. 由于 D 是凸集, 所以 $\overline{x} \in D$. 由定理条件得

$$f(\overline{x}) + \nabla f(\overline{x})^{\mathrm{T}} (x - \overline{x}) \leqslant f(x)$$

$$f(\overline{x}) + \nabla f(\overline{x})^{\mathrm{T}} (y - \overline{x}) \leqslant f(y)$$

以上两式分别乘以 λ 和 $(1 - \lambda)$ 并相加得

$$\lambda f(\overline{x}) + (1 - \lambda) f(\overline{x}) + \nabla f(\overline{x})^{\mathrm{T}} (\lambda x + (1 - \lambda) y - \overline{x}) \leqslant \lambda f(x) + (1 - \lambda) f(y)$$

即 $f(\lambda x+(1-\lambda)y)\leqslant \lambda f(x)+(1-\lambda)f(y)$, 从而 $f(x)$ 是 D 上的凸函数.

(2) 按 (1) 同样的步骤可证充分性. 下证必要性.

由 (1) 知,

$$f(y)\geqslant f(x)+\nabla f(x)^{\mathrm T}(y-x),\quad \forall x,y\in D$$

若有 $x,y\in D$, $x\neq y$ 使

$$f(y)=f(x)+\nabla f(x)^{\mathrm T}(y-x),\quad \forall x,y\in D$$

即

$$\frac{f(x)+f(y)}{2}=f(x)+\nabla f(x)^{\mathrm T}\left(\frac{x+y}{2}-x\right),\quad \forall x,y\in D$$

而由 $f(x)$ 的严格凸性知 $\dfrac{f(x)+f(y)}{2}>f\left(\dfrac{x+y}{2}\right)$. 于是有

$$f\left(\frac{x+y}{2}\right)<f(x)+\nabla f(x)^{\mathrm T}\left(\frac{x+y}{2}-x\right)$$

既然 $\dfrac{x+y}{2}\in D$, 上式与 (1) 矛盾. 所以必要性成立. □

定理 1.2.22　设 $f(x)$ 是非空开凸集 $D\subseteq \mathbf{R}^n$ 上的二阶连续可微函数, 则

(1) $f(x)$ 是 D 上的凸函数的充要条件是 $\nabla^2 f(x)$ 在 D 中半正定;

(2) 若 $\nabla^2 f(x)$ 在 D 中正定, 则 $f(x)$ 是 D 上的严格凸函数.

证明　(1) 先证明必要性. 任取 $\overline{x}\in D$, 因为 D 是开凸集, 所以对任一 $0\neq s\in \mathbf{R}^n$, 当 $\alpha>0$ 充分小时, 有 $\overline{x}+\alpha s\in D$. 于是由定理 1.2.21 有

$$f(\overline{x}+\alpha s)\geqslant f(\overline{x})+\alpha\nabla f(x)^{\mathrm T}s$$

又 $f(x)$ 是二阶连续可微的, 由 Taylor 展开得

$$f(\overline{x}+\alpha s)=f(\overline{x})+\alpha\nabla f(\overline{x})^{\mathrm T}s+\frac{1}{2}\alpha^2 s^{\mathrm T}\nabla^2 f(\overline{x})s+o(\alpha^2)$$

于是

$$\frac{1}{2}\alpha^2 s^{\mathrm T}\nabla^2 f(\overline{x})s+o(\alpha^2)\geqslant 0$$

由此得 $s^{\mathrm T}\nabla^2 f(\overline{x})s\geqslant 0$, 即 $\nabla^2 f(x)$ 在 D 上半正定.

下面证明充分性. 对任意 $x,\overline{x}\in D$, 因为 $f(x)$ 二阶连续可微, 由 Taylor 中值定理有

$$f(x)=f(\overline{x})+\nabla f(\overline{x})^{\mathrm T}(x-\overline{x})+\frac{1}{2}(x-\overline{x})^{\mathrm T}\nabla^2 f(\xi)(x-\overline{x})$$

这里 $\xi=\overline{x}+\theta(x-\overline{x})=\theta x+(1-\theta)\overline{x}, 0<\theta<1$. 因为 D 是凸集, 所以 $\xi\in D$. 于是由充分性条件得

$$(x-\overline{x})^{\mathrm T}\nabla^2 f(\xi)(x-\overline{x})\geqslant 0$$

所以 $f(x) \geqslant f(\overline{x}) + \nabla f(\overline{x})^{\mathrm{T}}(x-\overline{x})$. 由定理 1.2.21 知 $f(x)$ 是 D 上的凸函数.

(2) 与 (1) 的充分性证明类似, 这里略去. □

注 定理 1.2.22 中 (2) 的逆命题一般不成立. 例如, 函数 $f(x)=x^4$ 是严格凸函数, 但其 Hesse 阵在 $x=0$ 处不是正定的.

问题 定义在一个凸集上的凸函数是连续函数吗? 进一步, 可微性呢?

如果凸集是开集, 我们容易在平面上画出有不可微点的凸函数图形. 但很难画出有间断点的凸曲线. 由此可以初步断定: 在开凸集上, 凸函数连续, 而且光滑性应该介于连续和可微之间. 实际上可以证明: 在开凸集上, 凸函数是 Lipschitz 连续的, 从而是几乎处处可微的.

问题 对于凸函数的不可微点, 是否可以定义广义的微分? 试着定义一下.

定义 1.2.23 设 $f(x)$ 是定义在闭凸集 F 上的连续凸函数, 称 $\min\limits_{x\in F} f(x)$ 为凸最优化问题.

容易证明下面定理.

定理 1.2.24 若对任意 $i=1,\cdots,m$, $c_i(x)$ 是凹函数, 即 $-c_i(x)$ 是凸函数, 则集合 $F=\{x|c_i(x)\geqslant 0, i=1,\cdots,m\}$ 是闭凸集.

凸优化问题的一个基本性质由下述定理表述.

定理 1.2.25 设 x^* 是凸最优化问题 $\min\limits_{x\in F} f(x)$ 的一个局部最优解, 则 x^* 也是整体最优解.

证明 设 x 是可行域 F 中任一点. 对任意 $\lambda\in(0,1)$, 因为 F 是凸集, 所以 $(1-\lambda)x^*+\lambda x\in F$. 又 $(1-\lambda)x^*+\lambda x = x^*+\lambda(x-x^*)$, 则当 λ 充分小时, $(1-\lambda)x^*+\lambda x$ 属于 x^* 的任一给定的邻域. 因为 x^* 是问题的一个局部最优解, 所以当 λ 充分小时, 有

$$f(x^*) \leqslant f((1-\lambda)x^*+\lambda x) \leqslant (1-\lambda)f(x^*)+\lambda f(x)$$

由此得 $f(x^*)\leqslant f(x), \forall x\in F$. 所以对凸优化问题, 局部最优解是整体最优解. □

显然, 严格凸函数比非严格凸函数要强. 容易知道, 凸优化问题中的目标函数如果是严格凸的, 则最优解唯一.

可以引入有更强凸性的凸函数类.

定义 1.2.26 设 $f(x)$ 是定义在凸集 $D\subseteq \mathbf{R}^n$ 上的连续可微函数, 如果对任意 $x\in D$, 有

$$f(y)\geqslant f(x)+\nabla f(x)^{\mathrm{T}}(y-x)+\frac{m}{2}\|y-x\|_2^2, \quad \forall y\in D$$

就称 $f(x)$ 为 D 上的 m-强凸函数. 这里 $m>0$ 是常数.

容易验证, x^2 是 $\mathbf{R}$ 上的 2-强凸函数, $2x$ 不是强凸函数.

定理 1.2.27 设 $f(x)$ 是开凸集 $D \subseteq \mathbf{R}^n$ 上的二次连续可微函数, 则 $f(x)$ 是 m-强凸函数的充分必要条件是, 对任一 $x \in D, \nabla^2 f(x) - mI$ 是半正定的. 这里 $m > 0$ 是常数, I 是 n 阶单位矩阵.

证明 先证充分性. 因为 $f(x)$ 在 D 上是二次连续可微的, 对任意 $y \in D$, 由 Taylor 中值定理得

$$f(y) = f(x) + \nabla f(x)^{\mathrm{T}}(y - x) + \frac{1}{2}(y - x)^{\mathrm{T}} \nabla^2 f(\zeta)(y - x)$$

这里 $\zeta = x + \lambda(y - x) = (1 - \lambda)x + \lambda y, \lambda \in (0, 1)$. 显然 $\zeta \in D$, 那么 $\nabla^2 f(\zeta) - mI$ 是半正定的, 所以有

$$(y - x)^{\mathrm{T}}(\nabla^2 f(\zeta) - mI)(y - x) \geqslant 0$$

于是可得

$$f(y) \geqslant f(x) + \nabla f(x)^{\mathrm{T}}(y - x) + \frac{m}{2}\|y - x\|_2^2$$

即 $f(x)$ 是 D 上 m-强凸函数.

反之, 对任意 $\overline{x} \in D$, 因为 D 是开集, 所以对任意 $s \neq 0$, 当 $t > 0$ 充分小时, $\overline{x} + ts \in D$, 由 Taylor 展开得

$$f(\overline{x} + ts) = f(\overline{x}) + t\nabla f(\overline{x})^{\mathrm{T}} s + \frac{t^2}{2} s^{\mathrm{T}} \nabla^2 f(\overline{x}) s + o(t^2)$$

又因为 $f(x)$ 是 D 上 m-强凸函数, 所以有

$$f(\overline{x} + ts) \geqslant f(\overline{x}) + t\nabla f(\overline{x})^{\mathrm{T}} s + \frac{mt^2}{2}\|s\|_2^2$$

由上面两式可得

$$\frac{t^2}{2} s^{\mathrm{T}} \nabla^2 f(\overline{x}) s + o(t^2) \geqslant \frac{mt^2}{2}\|s\|_2^2$$

两边同除以 t^2 并令 $t \to 0$, 便得

$$s^{\mathrm{T}} \nabla^2 f(\overline{x}) s \geqslant m\|s\|_2^2$$

即 $\nabla^2 f(\overline{x}) - mI$ 在 D 上是半正定的. □

定理 1.2.28 设 $f(x)$ 是凸集 $D \subseteq \mathbf{R}^n$ 上的 m-强凸函数, $f(x)$ 在 $x^* \in D$ 达到 D 上的最小值, 则对任一 $x \in D$, 有

$$0 \leqslant f(x) - f(x^*) \leqslant \frac{1}{2m}\|\nabla f(x)\|_2^2$$

及

$$\|x - x^*\|_2 \leqslant \frac{2}{m}\|\nabla f(x)\|_2$$

证明 因为 $f(x)$ 是 m-强凸函数, 所以对任一给定 $x \in D$, 有

$$f(x^*) \geqslant f(x) + \nabla f(x)^{\mathrm{T}}(x^* - x) + \frac{m}{2}\|x^* - x\|_2^2$$

考虑关于 y 的二次函数 $\nabla f(x)^{\mathrm{T}}(y-x) + \frac{m}{2}\|y-x\|_2^2$, 易见当 $y = x - \frac{\nabla f(x)}{m}$ 时, 该函数达到最小值 $\nabla f(x)^{\mathrm{T}}\left(-\frac{\nabla f(x)}{m}\right) + \frac{1}{2m}\|\nabla f(x)\|_2^2 = -\frac{1}{2m}\|\nabla f(x)\|_2^2$. 于是有

$$\nabla f(x)^{\mathrm{T}}(x^* - x) + \frac{m}{2}\|x^* - x\|_2^2 \geqslant -\frac{1}{2m}\|\nabla f(x)\|_2^2$$

所以有 $f(x^*) \geqslant f(x) - \frac{1}{2m}\|\nabla f(x)\|_2^2$. 注意到 x^* 是 $f(x)$ 在 D 上的最小解, 从而

$$0 \leqslant f(x) - f(x^*) \leqslant \frac{1}{2m}\|\nabla f(x)\|_2^2$$

又

$$\begin{aligned} f(x^*) &\geqslant f(x) + \nabla f(x)^{\mathrm{T}}(x^* - x) + \frac{m}{2}\|x^* - x\|_2^2 \\ &\geqslant f(x^*) + \nabla f(x)^{\mathrm{T}}(x^* - x) + \frac{m}{2}\|x^* - x\|_2^2 \end{aligned}$$

所以

$$\frac{m}{2}\|x^* - x\|_2^2 \leqslant -\nabla f(x)^{\mathrm{T}}(x^* - x) \leqslant \|\nabla f(x)\|_2\|x^* - x\|_2$$

由此得

$$\|x - x^*\|_2 \leqslant \frac{2}{m}\|\nabla f(x)\|_2$$ □

可见, 对 m-强凸函数 $f(x)$, 如果通过某种方法得到了一个近似最小解和近似解的梯度值, 便得到该近似解与精确最小解差的一个上界. 从而, 此上界如果满足精度要求, 近似解便满足精度要求.

注 设 x 是 x^* 的一个近似, 若 $\varepsilon > 0$ 使 $\|x - x^*\| < \varepsilon$ 或 $|f(x) - f(x^*)| < \varepsilon$, 通常称 ε 是近似解的精度.

本章中关于凸集、凸函数的内容, 可以看成是数学分析中相关知识的复习和推广. 有关凸集、凸函数的更系统专门的知识构成了凸分析这门学科的内容, 这里的内容可以看成是凸分析的初步知识.

1.3 MATLAB 和 LINDO/LINGO 简介

1.3.1 MATLAB

MATLAB 是 Math Works 公司开发的一个功能强大的高技术计算环境, 是一种面向科学和工程计算的高级语言. 它集科学计算、自动控制、信号处理、神经网

络、图像处理等于一体, 具有极高的编程效率. 它的出现使人们使用数学和计算机去解决科学与工程中实际问题的方式发生了显著的变化, 它可以使你摆脱许多机械性的编程细节, 把精力集中到更富挑战性和需要创造性的问题上. MATLAB 是一个交互式的系统, 其最基本的数据单元是一个不需要定义维数大小的矩阵, 它允许用户分段甚至逐句编程处理所面临的数值计算问题. MATLAB 的数值算法程序是由数学软件领域的专家编写的, 性能稳定, 结果可靠.

MATLAB 以一套程序扩展系统和一簇称为工具箱的特殊应用子程序为特色. 工具箱是 MATLAB 函数的综合程序库, 它们为某类学科专业和应用定制的 MATLAB 运行环境. 用户应用 MATLAB 工具箱可以快捷获得问题准确的答案, 因为每个工具箱中的每个函数都建立在可靠的有效的数值算法之上. 所有工具箱对运行 MATLAB 的各种计算机平台兼容, 而且各个工具箱可以相互调用. 用户还可以进入工具箱对源码进行修改、定制等以扩展算法和工具箱的功能以适应个人的需要.

MATLAB 现有 30 多个工具箱, 优化工具箱 "Optimization Toolbox" 是其中应用较为广泛的一个, 它的主要功能有:

求解线性规划和二次规划;

求解无约束优化问题;

求非线性函数的最小二乘问题;

求解约束优化问题;

求解非线性方程组;

求解多目标优化问题.

在以后的各章, 我们会举例说明优化工具箱中几个函数的使用. 关于 MATLAB 的详细介绍可参阅相关文献.

1.3.2 LINDO/LINGO

LINDO/LINGO 是美国 LINDO 系统公司开发的一套专门用于求解最优化问题的软件包. 这套软件包的主要产品有 4 种: LINDO, LINGO, LINDO API 和 What's Best! 都在最优化软件的市场上占有很大比例. LINDO 用于求解线性规划和二次规划, LINGO 除了具有 LINDO 的全部功能, 还可以用于非线性规划问题、非线性方程组等问题的求解. LINDO 和 LINGO 软件的最大特色是允许变量是整数, 对整数规划问题执行速度很快, 而且 LINGO 还是优化问题的一种建模语言, 其中的函数可以在用户的程序中调用.

由于该软件的专业性和使用便捷, 其在教学、科研、工业、商业、服务等领域得到了广泛的应用. 关于 LINDO/LINGO 的详细介绍可参阅相关文献或到其公司网站下载有关材料.

习 题 一

1. 证明所有孤立的局部最小值都是严格局部最小值.

2. 设 $f(x)$ 是凸函数, 则 $f(x)$ 的全局最小值集合是凸集.

3. 证明集合 C 是凸集当且仅当集合 C 与任意直线的交集是凸集.

4. 如果对 $a, b \in C$, 有 $(a+b)/2 \in C$, 则称集合 C 是中点凸. 证明如果 C 是闭集且中点凸, 则 C 是凸集.

5. 证明 $\mathbf{R}^n$ 中的下列集合是凸集:

   (1) $H = \{x | p^{\mathrm{T}} x = \alpha\}$;

   (2) $S = \{p^{\mathrm{T}} x \leqslant \alpha\}$;

   (3) $S = \{x | Ax \leqslant b\}$ (A为$m \times n$阶矩阵);

   (4) $S = \{x | Ax = b, x \geqslant 0\}$ (A为$m \times n$阶矩阵);

   (5) S 为线性规划问题

$$\begin{aligned} \min \quad & c^{\mathrm{T}} x \\ \text{s.t.} \quad & Ax = b \\ & x \geqslant 0 \end{aligned}$$

   的解集.

6. 设 X 为凸集, A 为 $m \times n$ 阶矩阵, 则 $\{y | y = Ax, x \in X\}$ 为凸集.

7. 设 $X_i (i = 1, \cdots, m)$ 都是凸集, 则 $\bigcap\limits_{i=1}^{m} X_i$ 为凸集.

8. 设 S_1, S_2 为凸集, 则

   (1) $\{x | x = x^1 + x^2, x^1 \in S_1, x^2 \in S_2\}$ 为凸集;

   (2) $\{x | x = x^1 - x^2, x^1 \in S_1, x^2 \in S_2\}$ 为凸集.

9. 设 $C \subseteq \mathbf{R}^n$, 证明 C 的凸包 $H(C)$ 是凸集.

10. 证明一个集合 S 的凸包是所有包含 S 的凸集的交.

11. 证明凸集的内部和闭包还都是凸集.

12. 证明凸集合的部分和也是凸集, 即设 $S_1, S_2 \in \mathbf{R}^n \times \mathbf{R}^m$ 是凸集, 则 S_1, S_2 的部分和定义为 $S = \{(x, y_1 + y_2) | (x, y_1) \in S_1, (x, y_2) \in S_2\}$, 这里 $x \in \mathbf{R}^n$, $y_i \in \mathbf{R}^m$.

13. 证明集合 $\{x | x^{\mathrm{T}} P x \leqslant (c^{\mathrm{T}} x)^2, c^{\mathrm{T}} x \geqslant 0\}$ 是凸集, 这里 P 是 n 阶正半定矩阵.

14. 设 $f(x)$ 为定义在凸集 $D \subseteq \mathbf{R}^n$ 上的凸函数, k 为一给定的实数. 证明 $f(x)$ 关于 k 的水平集

$$L = \{x | f(x) \leqslant k\}$$

   是凸集.

15. 设 B 是 $m\times n$ 阶实矩阵, 证明 $D_1=\{y|y=Bx,\ x\in\mathbf{R}^n\}$ 和 $D_2=\left\{y|y=Bx,\ x\geqslant 0,\ x\in\mathbf{R}^n\right\}$ 都是闭凸集.
16. 设 $C\subseteq\mathbf{R}^n$ 是凸集, 定义 C 的透视函数逆图像 $P^{-1}(C)=\big\{(x,t)\in\mathbf{R}^{n+1}|x/t\in C,t>0\big\}$. 证明 $P^{-1}(C)$ 是凸集.
17. 证明函数
$$f(x)=\frac{\|Ax-b\|_2^2}{1-x^{\mathrm{T}}x}\quad (x|\ \|x\|_2<1)$$
是凸函数.
18. 设函数
$$f(x)=\cfrac{1}{x_1-\cfrac{1}{x_2-\cfrac{1}{x_3-\cfrac{1}{x_4}}}}$$
证明: 若每个分母都为正, 则 f 是单减凸函数.
19. 设 f 是凸函数, $\lambda_1>0,\lambda_i\leqslant 0,i=2,\cdots,n,\lambda_1+\cdots+\lambda_n=1$, 若 $x_1,\cdots,x_n\in\mathrm{dom}f$, 则
$$f(\lambda_1x_1+\cdots+\lambda_nx_n)\geqslant\lambda_1f(x_1)+\cdots+\lambda_nf(x_n)$$
20. 设 $f:\mathbf{R}\to\mathbf{R}$ 在 (a,b) 中是单增凸函数, g 是 f 的逆函数, 则 g 是凸函数吗?
21. 证明连续函数 $f:\mathbf{R}^n\to\mathbf{R}$ 是凸函数当且仅当: 对任意 $x,y\in\mathbf{R}^n$,
$$\int_0^1 f(x+\lambda(y-x))\mathrm{d}\lambda\leqslant\frac{f(x)+f(y)}{2}$$
22. 设 $f:\mathbf{R}^n\to\mathbf{R}$ 是凸函数, $\mathrm{dom}f=\mathbf{R}^n$, 并且 f 在 $\mathbf{R}^n$ 上有上界, 证明 f 是常数.
23. 设 A 为 $m\times n$ 阶矩阵, c 为 n 维向量, 则不等式组
$$\begin{cases}Ax\leqslant 0\\ x\geqslant 0\\ c^{\mathrm{T}}x>0\end{cases}\quad\text{与不等式组}\quad\begin{cases}A^{\mathrm{T}}y\geqslant c\\ y\geqslant 0\end{cases}\quad\text{有且只有一个有解.}$$
24. 设 A 为 $m\times n$ 阶矩阵, B 为 $l\times n$ 阶矩阵, c 为 n 维向量, 则不等式组
$$\begin{cases}Ax\leqslant 0\\ Bx=0\\ c^{\mathrm{T}}x>0\end{cases}\quad\text{与不等式组}\quad\begin{cases}A^{\mathrm{T}}y+B^{\mathrm{T}}z=c\\ y\geqslant 0\end{cases}\quad\text{有且只有一个有解.}$$
25. 设 $f(x)$, $g_i(x)(i=1,\cdots,m)$ 都是 $\mathbf{R}^n$ 中的凸函数, 且有 $\overline{x}$ 使得 $g_i(\overline{x})<0(i=1,\cdots,m)$. 证明下列系统
$$\begin{cases}f(x)<0\\ g_i(x)\leqslant 0,\quad i=1,\cdots,m\end{cases}\quad\text{与}\quad\begin{cases}f(x)+g(x)^{\mathrm{T}}y\geqslant 0,\quad\forall x\in\mathbf{R}^n\\ y\geqslant 0\end{cases}$$
有且只有一个有解. 这里 $g(x)=(g_1(x),\cdots,g_m(x))^{\mathrm{T}}$.

26. 设 A 为 $m \times n$ 实矩阵, b 是 m 维实向量且 $b \in R(A)$. 证明系统 $x > 0, Ax = b$ 有解的充要条件是系统

$$A^{\mathrm{T}}\lambda \geqslant 0, \quad A^{\mathrm{T}}\lambda \neq 0, \quad b^{\mathrm{T}}\lambda \leqslant 0$$

无解. (提示: 先证明下列事实: 对所有满足 $Ax = b$ 的 x 都有 $c^{\mathrm{T}}x = d$ 的充要条件是, 存在向量 λ 满足 $c = A^{\mathrm{T}}\lambda,\ d = b^{\mathrm{T}}\lambda$)

27. 设 $f(x)$: $\mathbf{R}^n \to \mathbf{R}^1$ 和 $\varphi(t)$: $\mathbf{R}^1 \to \mathbf{R}^1$ 都是凸函数, $\varphi(t)$ 还是单增函数. 证明复合函数 $h(x) = \varphi(f(x))$ 是凸函数.

28. 若函数 ψ : $\mathbf{R}^n \to \mathbf{R}^n$, 对任意 $x, y \in \mathrm{dom}\psi$,

$$(\psi(x) - \psi(y))^{\mathrm{T}}(x - y) \geqslant 0$$

则称 ψ 是单调映射. 设 f : $\mathbf{R}^n \to \mathbf{R}$ 是可微凸函数, 则 ∇f 是单调映射. 反过来, 每个单调映射都是某个凸函数的梯度, 对吗?

29. 设

$$q(x) = \frac{1}{2}x^{\mathrm{T}}Bx + b^{\mathrm{T}}x + c$$

$B \in \mathbf{R}^{n\times n}$ 为对称矩阵, $b \in \mathbf{R}^n, c \in \mathbf{R}$. 证明 $q(x)$ 有唯一极小点的充分必要条件是矩阵 B 正定.

30. 设 $f : \mathbf{R} \to \mathbf{R}$ 是凸函数, $a < b$.

   (a) 证明

$$f(x) \leqslant \frac{b-x}{b-a}f(a) + \frac{x-a}{b-a}f(b), \quad \forall x \in [a, b]$$

   (b) 证明

$$\frac{f(x)-f(a)}{x-a} \leqslant \frac{f(b)-f(a)}{b-a} \leqslant \frac{f(b)-f(x)}{b-x}, \quad \forall x \in [a, b]$$

   (c) 设 f 是可微的. 由 (b) 证明

$$f'(a) \leqslant \frac{f(b)-f(a)}{b-a} \leqslant f'(b)$$

   (d) 设 f 是二次可微的, 由 (c) 证明 $f''(a) \geqslant 0, f''(b) \geqslant 0$.

31. 证明函数 $f(x) = -\left(\prod\limits_{i=1}^{n} x_i\right)^{\frac{1}{n}}$ 在 $\mathbf{R}_+^n$ 中是凸函数.

32. 证明 $f(X) = -\ln(\det X)$ 在 S_{++}^n 上是凸函数, 这里 S_{++}^n 表示 n 阶正定矩阵全体. (提示: 使用定理 1.2.19)

第2章 线性规划

在第 1 章我们已经指出, 若一般优化问题中的目标函数和约束函数都是线性函数, 相应的优化问题称为线性规划问题. 线性规划问题在形式上属于最简单的一类, 由于其应用的广泛性和特殊形式, 使它成为最优化问题中发展最早和最完善的一个分支. 而且, 线性规划的理论和算法, 如对偶理论、内点算法, 对非线性规划特别是凸最优化的理论和算法, 有直接的启发作用. 本章介绍线性规划问题的一些性质及算法.

2.1 基本性质

线性规划问题的标准形式如下:

$$\begin{aligned}
\min \quad & c_1x_1+\cdots+c_nx_n \\
\text{s.t.} \quad & a_{i1}x_1+\cdots+a_{in}x_n=b_i, \quad i=1,\cdots,m \\
& x_j \geqslant 0, \quad j=1,\cdots,n
\end{aligned} \tag{2.1}$$

记 $c=(c_1,\cdots,c_n)^{\mathrm{T}}, A=\begin{pmatrix} a_{11} & a_{12} & \cdots & a_{1n} \\ a_{21} & a_{22} & \cdots & a_{2n} \\ \vdots & \vdots & & \vdots \\ a_{m1} & a_{m2} & \cdots & a_{mn} \end{pmatrix}, b=(b_1,\cdots,b_m)^{\mathrm{T}}$, 则线性规划的标准型的矩阵形式如下:

$$\begin{aligned}
\min \quad & c^{\mathrm{T}}x \\
\text{s.t.} \quad & Ax=b \\
& x \geqslant 0
\end{aligned} \tag{2.2}$$

我们先看一个具体的例子.

例 2.1.1 考虑下面线性规划问题

$$\begin{aligned}
\min \quad & x_1+x_2 \\
\text{s.t.} \quad & 2x_1+x_2 \geqslant 1 \\
& x_1+3x_2 \geqslant 1 \\
& x_1 \geqslant 0, \quad x_2 \geqslant 0
\end{aligned}$$

从图 2.1 可以初步观察得

(1) 上述线性规划问题的可行域是多面体;

(2) 最优解在边界上达到, 且至少有一个顶点是最优解.

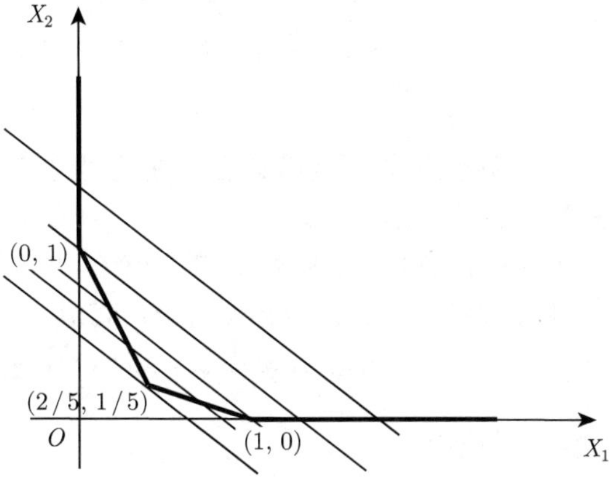

图 2.1

我们可以推测: 对于多元的一般的线性规划问题, 其可行域是多面体; 若问题有解, 应该在一个顶点处达到. 这里, 多面体是指由若干个线性不等式定义的集合.

不失一般性, 在上面的标准型中, 设 $b \geqslant 0, A$ 行满秩, 即 $r(A) = m$, 这意味着 $m \leqslant n$. 容易知道, 任何形式的线性规划问题都可以化为问题 (2.2) 的形式. 下面用一个例子来说明这一点.

例 2.1.2 将下面线性规划问题化为标准形式:

$$\begin{aligned} \max \quad & x_1 + x_2 \\ \text{s.t.} \quad & x_1 + x_2 \geqslant -1 \\ & 2x_1 - 3x_2 \leqslant 4 \end{aligned}$$

解 显然可以看出, 补充两个变量 x_3, x_4, 原问题可等价写为

$$\begin{aligned} \min \quad & -x_1 - x_2 \\ \text{s.t.} \quad & -x_1 - x_2 + x_3 = 1 \\ & 2x_1 - 3x_2 + x_4 = 4 \\ & x_3, x_4 \geqslant 0 \end{aligned}$$

又注意到, 一个实变量可以写为两个非负变量的差, 于是记

$$x_1 = x_1' - x_1'', \quad x_1', x_1'' \geqslant 0; \quad x_2 = x_2' - x_2'', \quad x_2', x_2'' \geqslant 0$$

则原问题可以等价地写为如下标准形式:

$$\begin{aligned} \min \quad & -x_1' + x_1'' - x_2' + x_2'' \\ \text{s.t.} \quad & -x_1' + x_1'' - x_2' + x_2'' + x_3 = 1 \\ & 2x_1' - 2x_1'' - 3x_2' + 3x_2'' + x_4 = 4 \\ & x_1', x_1'', x_2', x_2'', x_3, x_4 \geqslant 0 \end{aligned}$$

容易想到, 标准形式的线性规划问题应该更方便地讨论和求解.

问题 如何解标准的线性规划问题?

初步推导 因为 A 是行满秩的, 所以有 A 的一个分块表示 $A = (B\ N), B$ 是由 A 的 m 个线性无关的列组成的 m 阶非奇异方阵. 将满足 $Ax = b$ 的 x 作相应分块: $x = \begin{pmatrix} x_B \\ x_N \end{pmatrix}$, 这里 x_B 由 x 的与 B 的列对应的 m 个分量组成, x_N 由 x 的与 N 的列对应的分量组成, 则有

$$Ax = (B \quad N) \begin{pmatrix} x_B \\ x_N \end{pmatrix} = Bx_B + Nx_N = b$$

由此得

$$x_B = B^{-1}(b - Nx_N) = B^{-1}b - B^{-1}Nx_N$$

于是

$$x = \begin{pmatrix} x_B \\ x_N \end{pmatrix} = \begin{pmatrix} B^{-1}b - B^{-1}Nx_N \\ x_N \end{pmatrix}$$

令 $x_N = 0$, 得 $x = \begin{pmatrix} B^{-1}b \\ 0 \end{pmatrix}$.

这是满足 $Ax = b$ 的一个特殊点; 若还有 $B^{-1}b \geqslant 0$, 则 $\begin{pmatrix} B^{-1}b \\ 0 \end{pmatrix}$ 是问题 (2.1) 的一个可行点.

定义 2.1.1 设 A 有一个分块表示 $A = (B \quad N)$, B 是 m 阶非奇异方阵, 则称 $x = \begin{pmatrix} B^{-1}b \\ 0 \end{pmatrix}$ 为问题 (2.2) 的一个**基本解**; 若还有 $B^{-1}b \geqslant 0$, 则称 $x = \begin{pmatrix} B^{-1}b \\ 0 \end{pmatrix}$ 是问题 (2.2) 的一个**基本可行解**.

问题 既然我们已初步断定, 线性规划问题有解时, 必在某个顶点达到, 那么

(a) 一个多面体的顶点应该如何表示呢? 是否可表示为某个基本可行解的形式?

(b) 若已知一个顶点, 如何判断该顶点是不是解呢? 若可以判定一个顶点不是最优解, 如何转移到下一个顶点呢?

定义 2.1.2 设 S 是 $\mathbf{R}^n$ 中的一个凸集, $x \in S$. 若 x 不能由 S 中的另外两个点的凸组合表示, 即若有 $y, z \in S$ 和 $\lambda \in (0,1)$, 由 $x = \lambda y + (1-\lambda)z$, 必得 $y = z = x$, 则称 x 为 S 的**顶点**(或**极点**).

例如, $\mathbf{R}^n$ 中的一个闭球体的边界上的点都是该球体的顶点; $\mathbf{R}^3$ 中的多面体 $S^3 = \{x | x_1 + x_2 + x_3 \leqslant 1, x_1, x_2, x_3 \geqslant 0\}$ 中的点 $x_1 = (1,0,0)^{\mathrm{T}}, x_2 = (0,1,0)^{\mathrm{T}}$ 和 $x_3 = (0,0,1)^{\mathrm{T}}$ 是该多面体的顶点.

定理 2.1.3 x 是可行域 $F = \{x | Ax = b, x \geqslant 0\}$ 的一个顶点的充要条件是 x 是问题 (2.1) 的一个基本可行解.

证明 设 x 是问题 (2.1) 的一个基本可行解, 则有 A 的一个分块 $A = (B \quad N)$, B 是非奇异 m 阶方阵, 使 $x = \begin{pmatrix} B^{-1}b \\ 0 \end{pmatrix} \geqslant 0$. 若 x 不是 F 的顶点, 则有 F 中另外两个不同的点 y, z 及 $\lambda \in (0,1)$ 使 $x = \lambda y + (1-\lambda)z$. 将 y, z 像 x 一样分块表示:

$$y = \begin{pmatrix} y_B \\ y_N \end{pmatrix}, \quad z = \begin{pmatrix} z_B \\ z_N \end{pmatrix}$$

则有 $x_B = \lambda y_B + (1-\lambda)z_B$ 和 $\lambda y_N + (1-\lambda)z_N = 0$.

既然 $y,\ z \in F$, 则有 $y_N \geqslant 0,\ z_N \geqslant 0$. 于是得 $y_N = z_N = 0$. 再由 $By_B + Ny_N = b$ 得 $y_B = B^{-1}b$. 同样地, 有 $z_B = B^{-1}b$. 这与 $y \neq z$ 矛盾. 所以 x 是 F 的顶点.

反之, 设 x 是 F 的一个顶点. 记 x 的所有大于 0 的分量为 x_B, 其余为 x_N, 即 $x_B > 0, x_N = 0$, x 写为 $x = \begin{pmatrix} x_B \\ x_N \end{pmatrix}$. 设 x_B 的维数为 p, 相应地将 A 分块为 $(B \quad N)$. 假定 B 的列线性相关, 则有 p 维向量 $\omega \neq 0$ 使 $B\omega = 0$. 因为 $Ax = b$, 所以 $Bx_B = b$.

于是, $\forall \lambda > 0$, 有 $B(x_B \pm \lambda\omega) = b$. 因为 $x_B > 0$, 所以当 $\lambda > 0$ 充分小时, $x_B \pm \lambda\omega \geqslant 0$.

令

$$y = \begin{pmatrix} x_B + \lambda\omega \\ 0 \end{pmatrix} \in \mathbf{R}^n, \quad z = \begin{pmatrix} x_B - \lambda\omega \\ 0 \end{pmatrix} \in \mathbf{R}^n$$

则 $y, z \in F$, 且 $\dfrac{y+z}{2} = x$. 这与 x 是 F 的顶点矛盾. 所以 B 的列线性无关.

因为 B 的列线性无关, $\operatorname{rank}(A) = m$, 所以 $p \leqslant m$. 若 $p = m$, 则 B 是 m 阶非奇异方阵. 于是有 $Ax = (B \quad N)\begin{pmatrix} x_B \\ 0 \end{pmatrix} = Bx_B = b, x_B = B^{-1}b$. 因为已知 $x_B > 0$, 所以这时 x 是一基本可行解. 若 $p < m$, 从 N 中取 $m - p$ 列使它们与 B 的列组成 m 个线性无关的列, 记为 $\overline{B}$, 剩下的列记为 $\overline{N}$, 于是 $\overline{B}$ 是 m 阶非奇异阵. 对 x 作

相应划分, 记为 $x=\begin{pmatrix}x_{\overline{B}}\\x_{\overline{N}}\end{pmatrix}$, 显然 $x_{\overline{N}}=0$, 这时有 $\overline{B}x_{\overline{B}}=b$, 于是 $x_{\overline{B}}=\overline{B}^{-1}b\geqslant 0$. 所以 $x=\begin{pmatrix}\overline{B}^{-1}b\\0\end{pmatrix}$ 是问题 (2.1) 的基本可行解. 这就证明了当 x 是 F 的一个顶点时, 它一定是问题 (2.1) 的一个基本可行解. □

推论 2.1.4　可行域 F 的顶点个数是有限的.

定理 2.1.5　若问题 (2.1) 的可行域 F 有界, 则 $F=\{F\text{的顶点的凸组合}\}$.

定义 2.1.6　设 D 是一个凸集, d 是一个向量. 如果 $\forall x\in D$和$\alpha\geqslant 0$, 都有 $x+\alpha d\in D$, 就称 d 是 D 的一个方向.

定理 2.1.7　若可行域 (2.1) 的可行域 F 无界, 则任一可行点 x 都可以表示成下列形式:

$$x=\sum_{i=1}^{k}\alpha_i v_i+\alpha d$$

其中 $\sum\limits_{i=1}^{k}\alpha_i=1,\alpha_i\geqslant 0,i=1,\cdots,k$. 这里 $v_i(i=1,\cdots,k)$ 表示 F 的所有顶点, $\alpha\geqslant 0,d$ 是 F 的一个方向.

定理 2.1.5 和定理 2.1.7 的证明要用到多面体理论的知识, 这里略去.

定理 2.1.8　如果问题 (2.2) 有解, 必在可行域 F 某个顶点达到最优值.

证明　若 F 有界, 则问题一定有解, 设 x^* 是一最优解. 若在 F 的任一顶点都达不到最优, 设顶点个数为 k 个: $x^1,\cdots,x^k$, 则 $c^{\mathrm{T}}x^*<c^{\mathrm{T}}x^i,i=1,\cdots,k$. 既然 x^* 可以表示为这些顶点的凸组合, 设

$$x^*=\sum_{i=1}^{k}\lambda_i x^i,\quad \lambda_i\geqslant 0,\quad i=1,\cdots,k,\quad \sum_{i=1}^{k}\lambda_i=1$$

则有 $c^{\mathrm{T}}x^*=\sum\limits_{i=1}^{k}\lambda_i c^{\mathrm{T}}x^i>c^{\mathrm{T}}x^*$, 矛盾. 所以至少有一个顶点是最优解.

若 F 无界, 设这时有解 x^*. 由定理 2.1.7, x^* 可表示为

$$\sum_{i=1}^{k}\alpha_i v_i+\alpha d$$

$v_i(i=1,\cdots,k)$ 表示 F 的所有顶点, $\alpha\geqslant 0,d$ 是 F 的一个方向. 若 $\alpha>0$, 则易知 $c^{\mathrm{T}}d=0$. 因为若 $c^{\mathrm{T}}d<0$, 让 $\alpha\to+\infty$, 所以会得到与问题有解矛盾的结论; 而若 $c^{\mathrm{T}}d>0$, 取

$$\overline{x}=\sum_{i=1}^{k}\alpha_i v_i+\frac{1}{2}\alpha d$$

则 $\overline{x} \in F$ 且 $c^{\mathrm{T}}\overline{x} < c^{\mathrm{T}}x^*$. 这与 x^* 是最优解矛盾.

因此只能有 $c^{\mathrm{T}}d = 0$, 由上面 F 有界的情形知道, 此时至少有一个顶点是最优解. □

2.2 单纯形方法

考虑标准的线性规划问题

$$\begin{aligned} \min \quad & c^{\mathrm{T}}x \\ \text{s.t.} \quad & Ax = b \\ & x \geqslant 0 \end{aligned} \tag{2.3}$$

这里 A 是 $m \times n$ 矩阵, $b \geqslant 0$, $\operatorname{rank}(A) = m \leqslant n$.

设 A 有一个分块 $A = (B \quad N)$, B 是 m 阶非奇异方阵, 我们称 B 为**基阵**, N 为**非基阵**. B, N 的列的序号分别称为**基指标**和**非基指标**. 若还有 $B^{-1}b \geqslant 0$, 由 2.1 节的讨论, $\overline{x} = \begin{pmatrix} \overline{x}_B \\ \overline{x}_N \end{pmatrix} = \begin{pmatrix} B^{-1}b \\ 0 \end{pmatrix}$ 是问题 (2.3) 的一个基本可行解 (顶点), 对任一可行解 x, 作相应划分: $x = \begin{pmatrix} x_B \\ x_N \end{pmatrix}$, x_B 称为**基变量**, x_N 称为**非基变量**.

定理 2.2.1 设 $\overline{x} = \begin{pmatrix} B^{-1}b \\ 0 \end{pmatrix} \geqslant 0$ 是问题 (2.3) 的一个基本可行解, 则当

$$\varDelta = c_N^{\mathrm{T}} - c_B^{\mathrm{T}}B^{-1}N \geqslant 0$$

时, $\overline{x}$ 是问题 (2.3) 的最优解. 这里 c_B, c_N 是对应于 B, N 的 c 的子向量.

证明 设 x 是任一可行解, 记 $x = \begin{pmatrix} x_B \\ x_N \end{pmatrix}$.

由 $Ax = b$ 得

$$Bx_B + Nx_N = b \Longleftrightarrow x_B = B^{-1}(b - Nx_N) = B^{-1}b - B^{-1}Nx_N$$

于是有

$$c^{\mathrm{T}}x = c_B^{\mathrm{T}}x_B + c_N^{\mathrm{T}}x_N = c_B^{\mathrm{T}}B^{-1}b + (c_N^{\mathrm{T}} - c_B^{\mathrm{T}}B^{-1}N)x_N$$

因为 $x_N \geqslant 0$, 所以当 $c_N^{\mathrm{T}} - c_B^{\mathrm{T}}B^{-1}N \geqslant 0$ 时, 有

$$c^{\mathrm{T}}x \geqslant c_B^{\mathrm{T}}B^{-1}b = c^{\mathrm{T}}\overline{x}$$

即 $\overline{x}$ 是问题 (2.3) 的最优解. □

定理 2.2.2 设有某非基指标 k 使 $c_k - c_B^{\mathrm{T}} B^{-1} a_k < 0$. 若 $B^{-1} a_k \leqslant 0$, 则问题 (2.3) 无下界, 即问题无解. 这里 a_k 表示 A 的第 k 列.

证明 设 $d = \begin{pmatrix} -B^{-1} a_k \\ 0 \end{pmatrix} + e_k$, 其中 e_k 是第 k 个分量为 1 其余分量为 0 的 n 维向量. 因为 $B^{-1} a_k \leqslant 0$, 所以 $d \geqslant 0$. 又因为

$$Ad = \begin{pmatrix} B & N \end{pmatrix} \left(\begin{pmatrix} -B^{-1} a_k \\ 0 \end{pmatrix} + e_k \right) = -a_k + A e_k = 0$$

设 $\overline{x}$ 是一个可行解, 则对任意 $\theta > 0, \overline{x} + \theta d \geqslant 0$, 且 $A(\overline{x} + \theta d) = A\overline{x} + \theta A d = b$.

所以对任意 $\theta > 0, \overline{x} + \theta d$ 是可行解. 而

$$c^{\mathrm{T}}(\overline{x} + \theta d) = c^{\mathrm{T}} \overline{x} + \theta (c_k - c_B^{\mathrm{T}} B^{-1} a_k)$$

既然 $c_k - c_B^{\mathrm{T}} B^{-1} a_k < 0$, 则当 $\theta \to +\infty$ 时, $c^{\mathrm{T}}(\overline{x} + \theta d) \to -\infty$, 所以问题 (2.3) 无解. □

定理 2.2.3 设 $B^{-1} b > 0$, $\overline{x} = \begin{pmatrix} B^{-1} b \\ 0 \end{pmatrix}$ 是问题 (2.3) 的基本可行解. 若有某非基指标 k 使 $c_k - c_B^{\mathrm{T}} B^{-1} a_k < 0$, 且 $B^{-1} a_k \nleqslant 0$, 则必有另一基本可行解 $\widehat{x}$, 使 $c^{\mathrm{T}} \widehat{x} < c^{\mathrm{T}} \overline{x}$.

证明 记 $d = \begin{pmatrix} -B^{-1} a_k \\ 0 \end{pmatrix} + e_k$. 显然 $Ad = 0$. 令

$$\widehat{x} = \overline{x} + \theta d, \quad \theta > 0 \text{待定}$$

因为 $A\widehat{x} = A\overline{x} = b$, 又

$$\widehat{x} = \begin{pmatrix} B^{-1} b \\ 0 \end{pmatrix} + \theta \begin{pmatrix} -B^{-1} a_k \\ 0 \end{pmatrix} + \theta e_k = \begin{pmatrix} B^{-1} b - \theta B^{-1} a_k \\ 0 \end{pmatrix} + \theta e_k$$

因为 $B^{-1} a_k \nleqslant 0$, 所以 $B^{-1} a_k$ 有正分量. 令 $B^{-1} b - \theta B^{-1} a_k \geqslant 0$, 解得

$$\theta \leqslant \frac{(B^{-1} b)_l}{(B^{-1} a_k)_l}, \quad \text{对 } l : (B^{-1} a_k)_l > 0$$

令

$$\theta = \min \left\{ \frac{(B^{-1} b)_l}{(B^{-1} a_k)_l} \middle| (B^{-1} a_k)_l > 0 \right\} \triangleq \frac{(B^{-1} b)_{i_r}}{(B^{-1} a_k)_{i_r}}$$

则有 $\widehat{x} \geqslant 0$, 从而这时 $\widehat{x}$ 是可行解. 注意, 这里 r 表示 $\overline{x}$ 的子分量 $B^{-1} b$ 的第 r 个分量, i_r 表示该分量在 $\overline{x}$ 中的序号. 而

$$c^{\mathrm{T}} \widehat{x} = c^{\mathrm{T}} \overline{x} + \theta c^{\mathrm{T}} d = c^{\mathrm{T}} \overline{x} + \theta (c_k - c_B^{\mathrm{T}} B^{-1} a_k) < c^{\mathrm{T}} \overline{x}$$

下面证明 $\widehat{x}$ 也是 (2.3) 的一个基本可行解. 记 $B=(a_{i_1},\cdots,a_{i_m})$, 则在 $\overline{x}$ 处的基指标集为 $I_B=\{i_1,\cdots,i_m\}$, 非基指标集为 $\{1,\cdots,n\}\setminus I_B$. $\widehat{x}$ 的各分量为

$$\begin{aligned}
\widehat{x}_j &= (B^{-1}b)_j-\frac{(B^{-1}b)_{i_r}}{(B^{-1}a_k)_{i_r}}(B^{-1}a_k)_j, \quad j=i_1,\cdots,i_m\\
\widehat{x}_{i_r} &= 0, \quad j=i_r\\
\widehat{x}_k &= \frac{(B^{-1}b)_{i_r}}{(B^{-1}a_k)_{i_r}}\\
\widehat{x}_j &= 0, \quad j\in\{1,\cdots,n\}\setminus\ (I_B\cup\{k\})
\end{aligned}$$

下证 $a_{i_1},\cdots,a_{i_{r-1}},a_k,a_{i_{r+1}},\cdots,a_{i_m}$ 线性无关. 若不然, 则这些向量线性相关. 因为 $a_{i_1},\cdots,a_{i_m}$ 线性无关, 所以有 $m-1$ 个实数 $y_j,j\in\{1,\cdots,m\}\setminus\{r\}$ 使得

$$a_k=\sum_{j\neq r}y_ja_{i_j}$$

又

$$\begin{aligned}
a_k &= B(B^{-1}a_k)\\
&= (a_{i_1}\cdots a_{i_m})\left(\left(B^{-1}a_k\right)_{i_1}\cdots(B^{-1}a_k)_{i_m}\right)^{\mathrm{T}}\\
&= \sum_{j=1}^{m}(B^{-1}a_k)_{i_j}a_{i_j}
\end{aligned}$$

以上两式相减得

$$(B^{-1}a_k)_{i_r}a_{i_r}+\sum_{j\neq r}((B^{-1}a_k)_{i_j}-y_j)a_{i_j}=0$$

可是因为 $(B^{-1}a_k)_{i_r}\neq 0$, 上式表明了 $a_{i_1},\cdots,a_{i_m}$ 线性相关, 矛盾! 这就证明了 $a_{i_1},\cdots,a_{i_{r-1}},a_k,a_{r_{r+1}},\cdots,a_{i_m}$ 线性无关, 记 $\widehat{B}=(a_{i_1},\cdots,a_{i_{r-1}},a_k,a_{r_{r+1}},\cdots,a_{i_m})$, 则 $\begin{pmatrix}\widehat{B} & \widehat{N}\end{pmatrix}\begin{pmatrix}\widehat{x}_B\\ 0\end{pmatrix}=b,\widehat{x}_B=\widehat{B}^{-1}b\geqslant 0$, 所以 $\widehat{x}$ 是一个基本可行解. □

由上面证明得到了一个重要结论: 在定理 2.2.3 条件下, 一个新的基本可行解 (顶点) 的基阵与原基本可行解 (顶点) 的基阵只差一列, 即它是由原基阵的一列被非基阵中的一列代替而得到的, 相应地, 新基本可行解的基变量中有一个元素退为非基变量, 原非基变量中一个元素进为基变量.

通过前面的讨论, 可以得到求解线性规划标准型的单纯形方法.

算法 2.2.4 单纯形法

步骤 1 给定一初始基本可行解 x, 确定基阵 $B=(a_{i_1},\cdots,a_{i_m})$ 和非基阵 N, 记下基指标 $I_B=\{i_1,\cdots,i_m\}$.

步骤 2 计算 $\varDelta = c_N^{\mathrm{T}} - c_B^{\mathrm{T}} B^{-1} N$.

步骤 3 如 $\varDelta \geqslant 0$, 停止; 否则求非基指标 k 使

$$c_k - c_B^{\mathrm{T}} B^{-1} a_k = \min \left\{ c_i - c_B^{\mathrm{T}} B^{-1} a_i | i \in \{1, \cdots, n\} \setminus I_B \right\}$$

步骤 4 如 $B^{-1} a_k \leqslant 0$, 停止; 否则求 i_r 满足

$$\frac{(B^{-1}b)_{i_r}}{(B^{-1}a_k)_{i_r}} = \min \left\{ \frac{(B^{-1}b)_{i_j}}{(B^{-1}a_k)_{i_j}} \middle| (B^{-1}a_k)_{i_j} > 0 \right\}$$

步骤 5 以 a_k 代替 B 中的 a_{i_r}, 得到新基阵 B 和非基阵 N, 转步骤 2.

问题 ① 如何得到初始的基本可行解? ② 上述单纯形法的主要计算量在 B^{-1} 的计算. 既然新基阵与上一基阵只差一列, 其逆可否由上一个基阵的逆作适当变换得到?

对有些线性规划问题, 容易得到初始的基本可行解; 后面我们也会介绍一般的求初始基本可行解的方法. 这里先讨论第二个问题.

分析 对每一可行解 x, $Ax = b \Longleftrightarrow (B \quad N)x = b \Longleftrightarrow (I \quad B^{-1}N)x = B^{-1}b$.

当 $B^{-1}b \geqslant 0$ 时, $\overline{x} = \begin{pmatrix} B^{-1}b \\ 0 \end{pmatrix}$ 是一基本可行解. 在定理 2.2.3 的证明中已表明, 以 N 中的 a_k 代替 B 中的 a_{i_r} 后, $a_{i_1}, \cdots, a_{i_{r-1}}, a_k, a_{i_{r+1}}, \cdots, a_{i_m}$ 线性无关. 于是矩阵

$$\widehat{B} = (a_{i_1}, \cdots, a_{i_{r-1}}, a_k, a_{i_{r+1}}, \cdots, a_{i_m})$$

非奇异. 由定理 2.2.3 的证明和基本可行解的定义可以推断: 与 $\widehat{B}$ 对应的基可行解 $\widehat{x}$ 应该可以表示为

$$\widehat{x} = \begin{pmatrix} \widehat{B}^{-1}b \\ 0 \end{pmatrix}$$

因为

$$\widehat{B} = (a_{i_1}, \cdots, a_{i_{r-1}}, a_k, a_{i_{r+1}}, \cdots, a_{i_m}) \tag{2.4}$$

$$= B(e_1, \cdots, e_{r-1}, B^{-1}a_k, \cdots, e_m) \tag{2.5}$$

记 $y^k = B^{-1}a_k = (y_{i_1}^k, \cdots, y_{i_m}^k)^{\mathrm{T}}, E = (e_1, \cdots, e_{r-1}, y^k, \cdots, e_m)$, 经简单计算可得

$$E^{-1}=\begin{pmatrix} 1 & 0 & \cdots & 0 & -\dfrac{y_{i_1}^k}{y_{i_r}^k} & 0 & \cdots & 0 & 0 \\ 0 & 1 & \cdots & 0 & -\dfrac{y_{i_2}^k}{y_{i_r}^k} & 0 & \cdots & 0 & 0 \\ \vdots & \vdots & & \vdots & \vdots & \vdots & & \vdots & \vdots \\ 0 & 0 & \cdots & 0 & \dfrac{1}{y_{i_r}^k} & 0 & \cdots & 0 & 0 \\ \vdots & \vdots & & \vdots & \vdots & \vdots & & \vdots & \vdots \\ 0 & 0 & \cdots & 0 & -\dfrac{y_{i_{m-1}}^k}{y_{i_r}^k} & 0 & \cdots & 1 & 0 \\ 0 & 0 & \cdots & 0 & -\dfrac{y_{i_m}^k}{y_{i_r}^k} & 0 & \cdots & 0 & 1 \end{pmatrix} \begin{matrix} \\ \\ \\ \leftarrow \text{第}r\text{行} \\ \\ \\ \\ \end{matrix}$$

注意到 $\widehat{B}=BE$, 则有

$$B^{-1}(Ax)=B^{-1}b \Longleftrightarrow E^{-1}B^{-1}(Ax)=E^{-1}B^{-1}b \tag{2.6}$$

$$\Longleftrightarrow \widehat{B}^{-1}(Ax)=\widehat{B}^{-1}b \Longleftrightarrow (I \quad \widehat{B}^{-1}\widehat{N})x=\widehat{B}^{-1}b \tag{2.7}$$

这时基阵 $\widehat{B}$ 的列指标为 $i_1,\cdots,i_{r-1},k,i_{r+1},\cdots,i_m$.

因为 $E^{-1}y^k=\bar{e}_r=\begin{pmatrix}0\\ \vdots\\ 1\\ \vdots\\ 0\end{pmatrix}$ ← 第r行, 即 E^{-1} 左乘 y^k 等价于对 y^k 进行变换: 用 y^k 的第 r 个元素把该向量的其他元素消为 0, 把自己变为 1. 这里 $\bar{e}_r$ 是 m 维单位向量. 这种形式的矩阵 E^{-1} 称为**Gauss-Jordan 消元矩阵**.

于是, $\widehat{B}^{-1}(A \quad b)=E^{-1}(B^{-1}(A \quad b))$ 相当于将 $(B^{-1}A \quad B^{-1}b)$ 的第 k 列变成单位向量, 其余列作相应 Gauss-Jordan 消元.

这里 $\widehat{B}^{-1}A$ 的第 k 列是单位向量 $\bar{e}_r$, 其余列具体可写为

$$(\widehat{B}^{-1}a_p)_{i_j}=\left\{(B^{-1}a_p)_{i_j}-\frac{(B^{-1}a_p)_{i_r}}{(B^{-1}a_k)_{i_r}}(B^{-1}a_k)_{i_j}\right\}, \quad j\neq r \tag{2.8}$$

$$(\widehat{B}^{-1}a_p)_{i_r}=\frac{(B^{-1}a_p)_{i_r}}{(B^{-1}a_k)_{i_r}} \tag{2.9}$$

这里 a_p 表示 A 的第 p 列.

$\widehat{B}^{-1}b$ 具体可写为

$$(\widehat{B}^{-1}b)_{i_j} = \left\{(B^{-1}b)_{i_j} - \frac{(B^{-1}b)_{i_r}}{(B^{-1}a_k)_{i_r}}(B^{-1}a_k)_{i_j}\right\}, \quad j \neq r \tag{2.10}$$

$$(\widehat{B}^{-1}b)_{i_r} = \frac{(B^{-1}b)_{i_r}}{(B^{-1}a_k)_{i_r}} \tag{2.11}$$

可见, $\widehat{B}^{-1}b \geqslant 0$. 于是 $\widehat{x}$ 处的判别式

$$\widehat{\Delta} = c_{\widehat{N}}^{\mathrm{T}} - c_{\widehat{B}}^{\mathrm{T}}\widehat{B}^{-1} \cdot \widehat{N} = c_{\widehat{N}}^{\mathrm{T}} - (c_{\widehat{B}}^{\mathrm{T}}E^{-1}) \cdot B^{-1} \cdot \widehat{N}$$

$$\widehat{x} = \overline{x} + \theta\left(\begin{pmatrix} -B^{-1}a_k \\ 0 \end{pmatrix} + e_k\right) = \begin{pmatrix} \widehat{B}^{-1}b \\ 0 \end{pmatrix}$$

实际上, 新基本可行解处的判别式可由上一判别式通过 Gauss-Jordan 消元得到. 记基指标为 $\{B_1, \cdots, B_m\}$, 约束行每列为 y^p, 设以第 r 行第 j 列元素 y_r^j 为主元进行 Gauss-Jordan 消元, 消元后的每一列为 $\widehat{y}^p$, 由于

$$c_B^{\mathrm{T}} = (c_{B_1}, \cdots, c_{B_{r-1}}, c_{B_r}, c_{B_{r+1}}, \cdots, c_{B_m})$$

$$c_{\widehat{B}}^{\mathrm{T}} = (c_{B_1}, \cdots, c_{B_{r-1}}, c_j, c_{B_{r+1}}, \cdots, c_{B_m})$$

可得

$$\begin{aligned}
(c_{\widehat{B}}^{\mathrm{T}}\widehat{B}^{-1}A - c^{\mathrm{T}})_p &= \sum_{i=1}^{m}(c_{\widehat{B}})_i(\widehat{B}^{-1}A)_i^p - c_p \\
&= \sum_{i=1}^{m}(c_{\widehat{B}})_i\widehat{y}_i^p - c_p = \sum_{\substack{i=1\\ i\neq r}}^{m}(c_B)_i\widehat{y}_i^p + c_j\widehat{y}_r^p - c_k \\
&= \sum_{\substack{i=1\\ i\neq r}}^{m} c_{B_i}(y_i^p - y_r^p y_i^j/y_r^j) + c_j y_r^p/y_r^j - c_p \\
&= \sum_{i=1}^{m} c_{B_i}y_i^p - c_{B_r}y_r^p - \sum_{i=1}^{m} c_{B_i}y_r^p y_i^j/y_r^j + c_{B_r}y_r^p y_r^j/y_r^j + c_j y_r^p/y_r^j - c_p \\
&= \sum_{i=1}^{m} c_{B_i}y_i^p - c_p - \sum_{i=1}^{m} c_{B_i}y_r^p y_i^j/y_r^j + c_j y_r^p/y_r^j \\
&= (c_B^{\mathrm{T}}B^{-1}A - c^{\mathrm{T}})_p - (y_r^p/y_r^j)(c_B^{\mathrm{T}}B^{-1}A - c^{\mathrm{T}})_j, \quad p = 1, \cdots, n
\end{aligned}$$

由上式知, 以主元 y_r^j 对目标行作 Gauss-Jordan 消元, 可得相应的新基本可行解对应的目标行.

对基本可行解 $\overline{x} = \begin{pmatrix} B^{-1}b \\ 0 \end{pmatrix}$, 可将主要数据列在下表中:

	x_B^{T}	x_N^{T}	
	0	$c_N^{\mathrm{T}} - c_B^{\mathrm{T}}\ B^{-1}N$	
I_B	I	$B^{-1}N$	$B^{-1}b$

称之为在 $\bar{x}$ 处的**单纯形表**.

从单纯形表来看, 上述的讨论相当于对不是最优解的顶点 $\bar{x}$ 的单纯形表, 经 Gauss-Jordan 消元及调整基指标后, 得到新顶点 $\hat{x}$ 的单纯形表. 我们把在单纯形表上进行的顶点判断和转移的操作称为修正单纯形法.

算法 2.2.5　修正单纯形法

步骤 1　给定一初始基本可行解 $\bar{x}$, 确定基阵 $B = (a_{i_1}, \cdots, a_{i_m})$, 指标集 $I_B = \{i_1, \cdots, i_m\}$, 非基阵 N.

步骤 2　计算 $\Delta = c_N^{\mathrm{T}} - c_B^{\mathrm{T}} B^{-1} N$, 列出单纯形表.

步骤 3　如 $\Delta \geqslant 0$, 停止; 否则取非基指标 k:

$$c_k - c_B^{\mathrm{T}} B^{-1} a_k = \min\left\{c_i - c_B^{-1} B^{-1} a_i | i \in \{1, 2, \cdots, n\} \setminus I_B\right\}$$

步骤 4　如 $B^{-1}a_k \leqslant 0$, 停止; 否则求 i_r:

$$\frac{(B^{-1}b)_{i_r}}{(B^{-1}a_k)_{i_r}} = \min\left\{\frac{(B^{-1}b)_{i_j}}{(B^{-1}a_k)_{i_j}} \middle| (B^{-1}a_k)_{i_j} > 0,\ j = 1, \cdots, m\right\}$$

步骤 5　以 $(B^{-1}a_k)_{i_r}$ 为主元素对单纯形表进行 Gauss-Jordan 消元, 并以 k 替换指标集中 i_r, 转步骤 3.

例 2.2.1　用修正单纯形法解下列线性规划问题:

$$\begin{aligned}
\min\quad & -2x_1 - 3x_2 \\
\text{s.t.}\quad & -x_1 + x_2 \leqslant 3 \\
& -2x_1 + x_2 \leqslant 2 \\
& 4x_1 + x_2 \leqslant 16 \\
& x_1, x_2 \geqslant 0
\end{aligned}$$

解　先将问题写成标准形式:

$$\begin{aligned}
\min\quad & -2x_1 - 3x_2 \\
\text{s.t.}\quad & -x_1 + x_2 + x_3 = 3 \\
& -2x_1 + x_2 + x_4 = 2 \\
& 4x_1 + x_2 + x_5 = 16 \\
& x_i \geqslant 0, \quad i = 1, \cdots, 5
\end{aligned}$$

可见 $A=\begin{pmatrix}-1 & 1 & 1 & 0 & 0\\ -2 & 1 & 0 & 1 & 0\\ 4 & 1 & 0 & 0 & 1\end{pmatrix}, b=\begin{pmatrix}3\\2\\16\end{pmatrix}$.

取 $B=(a_3\quad a_4\quad a_5)=I$, 可见基指标为 $\{3,4,5\}$, 显然 $B^{-1}b>0$. 于是

$$\overline{x}=\begin{pmatrix}B^{-1}b\\0\end{pmatrix}=(0\quad 0\quad 3\quad 2\quad 16)^{\mathrm{T}}$$

是可行域的一个顶点. 其中, $c_B=(0\quad 0\quad 0)^{\mathrm{T}}, c_N=(-2\quad -3)^{\mathrm{T}}, \Delta=c_N^{\mathrm{T}}-c_B^{\mathrm{T}}B^{-1}N=c_N^{\mathrm{T}}=(-2\quad -3)$.

于是可列出初始单纯形表:

$k=2,\quad i_r=4$

	x_1	x_2	x_3	x_4	x_5	
	−2	−3	0	0	0	
3	−1	1	1	0	0	3
4	−2	[1]	0	1	0	2
5	4	1	0	0	1	16

以 $(B^{-1}a_2)_4=1$ 为主元素对单纯形表进行 Gauss-Jordan 消元并调整基指标, 得下表:

$k=1,\quad i_r=3$

	x_1	x_2	x_3	x_4	x_5	
	−8	0	0	3	0	
3	[1]	0	1	−1	0	1
2	−2	1	0	1	0	2
5	6	0	0	−1	1	14

以 $(B^{-1}a_1)_3=1$ 为主元素进行 Gauss-Jordan 消元, 调整基指标得

$k=4,\quad i_r=5$

	x_1	x_2	x_3	x_4	x_5	
	0	0	8	−5	0	
1	1	0	1	−1	0	1
2	0	1	2	−1	0	4
5	0	0	−6	[5]	1	8

以 $(B^{-1}a_4)_5=5$ 为主元素进行 Gauss-Jordan 消元并调整基指标得

	x_1	x_2	x_3	x_4	x_5	
	0	0	2	0	1	
1	1	0	$-\frac{1}{5}$	0	$\frac{1}{5}$	$\frac{13}{5}$
2	0	1	$\frac{4}{5}$	0	$\frac{1}{5}$	$\frac{28}{5}$
4	0	0	$-\frac{6}{5}$	1	$\frac{1}{5}$	$\frac{8}{5}$

这时的 $\varDelta=c_N^{\mathrm{T}}-c_B^{\mathrm{T}}B^{-1}N\geqslant 0$, 此时对应的基本可行解

$$x=\begin{pmatrix}\frac{13}{5} & \frac{28}{5} & 0 & \frac{8}{5} & 0\end{pmatrix}^{\mathrm{T}}$$

是标准型问题的解, 略去补充的松弛变量 x_3,x_4,x_5, 得原问题的一个解 $x=\begin{pmatrix}\frac{13}{5} & \frac{28}{5}\end{pmatrix}^{\mathrm{T}}$.

注 以后若不特别指出, 单纯形法均指修正的单纯形法. 用单纯形法求解问题, 也就是指用修正的单纯形法求解.

至此, 我们已经解决了在有解的情况下, 在已有一个基本可行解 (顶点) 的时候, 如何判断其是否为问题的解的问题, 以及若其不是基本可行解, 给出了如何通过 Gauss-Jordan 消元及调整基变量转移到下一个基本可行解的步骤. 同时也可以在此过程中, 发现问题无解的情形. 当然, 对一般的线性规划标准型问题, 初始的基本可行解并不容易得到. 下面介绍两个一般的方法, 一个是通过解一个辅助问题去得到线性规划问题的基本可行解, 然后用单纯形法求解原问题, 称为两阶段法; 另一个通过构造一个与原问题有密切关系的辅助线性规划问题, 该辅助问题有明显的基本可行解, 再由单纯形法求解该辅助问题即可得原问题的解, 称为大 M 法.

2.2.1 两阶段法

考虑标准线性规划问题:

$$\begin{aligned}\min\quad & c^{\mathrm{T}}x\\ \text{s.t.}\quad & Ax=b\\ & x\geqslant 0\end{aligned}\tag{2.12}$$

A 是 $m\times n$ 阶行满秩矩阵, $b\geqslant 0$. 定义下列辅助问题:

$$\begin{aligned}\min\quad & \sum_{i=n+1}^{n+m}x_i\\ \text{s.t.}\quad & Ax+x_\alpha=b\\ & x,x_\alpha\geqslant 0\end{aligned}\tag{2.13}$$

这里 $x_\alpha=(x_{n+1},\cdots,x_{n+m})^{\mathrm T}$ 称为人工或辅助变量. 显然, x 是问题 (2.12) 的可行解的充要条件是 $\begin{pmatrix}x\\0\end{pmatrix}$ 是问题 (2.13) 的可行解, 而 $\begin{pmatrix}x\\0\end{pmatrix}$ 是问题 (2.13) 的可行解的充要条件是问题 (2.13) 的最优目标值为 0.

显然 $\begin{pmatrix}0\\b\end{pmatrix}$ 是问题 (2.13) 的基本可行解, 于是可由 (修正) 单纯形法解问题 (2.13).

如果由单纯形法求得问题 (2.13) 的解使得最优目标值大于 0, 这说明原问题 (2.12) 无可行解, 否则目标值为 0, 这时便得问题 (2.13) 的一个最优解; 如果 x_α 变成了非基变量, 则可得原问题 (2.12) 的一个初始基本可行解. 可以证明, 经过有限次运算, x_α 会变成非基变量, 这样在有限次运算后可得原问题的一个顶点. 这种通过辅助问题 (2.13) 求得原问题的一个顶点, 然后通过单纯形法求得线性规划问题最优解的方法称为**两阶段法**.

例 2.2.2　用两阶段法解下列线性规划问题:

$$\begin{aligned}\min\quad & 5x_1+21x_3\\ \text{s.t.}\quad & x_1-x_2+6x_3-x_4=2\\ & x_1+x_2+2x_3-x_5=1\\ & x_i\geqslant 0,\quad i=1,\cdots,5\end{aligned}$$

解　构造辅助问题:

$$\begin{aligned}\min\quad & x_6+x_7\\ \text{s.t.}\quad & x_1-x_2+6x_3-x_4\quad +x_6=2\\ & x_1+x_2+2x_3-x_5+x_7=1\\ & x_i\geqslant 0,\quad i=1,\cdots,7\end{aligned}$$

显然可取 $B=(a_6\quad a_7)=I$ 为基阵, 基指标 $I_B=\{6,7\}$, $\overline{x}=(0\quad 0\quad 0\quad 0\quad 0\quad 2\quad 1)^{\mathrm T}$ 是一基本可行解, $\varDelta=c_N^{\mathrm T}-c_B^{\mathrm T}B^{-1}N=(-2\quad 0\quad -8\quad 1\quad 1)$. 于是可写出初始单纯形表:

$k=3,\quad i_r=6$

	x_1	x_2	x_3	x_4	x_5	x_6	x_7	
	-2	0	-8	1	1	0	0	
6	1	-1	[6]	-1	0	1	0	2
7	1	1	2	0	-1	0	1	1

由修正单纯形法得

$k=2,\quad i_r=7$

	x_1	x_2	x_3	x_4	x_5	x_6	x_7	
	$-\frac{2}{3}$	$-\frac{4}{3}$	0	$-\frac{1}{3}$	1	$\frac{3}{4}$	0	
3	$\frac{1}{6}$	$-\frac{1}{6}$	1	$-\frac{1}{6}$	0	$\frac{1}{6}$	0	$\frac{1}{3}$
7	$\frac{2}{3}$	$\left[\frac{4}{3}\right]$	0	$\frac{1}{3}$	-1	$-\frac{1}{3}$	1	$\frac{1}{3}$

	x_1	x_2	x_3	x_4	x_5	x_6	x_7	
	0	0	0	0	0	1	1	
3	$\frac{1}{4}$	0	1	$-\frac{1}{8}$	$-\frac{1}{8}$	$\frac{1}{8}$	$\frac{1}{8}$	$\frac{3}{8}$
2	$\frac{1}{2}$	1	0	$\frac{1}{4}$	$-\frac{3}{4}$	$-\frac{1}{4}$	$\frac{3}{4}$	$\frac{1}{4}$

这时判别式 $\Delta \geqslant 0$. 于是求得辅助问题的解为 $x=\begin{pmatrix}0 & \frac{1}{4} & \frac{3}{8} & 0 & 0 & 0 & 0\end{pmatrix}^{\mathrm{T}}$, 从单纯形表可以看出 $x_\alpha=(x_6\quad x_7)^{\mathrm{T}}=(0\quad 0)^{\mathrm{T}}$ 是非基变量. 于是 $\overline{x}=\begin{pmatrix}0 & \frac{1}{4} & \frac{3}{8} & 0 & 0\end{pmatrix}^{\mathrm{T}}$ 是原问题的一个基本可行解, 可以以它为初始解并由单纯形法解原问题.

这时 $B=(a_2\ a_3)=\begin{pmatrix}-1 & 6\\ 1 & 2\end{pmatrix}$.

易知 $B^{-1}=-\begin{pmatrix}\frac{1}{4} & -\frac{3}{4}\\ -\frac{1}{8} & -\frac{1}{8}\end{pmatrix}$, $c_N=(5\quad 0\quad 0)^{\mathrm{T}}, c_B=(0\quad 21)^{\mathrm{T}}$.

于是 $c_N^{\mathrm{T}}-c_B^{\mathrm{T}}B^{-1}N=(5\quad 0\quad 0)-\begin{pmatrix}\frac{21}{4} & -\frac{21}{8} & -\frac{21}{8}\end{pmatrix}=\begin{pmatrix}-\frac{1}{4} & \frac{21}{8} & \frac{21}{8}\end{pmatrix}$. 列出第二阶段初始单纯形表

$k=1,\quad i_r=2$

	x_1	x_2	x_3	x_4	x_5	
	$-\frac{1}{4}$	0	0	$\frac{21}{8}$	$\frac{21}{8}$	
2	$\left[\frac{1}{2}\right]$	1	0	$\frac{1}{4}$	$-\frac{3}{4}$	$\frac{1}{4}$
3	$\frac{1}{4}$	0	1	$-\frac{1}{8}$	$-\frac{1}{8}$	$\frac{3}{8}$

以 $\frac{1}{2}$ 为主元素进行 Gauss-Jordan 消元得

	x_1	x_2	x_3	x_4	x_5	
	0	$\frac{1}{2}$	0	$\frac{11}{4}$	$\frac{9}{4}$	
1	1	2	0	$\frac{1}{2}$	$-\frac{3}{2}$	$\frac{1}{2}$
3	0	$-\frac{1}{2}$	1	$-\frac{1}{4}$	$\frac{1}{4}$	$\frac{1}{4}$

由此得解 $x=\begin{pmatrix}\frac{1}{2} & 0 & \frac{1}{4} & 0 & 0\end{pmatrix}^{\mathrm{T}}$.

2.2.2 大 M 法

大 M 法是一种通过带有人工变量的辅助问题的求解, 得到标准型线性规划问题解的方法. 它通过一个充分大的参数 M, 将两阶段法中的两个阶段的问题合二为一, 利用单纯形法来求得问题的解. 具体做法如下, 对标准线性规划问题 (2.12) 作如下辅助问题

$$\begin{aligned}\min\quad & c^{\mathrm{T}}x+Me^{\mathrm{T}}x_\alpha\\ \text{s.t.}\quad & Ax+x_\alpha=b\\ & x\geqslant 0,\quad x_\alpha\geqslant 0\end{aligned}\tag{2.14}$$

这里 M 是一充分大的正数, e 为分量全为 1 的 m 维向量, $x_\alpha=(x_{n+1},\cdots,x_{n+m})^{\mathrm{T}}$ 称为人工变量. 可见 $\begin{pmatrix}0\\ b\end{pmatrix}$ 是问题 (2.14) 的基本可行解, 于是可以由单纯形法求解辅助问题. 在求解过程中, M 作为一个代数符号参与运算, 若其系数为正数, 就认为该项是正无穷大的数; 否则就认为是负无穷大的数. 类似地, 若有两个含有 M 的数, M 的系数为正且大于另一个 M 的系数的数被认为比另一个数大, M 的系数为负且小于另一个 M 的系数的数被认为比另一个数小.

定理 2.2.6　$\overline{x}$ 是线性规划 (LP) 标准型的解的充要条件为 $\begin{pmatrix}\overline{x}\\ 0\end{pmatrix}$ 是辅助问题的解.

证明　设 $\overline{x}$ 是 LP 问题的解, 则对 $\forall x$ 满足 $Ax=b, x\geqslant 0$ 有

$$c^{\mathrm{T}}\overline{x}\leqslant c^{\mathrm{T}}x$$

如果 $\begin{pmatrix}\overline{x}\\ 0\end{pmatrix}$ 不是辅助问题 (2.14) 的解, 则有 $\begin{pmatrix}\widetilde{x}\\ \widetilde{x}_\alpha\end{pmatrix}$ 满足

$$\begin{aligned}&A\widetilde{x}+\widetilde{x}_\alpha=b\\ &\widetilde{x}\geqslant 0,\quad \widetilde{x}_\alpha\geqslant 0\end{aligned}$$

使得

$$c^{\mathrm{T}}\widetilde{x} + Me^{\mathrm{T}}\widetilde{x}_\alpha < c^{\mathrm{T}}\overline{x} \tag{2.15}$$

如果 $\widetilde{x}_\alpha = 0$, 则 $c^{\mathrm{T}}\widetilde{x} < c^{\mathrm{T}}\overline{x}$, 这与 $\overline{x}$ 是 LP 问题的解矛盾, 故 $\widetilde{x}_\alpha \neq 0$, 于是 $e^{\mathrm{T}}\widetilde{x}_\alpha > 0$. 由式 (2.15) 得

$$Me^{\mathrm{T}}\widetilde{x}_\alpha < c^{\mathrm{T}}(\overline{x} - \widetilde{x})$$

因为假定 M 是任意大的正数, 与上式矛盾. 于是可知 $\begin{pmatrix}\overline{x}\\0\end{pmatrix}$ 是问题 (2.14) 的解.

反之, 设 $\begin{pmatrix}\overline{x}\\0\end{pmatrix}$ 是问题 (2.14) 的解, 则 $\overline{x}$ 是 LP 问题的可行解, 则对任意 $\begin{pmatrix}x\\x_\alpha\end{pmatrix}$ 满足

$$\begin{aligned}&Ax + x_\alpha = b\\&x \geqslant 0, \quad x_\alpha \geqslant 0\end{aligned}$$

有

$$c^{\mathrm{T}}\overline{x} + 0 \leqslant c^{\mathrm{T}}x + Me^{\mathrm{T}}x_\alpha \tag{2.16}$$

设 x 是问题 (2.14) 的可行解, 于是由式 (2.16) 可得

$$c^{\mathrm{T}}\overline{x} \leqslant c^{\mathrm{T}}x$$

所以 $\overline{x}$ 是 LP 问题的解. □

下面看一个例子.

例 2.2.3 用大 M 法求解下列线性规划问题:

$$\begin{aligned}\min\quad & -3x_1 + x_2 + x_3\\ \text{s.t.}\quad & x_1 - 2x_2 + x_3 \leqslant 11\\ & -4x_1 + x_2 + 2x_3 \geqslant 3\\ & -2x_1 + x_3 = 1\\ & x_1, x_2, x_3 \geqslant 0\end{aligned}$$

解 先将问题写为标准形式:

$$\begin{aligned}\min\quad & -3x_1 + x_2 + x_3\\ \text{s.t.}\quad & x_1 - 2x_2 + x_3 + x_4 = 11\\ & -4x_1 + x_2 + 2x_3 - x_5 = 3\\ & -2x_1 + x_3 = 1\\ & x_1, x_2, x_3, x_4, x_5 \geqslant 0\end{aligned}$$

构造辅助问题

$$
\begin{aligned}
\min \quad & -3x_1+x_2+x_3+Mx_6+Mx_7+Mx_8 \\
\text{s.t.} \quad & x_1-2x_2+x_3+x_4+x_6=11 \\
& -4x_1+x_2+2x_3-x_5+x_7=3 \\
& -2x_1+x_3+x_8=1 \\
& x_i \geqslant 0, \quad i=1,\cdots,8
\end{aligned}
$$

取基矩阵 $B=(a_6 \quad a_7 \quad a_8)=I$, 则 $(0 \quad 0 \quad 0 \quad 0 \quad 0 \quad 11 \quad 3 \quad 1)^{\mathrm{T}}$ 是辅助问题的一个基本可行解, 取其为初始顶点, 列出初始单纯形表并进行求解:

$k=3, \quad i_r=8$

	x_1	x_2	x_3	x_4	x_5	x_6	x_7	x_8	
	$5M-3$	$M+1$	$-4M+1$	$-M$	M	0	0	0	
6	1	−2	1	1	0	1	0	0	11
7	−4	1	2	0	−1	0	1	0	3
8	−2	0	[1]	0	0	0	0	1	1

$k=1, \quad i_r=6$

	x_1	x_2	x_3	x_4	x_5	x_6	x_7	x_8	
	$-3M-1$	$M+1$	0	$-M$	M	0	0	$4M-1$	
6	[3]	−2	0	1	0	1	0	−1	10
7	0	1	0	0	−1	0	1	−2	1
3	−2	0	1	0	0	0	0	1	1

$k=2, \quad i_r=7$

	x_1	x_2	x_3	x_4	x_5	x_6	x_7	x_8	
	0	$-M+\frac{1}{3}$	0	$\frac{1}{3}$	M	$M+\frac{1}{3}$	0	$3M-\frac{4}{3}$	
1	1	$-\frac{2}{3}$	0	$\frac{1}{3}$	0	$\frac{1}{3}$	0	$-\frac{1}{3}$	$\frac{10}{3}$
7	0	[1]	0	0	−1	0	1	−2	1
3	0	$-\frac{4}{3}$	[1]	$\frac{2}{3}$	0	$\frac{2}{3}$	0	$\frac{1}{3}$	$\frac{23}{3}$

	x_1	x_2	x_3	x_4	x_5	x_6	x_7	x_8	
	0	0	0	$\frac{1}{3}$	$\frac{1}{3}$	$M+\frac{1}{3}$	$M-\frac{1}{3}$	$M-\frac{2}{3}$	
1	1	0	0	$\frac{1}{3}$	$-\frac{2}{3}$	$\frac{1}{3}$	$\frac{2}{3}$	$-\frac{5}{3}$	4
2	0	1	0	0	−1	0	1	−2	1
3	0	0	1	$\frac{2}{3}$	$-\frac{4}{3}$	$\frac{2}{3}$	$\frac{4}{3}$	$-\frac{7}{3}$	9

于是得辅助问题的解为 $(4 \quad 1 \quad 9 \quad 0 \quad 0 \quad 0 \quad 0 \quad 0)^{\mathrm{T}}$, 从而标准型问题的解为 $(4 \quad 1 \quad 9 \quad 0 \quad 0)^{\mathrm{T}}$, 原问题的解为 $(4 \quad 1 \quad 9)^{\mathrm{T}}$.

问题 在前面单纯形法的介绍中, 有一个假定条件, 就是对每一基本可行解, 都假定其基变量部分大于 0. 实际上, 如果有基本可行解的基变量等于 0, 可以构造例子说明按单纯形法做, 可能出现循环问题, 即若干顶点处的目标值相等, 迭代在这几个顶点之间循环; 或者是一个顶点对应一个以上的基矩阵, 按照单纯形法操作时, 基矩阵和基变量变化但实际上还在一个顶点. 在这两种情形, 若还没有得到最优解, 就产生了死循环而得不到解. 下面是一个例子.

例 2.2.4 用单纯形法解下列线性规划问题:

$$
\begin{aligned}
\min \quad & -5x_1 - 3x_2 \\
\text{s.t.} \quad & x_1 + 2x_2 \leqslant 3 \\
& 2x_1 + x_2 \leqslant 3 \\
& \\
& x_1 \leqslant 1.5 \\
& x_1, x_2 \geqslant 0
\end{aligned}
$$

解 将问题写成标准形式:

$$
\begin{aligned}
\min \quad & -5x_1 - 3x_2 \\
\text{s.t.} \quad & x_1 + 2x_2 + x_3 = 3 \\
& 2x_1 + x_2 + x_4 = 3 \\
& x_1 + x_5 = 1.5 \\
& x_i \geqslant 0, \quad i = 1, \cdots, 5
\end{aligned}
$$

这里我们不再解它, 可留做练习试一试.

也有防止出现循环的办法, 如字典序方法等. 这里不再介绍.

2.3 线性规划问题的对偶及对偶单纯形法

2.3.1 线性规划对偶问题

先看一个例子.

例 2.3.1 某企业用 m 种原料生产 n 种产品, 生产一个单位的产品 j 需要原料 i 为 a_{ij} 个单位, 原料 i 最多不超过 b_i, 每生产一单位产品 j 的收益为 c_j. 问每种产品各生产多少可使总收益最大?

设第 j 种产品生产 x_j, 则可列出该问题的最优化模型为

$$\begin{aligned} \max \quad & \sum_{j=1}^{n} c_j x_j \\ \text{s.t.} \quad & \sum_{j=1}^{n} a_{ij} x_j \leqslant b_i, \quad i = 1, \cdots, m \\ & x_j \geqslant 0, \quad j = 1, \cdots, n \end{aligned}$$

或以矩阵形式写为

$$\begin{aligned} \max \quad & c^{\mathrm{T}} x \\ \text{s.t.} \quad & Ax \leqslant b \\ & x \geqslant 0 \end{aligned}$$

也可从另一角度考虑该问题: 设第 i 种原料的计划投入量为 b_i, 第 j 种产品的单位收益不得少于 c_j. 问每种原料的单位价格是多少时, 可使总投入量花费最少?

设第 i 种原料单位价格为 w_i, $i = 1, \cdots, m$. 这时的最优化模型为

$$\begin{aligned} \min \quad & \sum_{i=1}^{m} b_i w_i \\ \text{s.t.} \quad & \sum_{i=1}^{m} a_{ij} w_i \geqslant c_j, \quad j = 1, \cdots, n \\ & w_i \geqslant 0, \quad i = 1, \cdots, m \end{aligned}$$

或以矩阵形式写为

$$\begin{aligned} \min \quad & b^{\mathrm{T}} w \\ \text{s.t.} \quad & A^{\mathrm{T}} w \geqslant c \\ & w \geqslant 0 \end{aligned}$$

可以推测这两个优化问题有密切关系. 一般地, 对标准型线性规划问题:

$$\text{(P)} \quad \begin{aligned} \min \quad & c^{\mathrm{T}} x \\ \text{s.t.} \quad & Ax = b \\ & x \geqslant 0 \end{aligned}$$

称下面的线性规划问题:

$$\begin{aligned} & \max \quad b^{\mathrm{T}}y \\ (\mathrm{D}) \quad & \text{s.t.} \quad A^{\mathrm{T}}y \leqslant c \end{aligned}$$

为 (P) 的对偶问题, (P) 称为原问题.

例 2.3.2 作为练习, 验证例 2.3.1 中的两个问题, 一个是另一个的对偶.

问题 上面对偶问题 (D) 可以写为标准形式, 其标准形式的对偶是不是原问题 (P) 呢?

定理 2.3.1(弱对偶定理) *设 x 和 y 分别是原问题 (P) 和其对偶问题 (D) 的可行解, 则有 $c^{\mathrm{T}}x \geqslant b^{\mathrm{T}}y$.*

证明 因为 x, y 分别是 (P) 和 (D) 的可行解, 所以 $x \geqslant 0, c \geqslant A^{\mathrm{T}}y$, 于是有

$$c^{\mathrm{T}}x \geqslant y^{\mathrm{T}}Ax = y^{\mathrm{T}}b = b^{\mathrm{T}}y$$ □

定理 2.3.2(强对偶定理) *如果原问题 (P) 有最优解, 则对偶问题 (D) 也有最优解, 且二者最优目标值相等.*

证明 设 x^* 是原问题 (P) 的一个基本可行最优解, 则有基阵 $B: A = (B \quad N)$ 使得

$$x^* = \begin{pmatrix} x_B^* \\ x_N^* \end{pmatrix} = \begin{pmatrix} B^{-1}b \\ 0 \end{pmatrix}$$

因为 x^* 是最优解, 以 x^* 为初始点, 利用单纯形法求解 (P), 便有 $c_N^{\mathrm{T}} - c_B^{\mathrm{T}}B^{-1}N \geqslant 0$, 即 $c_N \geqslant N^{\mathrm{T}}B^{-\mathrm{T}}c_B$. 记 $y^* = B^{-\mathrm{T}}c_B$, 则有

$$A^{\mathrm{T}}y^* = \begin{pmatrix} B^{\mathrm{T}} \\ N^{\mathrm{T}} \end{pmatrix} B^{-\mathrm{T}}c_B = \begin{pmatrix} c_B \\ N^{\mathrm{T}}B^{-\mathrm{T}}c_B \end{pmatrix} \leqslant c$$

所以 y^* 是对偶问题 (D) 的可行解. 又由于

$$b^{\mathrm{T}}y^* = b^{\mathrm{T}}B^{-\mathrm{T}}c_B = c_B^{\mathrm{T}}B^{-1}b = c_B^{\mathrm{T}}x_B^* = c^{\mathrm{T}}x^*$$

由定理 2.3.1 知 y^* 是对偶问题 (D) 的解, 且问题 (P) 和 (D) 的最优目标值相等. □

2.3.2 对偶单纯形法

由单纯形法知道, 当线性规划标准型的一个基本可行解 x 对应的检验向量

$$c_N^{\mathrm{T}} - c_B^{\mathrm{T}}B^{-1}N \geqslant 0$$

时, x 是原问题的解.

记 $y = B^{-\mathrm{T}}c_B$, 则 $c_N^{\mathrm{T}} - c_B^{\mathrm{T}}B^{-1}N \geqslant 0$ 等价于 $c_N^{\mathrm{T}} - y^{\mathrm{T}}N \geqslant 0$, 即 $c_N - N^{\mathrm{T}}y \geqslant 0$, 由此得 $A^{\mathrm{T}}y \leqslant c$. 我们称 $y = B^{-\mathrm{T}}c_B$ 为 x 的**对偶变量**.

这样我们可以给出单纯形法一个概念性的解释: 在迭代过程中, 保持原问题的可行性, 向对偶可行方向逼近. 当对偶变量成为对偶问题的可行解时停止, 得到问题的解.

于是我们自然可以问: 可否从一个对偶问题的一个可行解出发, 保持对偶可行性, 向原问题的可行解逼近? 答案是肯定的. 下面给出的对偶单纯形法是将单纯形法用于解对偶问题, 并由此求解原问题的一种方法. 这里只列出了算法的计算步骤而略去了相关的分析.

算法 2.3.3　对偶单纯形法

步骤 1　给出 (P) 的一个基矩阵 B, 记下基指标, 求出相应的基本解, 并使这时的判别式 $c_N^{\mathrm{T}} - c_B^{\mathrm{T}}B^{-1}N \geqslant 0$; 列出初始单纯形表.

步骤 2　求 $\bar{b}_{i_r} = \min\left\{(B^{-1}b)_{i_j}, j = 1, \cdots, m\right\}$.

步骤 3　如 $\bar{b}_{i_r} \geqslant 0$, 停止; 否则到步骤 4.

步骤 4　如 $e_{i_r}^{\mathrm{T}}(B^{-1}N) \geqslant 0$, 停止; 否则到步骤 5.

步骤 5　求 k 满足:

$$\max\left\{\frac{c_j - c_B^{\mathrm{T}}B^{-1}a_j}{e_{i_r}^{\mathrm{T}}B^{-1}a_j}\middle| e_{i_r}^{\mathrm{T}}B^{-1}a_j < 0\right\} = \frac{c_k - c_B^{\mathrm{T}}B^{-1}a_k}{e_{i_r}^{\mathrm{T}}B^{-1}a_k}$$

步骤 6　以 $e_{i_r}^{\mathrm{T}}B^{-1}a_k$ 为主元素进行 Gauss-Jordan 消元, 且以 k 替换指标集中的 i_r, 转步骤 2.

问题　在算法步骤 3 中, 当 $e_{i_r}^{\mathrm{T}}(B^{-1}N) \geqslant 0$ 时, 表明对偶问题无解. 试证明这个结论.

例 2.3.3　用对偶单纯形法解下列线性规划问题:

$$\begin{aligned}
\min\quad & 6.8x_1 + 3x_2 \\
\text{s.t.}\quad & 2.6x_1 + x_2 \geqslant 800 \\
& 3.8x_1 + 3x_2 \geqslant 1000 \\
& 1.6x_1 + x_2 \geqslant 100 \\
& 6x_1 + 10x_2 \geqslant 6000 \\
& x_1 \geqslant 0, x_2 \geqslant 0
\end{aligned}$$

解　将问题写成标准形式:

$$\begin{aligned} \min \quad & 6.8x_1 + 3x_2 \\ \text{s.t.} \quad & 2.6x_1 + x_2 - x_3 = 800 \\ & 3.8x_1 + 3x_2 - x_4 = 1000 \\ & 1.6x_1 + x_2 - x_5 = 100 \\ & 6x_1 + 10x_2 - x_6 = 6000 \\ & x_i \geqslant 0, \quad i = 1, \cdots, 6 \end{aligned}$$

取 $B = (a_3 \quad a_4 \quad a_5 \quad a_6) = -I$, 则

$$x = \begin{pmatrix} B^{-1}b \\ 0 \end{pmatrix} = (0 \quad 0 \quad -800 \quad -1000 \quad -100 \quad -6000)^{\mathrm{T}}$$

是一基本解, 但不是可行解. 这时 $c_N^{\mathrm{T}} - c_B^{\mathrm{T}} B^{-1} N = (6.8 \quad 3) \geqslant 0$. 所以 $y = B^{-1} c_B$ 是对偶问题的基本可行解. 列出初始单纯形表

$i_r = 6, \quad k = 2$

	x_1	x_2	x_3	x_4	x_5	x_6	
	6.8	3	0	0	0	0	
3	−2.6	−1	1	0	0	0	−800
4	−3.8	−3	0	1	0	0	−1000
5	−1.6	−1	0	0	1	0	−100
6	−6	[−10]	0	0	0	1	−6000

以 $e_6^{\mathrm{T}}(B^{-1}a_2) = -10$ 为主元素进行 Gauss-Jordan 消元并调整基变量, 得

$i_r = 3, \quad k = 1$

	x_1	x_2	x_3	x_4	x_5	x_6	
	5	0	0	0	0	0.3	
3	[−2]	0	1	0	0	−0.1	−200
4	−2	0	0	1	0	−0.3	800
5	−1	0	0	0	1	−0.1	500
2	0.6	1	0	0	0	−0.1	600

以 −2 为主元素进行 Gauss-Jordan 消元得

	x_1	x_2	x_3	x_4	x_5	x_6	
	0	0	2.5	0	0	0.05	
1	1	0	−0.5	0	0	0.05	100
4	0	0	−1	1	0	−0.02	1000
5	0	0	−0.5	0	1	−0.05	600
2	0	1	0.3	0	0	−0.13	540

由停止规则知标准型问题的解 $x = (100 \quad 540 \quad 0 \quad 1000 \quad 600 \quad 0)^{\mathrm{T}}$, 略去松弛变量得原问题的解为 $x = (100 \quad 540)^{\mathrm{T}}$.

注　单纯形法和对偶单纯形法是十分有效的方法, 自提出以来, 在实际生产工作中发挥了很大的作用. 当然, 方法作为解决问题的手段, 往往需要随着现实问题的不断发展而发展, 求解线性规划问题的方法也不例外. 实际上, 容易提出一个一般性的问题: 还可以提出比单纯形法更有效的算法吗? 就这种算法本身的特点, 我们也可以提出具体的问题: 是否可以从一个可行的初始点 (不一定要求是顶点) 出发, 从多面体的内部直接达到最优点? 或者, 稍弱些, 是否可以不沿着边界, 而是从内部一步步逼近最优解?

从 20 世纪 80 年代开始, 求解线性规划问题的内点算法得到了很大的发展, 该类算法不仅在理论上有优于单纯形法的结果, 在实际计算效果上也不亚于单纯形法. 而且在这个发展中所产生的思想和技巧影响到一般的凸优化问题的解法, 20 世纪 90 年代人们提出和发展了求解一般凸优化问题的内点方法.

2.4　应用 MATLAB 解线性规划问题举例

应用 MATLAB 优化工具箱解线性规划时, 不需要把线性规划问题化为标准型, 而是采用下列不等式约束的形式

$$\begin{aligned} \min \quad & c^{\mathrm{T}} x \\ \text{s.t.} \quad & Ax \leqslant b \end{aligned}$$

我们已经知道, 线性规划问题都可以等价地写为一个标准型, 如果把标准型中的等式写为两个不等式形式 (如 $x = 0$, 可以等价写为 $x \leqslant 0,\ -x \leqslant 0$), 则任何线性规划问题都可以写为上述形式.

调用优化工具箱中的线性规划求解程序, 首先给矩阵 c, A, b 赋值, 然后在命令窗口调用函数 linprog(c, A, b), 回车即可输出问题的最优解.

比如, 要求解下列线性规划问题:

$$\begin{aligned} \min \quad & -2x_1 - x_2 + 3x_3 - 5x_4 \\ \text{s.t.} \quad & x_1 + 2x_2 + 4x_3 - x_4 \leqslant 6 \\ & 2x_1 + 3x_2 - x_3 + x_4 \leqslant 12 \\ & x_1 + x_3 + x_4 \leqslant 4 \\ & x_1 \geqslant 0, \quad x_2 \geqslant 0, \quad x_3, x_4 \geqslant 0 \end{aligned}$$

第一步, 给矩阵 c, A, b 赋值, 如在命令窗口中输入

```
c= [-2, -1, 3, -5]' ;
A= [1,2,4,-1; 2,3,-1,1; 1,0,1,1; -1,0,0,0; 0,-1,0,0; 0,0,-1,
   0; 0,0,0,-1];
b=[6,12,4,0,0,0,0]';
```

第二步, 在命令窗口调用线性规划程序 $x=$linprog(c,A,b), 回车后马上得到问题的解

$x=$

$$0 \quad 2.6667 \quad 0 \quad 4.0$$

如果接着输入 c′*x 并回车, 则得到最优值 -22.667.

当然, 也可以先建立一个 M 文件, 将数据放在文件中, 文件最后一行写 x= linprog(c,A,b). 然后到命令窗口运行该文件, 输入文件名后回车即可得到同样的结果.

习 题 二

1. 设 S 是满足约束条件 $Ax \geqslant b$ 的集合, 其中 A 是 $m \times n$ 的矩阵, 其中 $m > n$, 则 x_0 是 S 的某一顶点的充要条件是 A 和 b 分别可以分解为

$$A=\begin{pmatrix} A_1 \\ A_2 \end{pmatrix}, \quad b=\begin{pmatrix} b_1 \\ b_2 \end{pmatrix}$$

其中 A_1, b_1 有 n 行, A_2, b_2 有 $m-n$ 行, 使得

$$A_1x_0=b_1, \quad A_2x_0 \geqslant b_2$$

2. 已经知道一万个实数 $a_1, a_2, \cdots, a_{10000}$, 可否建立一个线性规划模型求解其中的最小数或最大数?

3. 画出下列可行解区域:

$$\begin{aligned} &x_1+2x_2 \leqslant 4 \\ &-x_1+x_2 \leqslant 1 \\ &x_1+x_2 \leqslant 3 \\ &x_1, x_2 \geqslant 0 \end{aligned}$$

哪些点使得函数 x_1-2x_2 取最大值、最小值?

4. 用作图法求下列线性规划问题的最优解.

(1)
$$\begin{aligned} \max \quad & 2x_1+5x_2 \\ \text{s.t.} \quad & 0 \leqslant x_1 \leqslant 4 \\ & 0 \leqslant x_2 \leqslant 3 \\ & x_1+2x_2 \leqslant 8 \end{aligned}$$

(2)
$$\begin{aligned} \min \quad & 2x_1+2x_2 \\ \text{s.t.} \quad & x_1-x_2 \geqslant 1 \\ & -x_1+2x_2 \leqslant 0 \\ & x_1 \geqslant 0, x_2 \geqslant 0 \end{aligned}$$

(3) $\min\ 2x_1+2x_2$
s.t. $-x_1+x_2\geqslant 1$
$x_1+x_2\leqslant -2$
$x_1\geqslant 0, x_2\geqslant 0$

(4) $\min\ 8x_1+5x_2$
s.t. $-x_1+x_2\geqslant 0$
$6x_1+11x_2\geqslant 66$
$2x_1+x_2\geqslant 10$
$x_1,x_2\geqslant 0$

(5) $\max\ 2x_1+3x_2$
s.t. $-x_1+2x_2\geqslant 12$
$-2x_1+x_2\geqslant 3$
$x_1,x_2\geqslant 0$

(6) $\max\ 4x_1-3x_2$
s.t. $-11x_1+10x_2\leqslant 20$
$x_1\geqslant 0, 0\leqslant x_2\leqslant 6$

5. 考虑问题:

$$\begin{aligned}\max\ & x_2\\ \text{s.t.}\ & 2x_1+3x_2\leqslant 9\\ & |x_1-2|\leqslant 1,\quad x_1,x_2\geqslant 0\end{aligned}$$

(i) 用作图法求解该问题; (ii) 转化这个问题为标准型线性规划问题.

6. 确定由下述约束条件所形成的可行域的所有顶点, 并计算函数 $f(x)$ 在这些顶点的函数值.

(1) $f(x)=3x_1+2x_2$
$x_1+x_2\leqslant 3$
$x_1-2x_2\leqslant 4$
$0\leqslant x_1\leqslant 4$
$0\leqslant x_2\leqslant 1$

(2) $f(x)=-4x_1-3x_2$
$2x_1+x_2\leqslant 10$
$x_1+x_2\leqslant 10$
$5x_1+3x_2\leqslant 20$
$x_1,x_2\geqslant 0$

7. 将下列线性规划问题转化为标准型.

(1) $\max\ 2x_1-x_2-3x_3$
s.t. $2x_1-x_2+2x_3\leqslant 2$
$-x_1+2x_2-3x_3\leqslant -2$
$x_1,x_2,x_3\geqslant 0$

(2) $\min\ 2x_1-x_2-3x_3-x_4$
s.t. $x_1+3x_2+2x_3+x_4\leqslant 15$
$2x_2+x_3+x_4=10$
$-x_1+5x_2-2x_3+2x_4\geqslant 3$
$x_1,x_2,x_3,x_4\geqslant 0$

(3) $\max\ 3x_1-13x_2$
s.t. $5x_1+3x_2\leqslant 18$
$x_1+2x_2\geqslant 9$
$2x_1+x_2\geqslant 2.5$
$x_1\geqslant 0$

8. 将下列优化问题写为等价的线性规划问题.

(1) $\min\ x_1^2+5x_2-5x_3$
s.t. $2x_1^2+x_2+2x_3\leqslant 6$
$x_2-7x_3\leqslant 5$
$x_1,x_2,x_3\geqslant 0$

(2) $\min\ |x_1|+3|x_2|+|x_3|$
s.t. $x_1-x_2+x_3\geqslant -5$
$x_1-2x_2\leqslant 1$
$x_1-3x_2-5x_3=23$

(3)
$$\begin{aligned} \min\quad & |x_1-5|+3|x_2+4| \\ \text{s.t.}\quad & x_1+x_2\leqslant 4 \\ & 2x_1-x_2\geqslant 13 \end{aligned}$$

(4)
$$\begin{aligned} \min\max\quad & (x_1,x_2,x_3) \\ \text{s.t.}\quad & 12x_1+x_2-8x_3\leqslant 7 \\ & -x_1+3x_2-4x_3=4 \end{aligned}$$

9. 用单纯形法求解下列线性规划问题.

(1)
$$\begin{aligned} \min\quad & x_1-3x_2 \\ \text{s.t.}\quad & -x_1+2x_2\leqslant 6 \\ & x_1+x_2\leqslant 5 \\ & x_1,x_2\geqslant 0 \end{aligned}$$

(2)
$$\begin{aligned} \max\quad & 2x_1+x_2 \\ \text{s.t.}\quad & x_1-x_2\geqslant -5 \\ & 2x_1-5x_2\leqslant 10 \\ & x_1,x_2\geqslant 0 \end{aligned}$$

(3)
$$\begin{aligned} \min\quad & -2x_1-4x_2-x_3-x_4 \\ \text{s.t.}\quad & x_1+3x_2+x_4\leqslant 4 \\ & 2x_1+x_2\leqslant 3 \\ & x_2+4x_3+x_4\leqslant 3 \\ & x_1,x_2,x_3,x_4\geqslant 0 \end{aligned}$$

(4)
$$\begin{aligned} \max\quad & x_1+2x_2 \\ \text{s.t.}\quad & 2x_1+x_2\leqslant 8 \\ & -x_1+x_2\leqslant 4 \\ & x_1\leqslant 3 \\ & x_1,x_2\geqslant 0 \end{aligned}$$

(5)
$$\begin{aligned} \max\quad & x_1+2x_2 \\ \text{s.t.}\quad & x_1+4x_2\leqslant 8 \\ & x_1+x_2\leqslant 12 \\ & x_1,x_2\geqslant 0 \end{aligned}$$

(6)
$$\begin{aligned} \max\quad & x_1+x_2 \\ \text{s.t.}\quad & x_1+2x_2\leqslant 6 \\ & 3x_1+2x_2\leqslant 12 \\ & x_1,x_2\geqslant 0 \end{aligned}$$

(7)
$$\begin{aligned} \max\quad & 5x_1+2x_2+8x_3 \\ \text{s.t.}\quad & 2x_1-4x_2+x_3\leqslant 42 \\ & 2x_1+3x_2-x_3\leqslant 42 \\ & 6x_1-x_2+3x_3\leqslant 42 \\ & x_1,x_2,x_3\geqslant 0 \end{aligned}$$

(8)
$$\begin{aligned} \max\quad & x_1-x_2+2x_3 \\ \text{s.t.}\quad & 2x_1+2x_2\leqslant 8 \\ & x_3\leqslant 5 \\ & x_1,x_2,x_3\geqslant 0 \end{aligned}$$

(9)
$$\begin{aligned} \max\quad & 5x_1+6x_2+4x_3 \\ \text{s.t.}\quad & 2x_1+2x_2\leqslant 5 \\ & 5x_1+3x_2+4x_3\leqslant 15 \\ & x_1+x_2\leqslant 10 \\ & x_1,x_2,x_3\geqslant 0 \end{aligned}$$

(10)
$$\begin{aligned} \max\quad & 3x_1-2x_2+x_3 \\ \text{s.t.}\quad & 2x_1+2x_2-x_3\leqslant 2 \\ & -3x_1-x_2+2x_3\leqslant -2 \\ & x_1,x_2,x_3\geqslant 0 \end{aligned}$$

(11)
$$\begin{aligned} \max\quad & 3x_1+4x_2+x_3+7x_4 \\ \text{s.t.}\quad & 8x_1+3x_2+4x_3+x_4\leqslant 7 \\ & 2x_1+6x_2+x_3+5x_4\leqslant 3 \\ & x_1+4x_2+5x_3+2x_4\leqslant 8 \\ & x_1,x_2,x_3,x_4\geqslant 0 \end{aligned}$$

(12)
$$\begin{aligned} \max\quad & x_1 \\ \text{s.t.}\quad & 3x_1+2x_2\leqslant 60 \\ & x_1+2x_2\leqslant 28 \\ & x_1+4x_2\leqslant 48 \\ & x_1,x_2\geqslant 0 \end{aligned}$$

10. 用两阶段法求解线性规划问题

(1)
$$\begin{aligned} \max\quad & 4x_1+5x_2+3x_3 \\ \text{s.t.}\quad & x_1+2x_2+3x_3\leqslant 40 \\ & 2x_1+4x_2\geqslant 20 \\ & x_1-x_2+2x_3=15 \\ & x_i\geqslant 0,\quad i=1,2,3 \end{aligned}$$

(2)
$$\begin{aligned} \min\quad & 24x_1+48x_2+36x_3 \\ \text{s.t.}\quad & x_1+3x_2+4x_3\geqslant 10 \\ & 2x_1+x_2=12 \\ & x_i\geqslant 0,\quad i=1,2,3 \end{aligned}$$

11. 用大 M 法求解线性规划问题:

$$\begin{aligned}\min\quad & 4x_1+2x_2+3x_3\\ \text{s.t.}\quad & 2x_1+2x_3\geqslant 4\\ & 4x_1+3x_2+x_3\geqslant 11\\ & x_1,x_2,x_3\geqslant 0\end{aligned}$$

12. 用两阶段法和大 M 法求解

$$\begin{aligned}\min\quad & 3x_1-3x_2+x_3\\ \text{s.t.}\quad & x_1+2x_2-x_3\geqslant 5\\ & -3x_1-x_2+x_3\leqslant 4\\ & x_1\geqslant 0,\quad x_2\geqslant 0\end{aligned}$$

13. 求下列线性规划问题的对偶问题

$$\begin{aligned}\min\quad & c^{\mathrm{T}}x\\ \text{s.t.}\quad & Ax\leqslant b\\ & x\geqslant 0\end{aligned}$$

14. 给出下列线性规划问题的对偶问题.

(1)
$$\begin{aligned}\max\quad & x_1\\ \text{s.t.}\quad & -4x_1+3x_3\geqslant 7\\ & 2x_2+5x_3\leqslant 4\\ & 6x_1+7x_2=9\\ & x_2\geqslant 0,x_3\geqslant 0\end{aligned}$$

(2)
$$\begin{aligned}\min\quad & 2x_1-5x_2+3x_3-6x_4\\ \text{s.t.}\quad & -8x_1+7x_2+3x_3+4x_4=13\\ & 7x_1+6x_2+2x_3+3x_4\geqslant 24\\ & 3x_1+2x_2+4x_3+7x_4\leqslant 5\\ & x_1\leqslant 0,x_3\geqslant 0,x_4\geqslant 0\end{aligned}$$

15. 用对偶单纯形法求解下面线性规划问题.

(1)
$$\begin{aligned}\min\quad & x_1+x_2\\ \text{s.t.}\quad & 2x_1+x_2\geqslant 4\\ & x_1+7x_2\geqslant 7\\ & x_1\geqslant 0,x_2\geqslant 0\end{aligned}$$

(2)
$$\begin{aligned}\max\quad & 4x_1+2x_2+x_3\\ \text{s.t.}\quad & x_1+x_2+x_3\leqslant 6\\ & 2x_1-x_2\leqslant 4\\ & x_1,x_2,x_3\geqslant 0\end{aligned}$$

(3)
$$\begin{aligned}\min\quad & -2x_1-x_2\\ \text{s.t.}\quad & x_1+x_2+x_3=2\\ & x_1+x_4=1\\ & x_i\geqslant 0,\quad i=1,2,3,4\end{aligned}$$

(4)
$$\begin{aligned}\max\quad & x_1+6x_2\\ \text{s.t.}\quad & x_1+x_2\geqslant 2\\ & x_1+2x_2\leqslant 3\\ & x_1,x_2\geqslant 0\end{aligned}$$

(5)
$$\begin{aligned}\min\quad & 9x_1+5x_2+3x_3\\ \text{s.t.}\quad & 3x_1+2x_2-3x_3\geqslant 3\\ & 2x_1+x_3\geqslant 5\\ & x_1,x_2,x_3\geqslant 0\end{aligned}$$

(6)
$$\begin{aligned}\min\quad & 3x_1+2x_2+4x_3\\ \text{s.t.}\quad & 2x_1-x_2\geqslant 5\\ & 2x_2-x_3\geqslant 10\\ & x_1,x_2,x_3\geqslant 0\end{aligned}$$

(7)
$$\begin{aligned}\min\quad & 4x_1 + 12x_2 + 18x_3 \\ \text{s.t.}\quad & x_1 + 3x_3 \geqslant 3 \\ & 2x_2 + 2x_3 \geqslant 5 \\ & x_1, x_2, x_3 \geqslant 0\end{aligned}$$

16. 对于下面的线性规划问题:

(a)
$$\begin{aligned}\min\quad & 5x_1 + 9x_2 \\ \text{s.t.}\quad & 3x_1 + 4x_2 \geqslant 2 \\ & x_1 + 4x_2 \geqslant 6 \\ & x_1, x_2 \geqslant 0\end{aligned}$$

(b)
$$\begin{aligned}\max\quad & x_1 + 6x_2 \\ \text{s.t.}\quad & x_1 + x_2 \geqslant 2 \\ & x_1 + 3x_2 \leqslant 3 \\ & x_1, x_2 \geqslant 0\end{aligned}$$

(1) 分别写出它们的对偶形式;

(2) 利用对偶单纯形法求解 (a) 和 (b);

(3) 求出 (1) 中对偶形式的最优解.

17. 一个奶制品加工厂用牛奶生产 A_1, A_2 两种奶制品, 一桶牛奶可以在甲车间用 12 小时加工成 3 千克 A_1, 或者在乙车间用 8 小时加工成 4 千克 A_2. 根据市场需求, 生产出的 A_1, A_2 都能售出, 且每千克 A_1 获利 24 元, 每千克 A_2 获利 16 元. 现在加工厂每天能得到 50 桶牛奶的供应, 每天工人总的劳动时间为 480 小时, 且甲车间的设备每天至多可加工 100 千克 A_1, 乙车间的设备的加工能力没有限制. 试为该厂制订一个生产计划的数学模型, 使得每天的赢利最大.

第 3 章　整数线性规划

整数线性规划 (ILP) 是指线性规划中变量取整数的一类优化问题, 这类问题广泛出现在各种工程实际部门. 本章主要介绍两种求解这类问题的方法, 两种方法都要不断调用单纯形法或对偶单纯形法.

3.1　整数线性规划简介

先看一个简单的例子.

例 3.1.1　投资决策问题.

某部门在今后 5 年中可用于投资的资金总额为 B 万元, 有 n 个可以考虑的投资项目. 假定每个项目最多投资一次, 第 j 个项目所需的资金为 b_j 万元, 将会获得的利润为 c_j 万元. 问应如何选择投资项目, 才能使总的利润最大?

容易建立该问题的数学模型: 设投资决策变量为 $x_j(j=1,\cdots,n)$:

$$x_j=\begin{cases}1, & \text{投资第 } j \text{ 个项目}\\ 0, & \text{不投资第 } j \text{ 个项目}\end{cases}$$

于是上述问题的数学模型可写为

$$\begin{aligned}\max\quad & \sum_{j=1}^{n} c_j x_j\\ \text{s.t.}\quad & \sum_{j=1}^{n} b_j x_j \leqslant B\\ & x_j = 0 \text{ 或 } 1,\quad j=1,\cdots,n\end{aligned}$$

这个问题也称为背包问题. 背包问题是组合优化中的一个经典问题, 可以简述如下: 一个容积为 B 的包, 打算向包里装 n 件价值为 c_j, 体积为 b_j 的物品 $(j=1,\cdots,n)$, 问装哪些物品可以使包内物品价值总和最大? 容易看出这个问题的数学模型和刚才问题的模型是相同的.

例 3.1.2　原料切割问题.

某金属公司为满足客户需求, 要将宽度为 W、长度为 L 的标准主辊切割成宽度稍窄但长度不变的子辊. 一般客户的订单是指明不同宽度子辊的需求数量. 在满足一般客户订单的前提下, 如何确定必须切割的主辊的最少数量?

假定客户需要 m 种不同宽度的子辊: $\omega_1,\cdots,\omega_m$, 对于一个宽度为 W 的主辊, 通常有多种切割方式. 例如, 宽度为 3, 5, 7 的子辊可以由宽度为 10 的主辊切割而成, 此时切割一个主辊能产生 3 个宽度为 3 的子辊, 也可以产生一个宽度为 3 和一个宽度为 7 的子辊, 还可以产生 2 个宽度为 5 的子辊. 如果切割后得到的子辊的总宽度不大于主辊的宽度, 则这种切割方式称为一个可行切割方案.

假设宽度为 ω_i 的子辊的最少需求数量为 b_i, $i=1,\cdots,m$.

建立该问题的数学模型: 设 x_j 表示按照第 j 种可行切割方案切割的主辊个数, 记所有可行切割方案的数目记为 n, 则所需要切割的主辊总数为

$$x_1+x_2+\cdots+x_n$$

第 j 种切割方案的要求是指: 以 a_{ij} 表示按照第 j 种可行切割方案切割一个主辊所得到的宽度为 ω_i 的子辊数目, 于是有 $\sum\limits_{i=1}^{m} a_{ij}\omega_i \leqslant W$. 显然, 变量为非负整数. 于是可得该问题的数学模型如下:

$$\begin{aligned}
\min \quad & \sum_{j=1}^{n} x_j \\
\text{s.t.} \quad & \sum_{j=1}^{n} a_{ij}x_j \geqslant b_i, \quad i=1,\cdots,m \\
& x_j \geqslant 0, \quad x_j \in \mathbf{Z}, \quad j=1,\cdots,n
\end{aligned} \tag{3.1}$$

其中 $\mathbf{Z}$ 表示所有整数的集合.

上面两个问题的数学模型都是最优化问题, 其中的变量属于整数集合. 所以都属于离散型优化问题.

实际上, 在很多实际问题中, 都会遇到变量是非负整数的限制, 如人数、机器设备数、房间数等, 这些量若作为优化模型中的变量, 应该满足非负整数条件. 如果一个优化模型中的目标函数和约束函数都是线性的, 变量要求为整数或整数集合的一个子集, 则该优化问题称为整数线性规划 (ILP) 问题. 整数线性规划问题的一般形式如下:

$$\begin{aligned}
\min \quad & c^{\mathrm{T}}x \\
\text{s.t.} \quad & Ax=b \\
& x \geqslant 0 \\
& x_i \in I, \quad i=1,\cdots,n
\end{aligned} \tag{3.2}$$

A 是 $m\times n$ 矩阵, $I\subseteq\{0,1,2,\cdots\}$ 是一整数集合. 若 $I=\{0,1\}$, 即变量为 0-1 变量 (或称 Bool 变量), 则称问题 (3.2) 为 0-1 规划.

在有些整数线性规划问题中, 可以将整数限制表示为等式约束条件, 如一个变量 x 是 0-1 变量, 这个要求等价于 $x(x-1)=0$. 这时的优化问题便可以归为连续型约束优化问题 (1.4) 了. 当然, 在具体求解时, 将整数条件和其他约束条件分开处理往往更有效.

如何求解整数线性规划问题呢? 我们先考察一个简单的例子.

例 3.1.3 解整数线性规划问题

$$\begin{aligned}
\max \quad & 38x_1+81x_2 \\
\text{s.t.} \quad & 18x_1+40x_2 \leqslant 237 \\
& 8x_1-8x_2 \leqslant 23 \\
& x_1, x_2 \geqslant 0 \quad \text{且为整数}
\end{aligned}$$

既然自变量是非负整数, 从约束条件可以得到 2 个自变量的变化范围. 然后我们可以用枚举法求出变化范围内所有点对的目标值, 将这些目标值从大到小排列出来, 对应这些值的第一组可行点对便是问题的解. 可以看出, 当问题的规模越来越大时, 这种枚举的方法效率越来越低.

问题 可否利用解线性规划问题的方法求解整数线性规划问题?

若不考虑例 3.1.3 中自变量的整数限制, 便可由单纯形法求得问题的解为 $x_1^*=6\dfrac{2}{29}, x_2^*=3\dfrac{45}{232}$. 若采用四舍五入的办法, 我们得到 $x_1=6,\ x_2=3$, 可这个点不是问题的可行解, 于是不可能是原问题的解. 实际上, $\left(6\dfrac{2}{29} \quad 3\dfrac{45}{232}\right)^{\mathrm{T}}$ 周围的整数点对即使是可行的, 也不是问题的解. 不难求得该问题的解为 $(2 \quad 5)^{\mathrm{T}}$.

3.2 节和 3.3 节将要介绍两个有效地求解 (ILP) 的方法, 两个方法都利用了解线性规划的单纯形法 (或对偶单纯形法), 同时结合了 (ILP) 问题本身的特点.

3.2 分枝定界法

分枝定界法属于枚举法, 其想法如下: 先由单纯形法求得 (ILP) 的松弛问题 (即不考虑整数限制的问题) 的解, 由此可将原问题的有限个可行点分为两部分. 这样就可以分别在两个较小的可行域上考虑目标函数的最优性问题了, 这一分为二的过程称为“分枝”; 同时也可以注意到, 松弛问题的目标函数值为原问题的最优目标提供了一个下界, 子问题的可行域不相交. 然后再由单纯形法分别求解两个子问题的松弛问题. 对每一子问题, 同样可由其松弛问题的解, 将该子问题一分为二. 依此类推. 因为可行点是有限的, 分枝过程有限次后必然停止, 某一“枝”中一定包含最优解. 当然, 在分枝的过程中, 可以根据各枝上的最优值判断出某些枝中一定不含有最优解, 这样的枝就不需要进一步再分枝了, 称为“剪枝”. 这里用到的一个主要剪枝依据是: 如果一个子问题的解是整数解, 从而是原问题的一个可行解, 那么在该解的目标值是原问题目标的一个上界; 而若另一个子问题的松弛问题的解的目标函数值不小于前面所述子问题的值, 则该子问题就不需要进一步“分枝”了. 所以, 分枝定界法可以看成是一个“聪明的”枚举法. 对求解最大值的问题, 可类似处理.

下面看一个例子.

例 3.2.1 解整数线性规划问题

$$\begin{aligned} \max\quad & 3x_1 + 2x_2 \\ \text{s.t.}\quad & 2x_1 + 3x_2 \leqslant 14 \\ & 2x_1 + x_2 \leqslant 9 \\ & x_1, x_2 \geqslant 0 \quad \text{且为整数} \end{aligned}$$

解 先将原问题进行松弛, 得松弛线性规划问题

$$(\mathrm{L}_0)\quad \begin{aligned} \max\quad & 3x_1 + 2x_2 \\ \text{s.t.}\quad & 2x_1 + 3x_2 \leqslant 14 \\ & 2x_1 + x_2 \leqslant 9 \\ & x_1, x_2 \geqslant 0 \end{aligned}$$

由单纯形法求解该问题, 得解 $(3.25\quad 2.5)^{\mathrm{T}}$. 任取其中一个分数, 这里取 $x_2 = 2.5$, 由此将原问题中 x_2 所属的整数集分为两部分: $x_2 \leqslant 2$ 和 $x_2 \geqslant 3$. 这样原问题可以分解为两个子问题

$$(\mathrm{L}_1')\quad \begin{aligned} \max\quad & 3x_1 + 2x_2 \\ \text{s.t.}\quad & 2x_1 + 3x_2 \leqslant 14 \\ & 2x_1 + x_2 \leqslant 9 \\ & x_2 \leqslant 2 \\ & x_1, x_2 \geqslant 0 \quad \text{且为整数} \end{aligned} \qquad (\mathrm{L}_2')\quad \begin{aligned} \max\quad & 3x_1 + 2x_2 \\ \text{s.t.}\quad & 2x_1 + 3x_2 \leqslant 14 \\ & 2x_1 + x_2 \leqslant 9 \\ & x_2 \geqslant 3 \\ & x_1, x_2 \geqslant 0 \quad \text{且为整数} \end{aligned}$$

这两个子问题分别记为 (L_1') 和 (L_2'), 其松弛问题分别记为 (L_1) 和 (L_2). 求得 (L_1) 和 (L_2) 的最优解分别为 $(3.5\quad 2)^{\mathrm{T}}$ 和 $(2.5\quad 3)^{\mathrm{T}}$, 相应最优值为 14.5 和 13.5. 对 (L_1') 继续进行分枝, 得两个子问题 (L_{11}') 和 (L_{12}'):

$$
(\mathrm{L}_{11}^{'})\quad \begin{array}{ll} \max & 3x_1+2x_2 \\ \text{s.t.} & 2x_1+3x_2\leqslant 14 \\ & 2x_1+x_2\leqslant 9 \\ & x_2\leqslant 2 \\ & x_1\leqslant 3 \\ & x_1,x_2\geqslant 0 \quad \text{且为整数} \end{array}
\qquad
(\mathrm{L}_{12}^{'})\quad \begin{array}{ll} \max & 3x_1+2x_2 \\ \text{s.t.} & 2x_1+3x_2\leqslant 14 \\ & 2x_1+x_2\leqslant 9 \\ & x_2\leqslant 2 \\ & x_1\geqslant 4 \\ & x_1,x_2\geqslant 0 \quad \text{且为整数} \end{array}
$$

二者松弛问题分别记为 (L_{11}) 和 (L_{12}). 求得 (L_{11}) 的最优解为 $(3\quad 2)^{\mathrm{T}}$, 最优值为 13; (L_{12}) 的最优解为 $(4\quad 1)^{\mathrm{T}}$, 最优值为 14. 可见 $(3\quad 2)^{\mathrm{T}}$ 和 $(4\quad 1)^{\mathrm{T}}$ 都是原问题的可行解, $(4\quad 1)^{\mathrm{T}}$ 是更好的可行解. 而已知子问题 (L_2') 的松弛问题 (L_2) 的最优值为 $13.5(\leqslant 14)$. 所以, (L_2') 不需要再分枝了. 可见, 原问题的最优解为 $(4\quad 1)^{\mathrm{T}}$.

可以看出, 分枝定界法需要反复地调用求解线性规划问题的方法, 所以求解线性规划问题的方法的效率直接影响分枝定界法的效率.

如果说分枝定界法采用的是分而治之的办法, 下面的割平面方法采用的则是全面包围、逐渐缩小包围圈的策略.

3.3　Gomory 割平面法

考虑 (ILP) 问题

$$
(\mathrm{P})\quad \begin{array}{ll} \min & c^{\mathrm{T}}x \\ \text{s.t.} & Ax=b \\ & x\geqslant 0 \quad \text{且为整数向量} \end{array}
$$

设其中 A,b,c 中元素皆为整数. 记下列问题

$$
(\mathrm{P}_0)\quad \begin{array}{ll} \min & c^{\mathrm{T}}x \\ \text{s.t.} & Ax=b \\ & x\geqslant 0 \end{array}
$$

为 (P) 的松弛问题, 显然下列性质成立:

(1) (P_0) 的最优值是 (P) 的最优值的一个下界;

(2) 若 (P_0) 的最优解 x^0 是整数向量, 则它是 (P) 的最优解.

不难知道, 若原问题 (ILP) 有解, 则必有一解是可行域凸包的一个顶点; 原问题松弛问题的可行域包含原问题可行域凸包.

割平面法的基本思想: 先用单纯形法解松弛问题 (P_0), 若问题 (P_0) 的解是整数向量, 停止; 否则由松弛问题的解产生一个新的线性约束条件, 将 (P_0) 的可行域

割去一块, 但并不割去原问题 (P) 的可行解; 再由单纯形法解新产生的松弛问题, 如此反复.

问题 是否可以割去原问题的一些可行点?

设用单纯形法解 (P) 的松弛问题 (P_0), 得最优解 $\overline{x} = \begin{pmatrix} \overline{x}_B \\ \overline{x}_N \end{pmatrix} = \begin{pmatrix} B^{-1}b \\ 0 \end{pmatrix}$, 若 $B^{-1}b$ 是整数向量, 则 $\overline{x}$ 是 (ILP) 问题 (P) 的解; 否则 $B^{-1}b$ 中有正分数分量. 设得到 $\overline{x}$ 时的最后一张单纯形表对应的约束条件为

$$x_B + (B^{-1}N)x_N = B^{-1}b \tag{3.3}$$

x_B, x_N 分别是基变量和非基变量.

记非基阵 N 的列标号为 N_B, 则条件 (3.3) 可写为

$$x_B + \sum_{j \in N_B} (B^{-1}a_j)x_j = B^{-1}b$$

为方便, 记 $B^{-1}a_j = \overline{a}_j, B^{-1}b = \overline{b}$. 于是有

$$x_B + \sum_{j \in N_B} \overline{a}_j x_j = \overline{b}$$

设 $\overline{b}$ 的第 l 个分量 $\overline{b}_l$ 为分数. 以 $[a]$ 表示不超过 a 的最大整数, 则 (P_0) 的可行解满足

$$x_{B_l} + \sum_{j \in N_B} \overline{a}_{lj} x_j = \overline{b}_l \tag{3.4}$$

因为 $x_j \geqslant 0, [\overline{a}_{lj}] \leqslant \overline{a}_{lj}$, 所以

$$x_{B_l} + \sum_{j \in N_B} [\overline{a}_{lj}] x_j \leqslant \overline{b}_l \tag{3.5}$$

考虑 (P) 的可行解 x, 它满足式 (3.4) 和式 (3.5), 同时由于解为整数, 则 (P) 的可行解还满足

$$x_{B_l} + \sum_{j \in N_B} [\overline{a}_{lj}] x_j \leqslant [\overline{b}_l] \tag{3.6}$$

由式 (3.4)~ 式 (3.6) 得

$$\sum (\overline{a}_{lj} - [\overline{a}_{lj}]) x_j \geqslant (\overline{b}_l - [\overline{b}_l]) \tag{3.7}$$

我们称式 (3.7) 为对应于 l 的 Gomory 割平面条件.

记 $f_{lj} = \overline{a}_{lj} - [\overline{a}_{lj}], f_l = \overline{b}_l - [\overline{b}_l]$, 则 $f_{lj} \geqslant 0, f_l > 0$. 式 (3.7) 可写为

$$\sum_{j \in N_B} f_{lj} x_j \geqslant f_l$$

将式 (3.7) 加到原问题的约束条件中, 再引入一非负松弛变量 s 使得

$$-\sum_{j \in N_B} f_{lj} x_j + s = -f_l \tag{3.8}$$

式 (3.8) 是超平面方程, 称为**割平面**.

由上面的讨论可得下面的定理.

定理 3.3.1 *如果把式 (3.8) 加到 (P_0) 的约束条件表中, 则该割平面没有割去原问题的整数可行点, 且新单纯形表里对应的基本解不可行但对偶问题可行.*

由此可得下面的一种解法.

算法 3.3.2 Gomory 割平面法

步骤 1 用单纯形法解 (ILP) 问题 (P) 的松弛问题 (P_0). 若 (P_0) 无解, 停止; 若求得 (P_0) 的解 x^0, 且 x^0 是整数向量, 则 x^0 是 (P) 的解, 停止; 否则转步骤 2.

步骤 2 求割平面方程: 取 x^0 的一个非整数分量 $\overline{b}_1$, 由式 (3.8) 可得割平面方程

$$-\sum_{j \in N_B} f_{lj} x_j + s = -f_l$$

步骤 3 将步骤 2 中得到的等式约束加到步骤 1 得到的最优化单纯形表中. 用对偶单纯形法解这个新线性规划问题. 若问题无解, 停止; 若其解为整数解, 停止; 否则到步骤 2.

若算法在步骤 1 或步骤 3 中得到整数解, 则这个解显然是原问题的解. 可以证明, Gomory 割平面法有限步后或得到问题的解, 或判定原问题无解. 这里略去证明.

例 3.3.1 解整数线性规划问题

$$\begin{aligned} \max \quad & x_2 \\ \text{s.t.} \quad & 3x_1 + 2x_2 \leqslant 6 \\ & -3x_1 + 2x_2 \leqslant 0 \\ & x_1, x_2 \geqslant 0 \quad \text{且为整数} \end{aligned}$$

解 先将问题写成标准形式:

$$\begin{aligned} \min \quad & -x_2 \\ \text{s.t.} \quad & 3x_1 + 2x_2 + x_3 = 6 \\ & -3x_1 + 2x_2 + x_4 = 0 \\ & x_1, x_2, x_3, x_4 \geqslant 0 \quad \text{且均为整数} \end{aligned}$$

除去整数限制, 得到松弛问题. 取 $B = (a_3\ \ a_4) = I$, 则 $B^{-1}b = \begin{pmatrix} 6 \\ 0 \end{pmatrix}$, $c_N^{\mathrm{T}} - c_B^{\mathrm{T}} B^{-1} N = (0\ \ -1)$. 于是得初始单纯形表

$k = 2, \quad i_r = 4$

	x_1	x_2	x_3	x_4	
	0	-1	0	0	
3	3	2	1	0	6
4	-3	[2]	0	1	0

$k = 1, \quad i_r = 3$

	x_1	x_2	x_3	x_4	
	$-\frac{3}{2}$	0	0	$\frac{1}{2}$	
3	[6]	0	1	-1	6
2	$-\frac{3}{2}$	1	0	$\frac{1}{2}$	0

	x_1	x_2	x_3	x_4	
	0	0	$\frac{1}{4}$	$\frac{1}{4}$	
1	1	0	$\frac{1}{6}$	$-\frac{1}{6}$	1
2	0	1	$\frac{1}{4}$	$\frac{1}{4}$	$\frac{3}{2}$

由此得松弛问题的解 $x = \begin{pmatrix} 1 & \frac{3}{2} & 0 & 0 \end{pmatrix}^{\mathrm{T}}$. 因为 $\frac{3}{2}$ 不是整数, $l = 2$. 由式 (3.8) 得割平面方程

$$-\frac{1}{4}x_3 - \frac{1}{4}x_4 + x_5 = -\frac{1}{2}$$

将此条件加入到上一单纯形表中, 得

$$k=3,\quad i_r=5,$$

	x_1	x_2	x_3	x_4	x_5	
	0	0	$\frac{1}{4}$	$\frac{1}{4}$	0	
1	1	0	$\frac{1}{6}$	$-\frac{1}{6}$	0	1
2	0	1	$\frac{1}{4}$	$\frac{1}{4}$	0	$\frac{3}{2}$
5	0	0	$\left[-\frac{1}{4}\right]$	$-\frac{1}{4}$	1	$-\frac{1}{2}$

由对偶单纯形法解这时的问题, 以 $e_5^{\mathrm{T}}(B^{-1}a_3)=-\dfrac{1}{4}$ 为主元素进行 Gauss-Jordan 消元并调整基变量得

	x_1	x_2	x_3	x_4	x_5	
	0	0	0	0	1	
1	1	0	0	$-\frac{1}{3}$	$\frac{2}{3}$	$\frac{2}{3}$
2	0	1	0	0	1	1
3	0	0	1	1	-4	2

这时最优解为 $x=\begin{pmatrix}\frac{2}{3} & 1 & 2 & 0 & 0\end{pmatrix}^{\mathrm{T}}$, 因为 $\dfrac{2}{3}$ 不是整数, $l=1$, 由式 (3.8) 得割平面方程

$$-\frac{2}{3}x_4-\frac{2}{3}x_5+x_6=-\frac{2}{3}$$

将该条件加入到上一单纯形表中, 得

$$k=4,\quad i_r=6$$

	x_1	x_2	x_3	x_4	x_5	x_6	
	0	0	0	0	1	0	
1	1	0	0	$-\frac{1}{3}$	$\frac{2}{3}$	0	$\frac{2}{3}$
2	0	1	0	0	1	0	1
3	0	0	1	1	-4	0	2
6	0	0	0	$\left[-\frac{2}{3}\right]$	$-\frac{2}{3}$	1	$-\frac{2}{3}$

由对偶单纯形法求解得

	x_1	x_2	x_3	x_4	x_5	x_6	
	0	0	0	0	1	0	
1	1	0	0	0	1	$-\frac{1}{2}$	1
2	0	1	0	0	-1	0	1
3	0	0	1	0	-5	$\frac{3}{2}$	1
4	0	0	0	1	1	$-\frac{3}{2}$	1

这时解为 $x = (1\ 1\ 1\ 1\ 0\ 0)^{\mathrm{T}}$, 是整数向量. 于是得 $(1\ 1)^{\mathrm{T}}$ 为原问题的解.

3.4 应用 MATLAB 解整数线性规划问题举例

应用 MATLAB 优化工具箱解整数线性规划时, 采用下列不等式约束的形式:

$$\begin{aligned} \min \quad & f^{\mathrm{T}}x \\ \text{s.t.} \quad & Ax \leqslant b \end{aligned}$$

调用优化工具箱中的整数线性规划求解程序, 首先给 f, intcon, A, b 赋值, 然后在命令窗口调用函数 intlinprog(f, intcon, A, b), 回车即可输出问题的最优解.

例 3.4.1 解整数线性规划问题

$$\begin{aligned} \max\ & 3x_1 + 2x_2 \\ \text{s.t.}\ & 2x_1 + 3x_2 \leqslant 14 \\ & 2x_1 + x_2 \leqslant 9 \\ & x_1, x_2 \geqslant 0 \quad 且为整数 \end{aligned}$$

第一步, 给矩阵 f, intcon, A, b 赋值, 如在命令窗口中输入:

```
f = [-3; -2];
intcon = [1, 2];
A = [2, 3; 2, 1; -1, 0; 0, -1];
b = [14; 9; 0; 0]
```

第二步, 在命令窗口调用整数线性规划程序 x =intlinprog(f, intcon, A, b), 回车后马上得到问题的解

```
x = [4, 1]
```

例 3.4.2 解 0-1 背包问题

$$\begin{aligned} &\max\ 17x_1+10x_2+25x_3+17x_4 \\ &\text{s.t.}\ \ 5x_1+3x_2+8x_3+7x_4 \leqslant 12 \\ &\qquad x\in\{0,1\}^4 \end{aligned}$$

第一步, 给矩阵 f, intcon, A, b 赋值, 如在命令窗口中输入:

$$\texttt{f}=[-17;-10;-25;-17]$$

$$\text{intcon}=[1,2,3,4]$$

$$\texttt{A}=[5,3,8,7;-1,0,0,0;0,-1,0,0;0,0,-1,0;$$

$$0,0,0,-1;1,0,0,0;0,1,0,0;0,0,1,0;0,0,0,1]$$

$$\texttt{b}=[12;0;0;0;0;1;1;1;1]$$

第二步, 在命令窗口调用线性规划程序 x =intlinprog(f, intcon, A, b), 回车后马上得到问题的解

$$\texttt{x}=[0,1,1,0]$$

习 题 三

1. 用分枝定界法求解下列整数线性规划问题.

(1)
$$\begin{aligned} \min\quad & -2x_1-x_2 \\ \text{s.t.}\quad & 10x_1+10x_2 \leqslant 9 \\ & 10x_1+5x_2 \geqslant 1 \\ & x_1,x_2 \geqslant 0\text{且为整数} \end{aligned}$$

(2)
$$\begin{aligned} \max\quad & x_1+x_2 \\ \text{s.t.}\quad & 2x_1+5x_2 \leqslant 16 \\ & 6x_1+5x_2 \leqslant 30 \\ & x_1,x_2 \geqslant 0\text{且为整数} \end{aligned}$$

(3)
$$\begin{aligned} \max\quad & x_1+2x_2 \\ \text{s.t.}\quad & x_1+x_2 \leqslant 0.9 \\ & -2x_1-x_2 \leqslant 0.2 \\ & x_1,x_2 \geqslant 0\text{且为整数} \end{aligned}$$

(4)
$$\begin{aligned} \max\quad & 3x_1+3x_2+x_3 \\ \text{s.t.}\quad & x_1-x_2+2x_3 \leqslant 4 \\ & -3x_1+4x_2 \leqslant 0.2 \\ & 2x_1+x_2-x_3 \leqslant 3 \\ & x_1,x_2 \geqslant 0\text{且为整数}, x_3 \geqslant 0 \end{aligned}$$

2. 用 Gomory 割平面法求解下列整数线性规划问题.

(1)
$$\begin{aligned} \max\quad & 7x_1+9x_2 \\ \text{s.t.}\quad & -x_1+3x_2 \leqslant 6 \\ & 7x_1+x_2 \leqslant 35 \\ & x_1,x_2 \geqslant 0\text{且为整数} \end{aligned}$$

(2)
$$\begin{aligned} \min\quad & -3x_1-2x_2 \\ \text{s.t.}\quad & 2x_1+3x_2 \leqslant 14 \\ & 2x_1+x_2 \leqslant 9 \\ & x_1,x_2 \geqslant 0\text{且为整数} \end{aligned}$$

(3) $\max \quad 2x_1+3x_2$

s.t. $2x_1+4x_2 \leqslant 25$

$x_1 \leqslant 8$

$2x_2 \leqslant 10$

$x_1, x_2 \geqslant 0$且为整数

(4) $\max \quad 2x_1+4x_2$

s.t. $2x_1+6x_2 \leqslant 23$

$x_1-x_2 \leqslant 1$

$x_1+x_2 \leqslant 6$

$x_1, x_2 \geqslant 0$且为整数

(5) $\min \quad 3x_1+2x_2+4x_3$

s.t. $-x_1+x_2+3x_3 \geqslant 8$

$3x_1-4x_2+x_3 \geqslant 9$

$2x_1+x_2-x_3 \geqslant 6$

x_1, x_2, x_3为整数

(6) $\min \quad 2x_1-x_2+3x_3$

s.t. $2x_1+4x_2+8x_3 \leqslant 15$

$x_1 \leqslant 4$

$x_2 \leqslant 2$

$x_3 \leqslant \dfrac{3}{2}$

$x_i \geqslant 0$且为整数$, i=1,2,3$

(7) $\max \quad x_1+16x_2+12x_3$

s.t. $4x_1+13x_2+2x_3 \leqslant 22$

$9x_1+6x_2+10x_3 \leqslant 28$

$x_1, x_2, x_3 \geqslant 0, x_1, x_2$为整数

(8) $\max \quad 4x_1+3x_2$

s.t. $4x_1+x_2 \leqslant 10$

$2x_1+3x_2 \leqslant 8$

$x_1, x_2 \geqslant 0$且为整数

(9) $\min \quad 2x_1+5x_2$

s.t. $x_1+x_2 \geqslant 4.5$

$2x_1+6x_2 \geqslant 22$

$x_1, x_2 \geqslant 0$且为整数

3. 分别用分枝定界法和割平面法求解整数线性规划问题:

$$\begin{aligned} \max \quad & 40x_1+90x_2 \\ \text{s.t.} \quad & 9x_1+7x_2 \leqslant 56 \\ & 7x_1+20x_2 \leqslant 70 \\ & x_1, x_2 \geqslant 0 \text{且为整数} \end{aligned}$$

4. (1) 考虑 0-1 背包问题

$$\max \left\{c^{\mathrm{T}}x \middle| a^{\mathrm{T}}x \leqslant b, x \in \{0,1\}^n\right\}$$

其中 $a_i>0, c_i>0 (i=1,\cdots,n)$, 并且 $\dfrac{c_1}{a_1} \geqslant \cdots \geqslant \dfrac{c_n}{a_n}$. 将 $x \in \{0,1\}^n$ 替换成 $x \in [0,1]^n$, 就得到该问题的一种 LP 松弛形式. 验证该松弛形式的最优解形如

$$x_i=1, \quad i \leqslant r-1, \quad x_r=\left(b-\sum_{i=1}^{r-1} a_i\right) \Big/ a_r, \quad x_j=0, \ j>r$$

其中 $r=\min\left\{n+1, k \middle| \sum_{i=1}^{k} a_i > b\right\}$.

(2) 求解下面 0-1 背包问题:

$$\begin{aligned} \max \quad & 17x_1 + 10x_2 + 25x_3 + 17x_4 \\ \text{s.t.} \quad & 5x_1 + 3x_2 + 8x_3 + 7x_4 \leqslant 12 \\ & x \in \{0,1\}^4 \end{aligned}$$

5. 求解 0-1 整数线性规划问题

$$\begin{aligned} \max \quad & 12x_1 + 5x_2 + 8x_3 + 7x_4 + 5x_5 + 5x_6 + 4x_7 + 3x_8 + 2x_9 + x_{10} \\ \text{s.t.} \quad & 35x_1 + 27x_2 + 23x_3 + 19x_4 + 15x_5 + 15x_6 \\ & +12x_7 + 8x_8 + 6x_9 + 3x_{10} \leqslant 39 \\ & x \in \{0,1\}^{10} \end{aligned}$$

第 4 章　无约束最优化方法

无约束优化问题指下列优化问题

$$\min \quad f(x)$$

这里 $f(x)$ 是 $\mathbf{R}^n$ 中的连续函数. 求解无约束优化问题的一类常用的迭代格式为

$$x_{k+1} = x_k + \alpha_k d_k, \quad k = 0, 1, \cdots$$

x_0 为初始向量, d_k 为 $f(x)$ 在 x_k 处的**下降方向**, $\alpha_k > 0$ 为**步长**.

记 $\varphi(\alpha) = f(x_k + \alpha d_k)$, 对给定的 x_k, d_k, 我们希望找一 $\alpha_k > 0$, 使得 $\varphi(\alpha_k) < \varphi(0)$, 即 $f(x_k + \alpha_k d_k) < f(x_k)$.

对无约束优化问题的这类迭代格式, 主要步骤在于对当前迭代点 x_k, 确定出合适的下降方向 d_k. 若 d_k 已给出, 求步长 α_k 是一个一元优化问题, 其求解方法相对来说简单些.

本章先介绍一元函数最优化问题的解法, 也称为线性搜索或一维线性搜索, 然后介绍多元无约束优化问题的解法.

4.1　线 性 搜 索

4.1.1　几种不精确线性搜索方法

1. *黄金分割法* (0.618 *法*)

设 $\varphi(\alpha)$ 是 $[a, b]$ 上的单峰函数, 即有 (a, b) 中一点 α^* 使得 $\varphi(\alpha)$ 在 $[a, \alpha^*]$ 上严格单调减少, 在 $[\alpha^*, b]$ 上严格单调增加. 易知, 若 $\varphi(\alpha)$ 是 $[a, b]$ 上的严格凸函数且其最小解在 (a, b) 中, 则它是 $[a, b]$ 上的单峰函数.

初步想法：在 (a, b) 中取两点, $\lambda < \mu$, 通过比较 $\varphi(\lambda), \varphi(\mu)$ 的大小, 删去不含 α^* 的一部分, 逐步缩小包含 α^* 的区间.

具体地, 取 $\lambda, \mu \in (a, b), \lambda < \mu$. 由于 $\varphi(\alpha)$ 是单峰函数, 容易知道：

(a) 如 $\varphi(\lambda) \leqslant \varphi(\mu)$, 则 $\alpha^* \in [a, \mu]$;

(b) 如 $\varphi(\lambda) > \varphi(\mu)$, 则 $\alpha^* \in [\lambda, b]$.

于是通过取 (a, b) 中两个不同点, 可得更小的包含 α^* 的区间, 该区间有一端和原区间一端重合. 对得到的新区间, 重复此步骤 (见图 4.1).

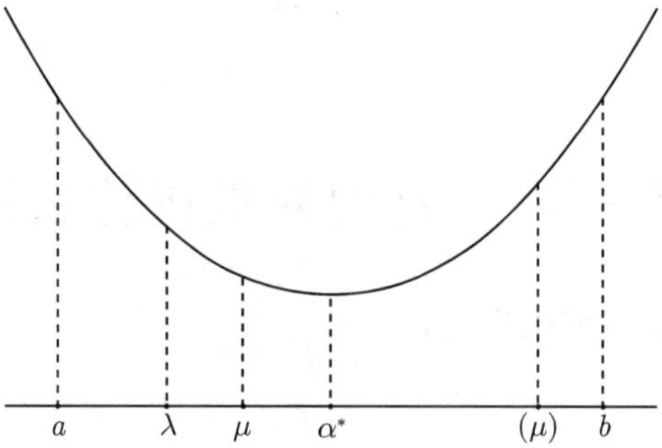

图 4.1

记 $a_0 := a, b_0 := b$, 在 $[a_0, b_0]$ 中取 $\lambda_0 < \mu_0$, 通过比较 $\varphi(\lambda_0), \varphi(\mu_0)$ 的大小确定的包含 α^* 的新区间记为 $[a_1, b_1]$, 则

$$a_1 = a_0, \quad b_1 = \mu_0 \quad \text{或} \quad a_1 = \lambda_0, \quad b_1 = b_0$$

一般地, 设已得 $[a_k, b_k]$, 在取 $[a_k, b_k]$ 中两点 $\lambda_k, \mu_k, (\lambda_k < \mu_k)$ 的时候, 我们希望有:

(1) λ_k, μ_k 在 $[a_k, b_k]$ 中处于对称位置, 即

$$b_k - \lambda_k = \mu_k - a_k \tag{4.1}$$

(2) $[a_k, b_k]$ 按固定比例缩小, 即有 $0 < \tau < 1$, 使得

$$b_{k+1} - a_{k+1} = \tau(b_k - a_k) \tag{4.2}$$

由这两个要求便可得

$$\lambda_k = a_k + (b_k - \mu_k) = a_k + (1 - \tau)(b_k - a_k) \tag{4.3}$$

$$\mu_k = a_k + (b_k - \lambda_k) = a_k + \tau(b_k - a_k) \tag{4.4}$$

(1) 如 $\varphi(\lambda_k) \leqslant \varphi(\mu_k)$, 取 $a_{k+1} = a_k, b_{k+1} = \mu_k$. 对新的 $[a_{k+1}, b_{k+1}]$, 同样要取其中两点 λ_{k+1}, μ_{k+1}.

问题　刚才未用的 λ_k 是否可以作为 λ_{k+1} 或 μ_{k+1} 以便充分利用已知的信息?

如令 $\lambda_{k+1} = \lambda_k$, 则由式 (4.3) 得

$$\lambda_{k+1} = a_{k+1} + (1 - \tau)(b_{k+1} - a_{k+1})$$

及

$$\lambda_k = a_k + (b_k - \mu_k) = a_k + (1 - \tau)(b_k - a_k)$$

由此可得

$$a_k + (1-\tau)(b_k - a_k) = a_{k+1} + (1-\tau)(b_{k+1} - a_{k+1})$$

于是有 $b_k - a_k = b_{k+1} - a_{k+1}$, 矛盾. 所以, 这时 λ_k 不可作为下一个 λ_{k+1}.

如令 $\mu_{k+1} = \lambda_k$, 则有

$$a_{k+1} + \tau(b_{k+1} - a_{k+1}) = a_k + (1-\tau)(b_k - a_k)$$

由此得 $\tau^2 = 1 - \tau$, 注意到 $\tau > 0$, 解得 $\tau = \dfrac{\sqrt{5}-1}{2} \approx 0.618$.

因此, 在 $\varphi(\lambda_k) \leqslant \varphi(\mu_k)$ 的情形, 如取 $\tau = \dfrac{\sqrt{5}-1}{2}$, 便可取 $\mu_{k+1} = \lambda_k$. 这时由前面的公式得

$$\lambda_{k+1} = a_{k+1} + (1-\tau)(b_{k+1} - a_{k+1}) \tag{4.5}$$

(2) 若 $\varphi(\lambda_k) > \varphi(\mu_k)$, 则取 $a_{k+1} = \lambda_k, b_{k+1} = b_k$. 同上面情形类似可得, 当取 $\tau = \dfrac{\sqrt{5}-1}{2}$ 时, 可取 $\lambda_{k+1} = \mu_k$, 这时由公式

$$\mu_{k+1} = a_{k+1} + \tau(b_{k+1} - a_{k+1}) \tag{4.6}$$

求得 μ_{k+1}.

由此便可得黄金分割法 (也称 0.618 法).

算法 4.1.1 黄金分割法

步骤 1 确定初始单峰区间 $[a_1, b_1]$, 给定精度 $\varepsilon \geqslant 0$; 计算

$$\lambda_1 = a_1 + 0.382(b_1 - a_1)$$

$$\mu_1 = a_1 + 0.618(b_1 - a_1)$$

及 $\varphi(\lambda_1), \varphi(\mu_1), k := 1$.

步骤 2 若 $\varphi(\lambda_k) > \varphi(\mu_k)$, 转步骤 3, 否则转步骤 4.

步骤 3 若 $b_k - a_k \leqslant \varepsilon$, 停止, 输出 $\bar{x} = \mu_k$; 否则 $a_{k+1} := \lambda_k, b_{k+1} := b_k, \lambda_{k+1} := \mu_k, \varphi(\lambda_{k+1}) := \varphi(\mu_k)$, $\mu_{k+1} := a_{k+1} + 0.618(b_{k+1} - a_{k+1})$, 计算 $\varphi(\mu_{k+1})$. 转步骤 2.

步骤 4 如 $\mu_k - a_k \leqslant \varepsilon$, 停止, 输出 $\bar{x} := \lambda_k$; 否则 $a_{k+1} := a_k, b_{k+1} := \mu_k, \mu_{k+1} := \lambda_k, \varphi(\mu_{k+1}) := \varphi(\lambda_k)$, $\lambda_{k+1} = a_{k+1} + 0.382(b_{k+1} - a_{k+1})$, 计算 $\varphi(\lambda_{k+1})$, 转步骤 2.

定理 4.1.2 *在黄金分割法中取 $\varepsilon = 0$, 若算法不有限步终止, 必有 $a_k \to \alpha^*, b_k \to \alpha^* (k \to \infty)$.*

由数学分析中的区间套定理易知定理 4.1.2 成立.

注 若确定了一个单峰区间, 则黄金分割法是一个十分有效的方法. 但初始的单峰区间不容易得到, 甚至难以确定.

2. Goldstein 准则

设 $f(x)$ 连续可微, 已得 $f(x)$ 在迭代点 x_k 处的下降方向 d_k, 要求 α_k, 使

$$f(x_k+\alpha_k d_k)<f(x_k)$$

Goldstein 准则是求 α_k 满足

$$f(x_k+\alpha_k d_k)\leqslant f(x_k)+\rho\alpha_k g_k^{\mathrm{T}}d_k$$

$$f(x_k+\alpha_k d_k)\geqslant f(x_k)+(1-\rho)\alpha_k g_k^{\mathrm{T}}d_k$$

这里 $g_k=\nabla f(x_k)$, 其中 $0<\rho<\dfrac{1}{2}$. 记 $\varphi(\alpha)=f(x_k+\alpha d_k)$, 则以上两式可简写为

$$\varphi(\alpha_k)\leqslant\varphi(0)+\rho\alpha_k\varphi'(0) \tag{4.7}$$

$$\varphi(\alpha_k)\geqslant\varphi(0)+(1-\rho)\alpha_k\varphi'(0) \tag{4.8}$$

直观上来看, 式 (4.7) 的目的是取步长使函数值减少, 式 (4.8) 的目的是使步长尽可能大, 以使收敛速度尽可能得快.

定理 4.1.3 若 $\varphi(\alpha)$ 关于 $\alpha>0$ 有下界, 则存在 α_k 使得式 (4.7) 和式 (4.8) 成立.

证明 令 $\varphi_k(\alpha)=f(x_k)+\rho\alpha g_k^{\mathrm{T}}d_k$, 因为 $g_k^{\mathrm{T}}d_k<0, 0<\rho<\dfrac{1}{2}$ 且 $\varphi(\alpha)$ 在 $\alpha>0$ 有下界, 所以 $\varphi_k(\alpha)$ 与 $\varphi(\alpha)$ 有交点, 记最小交点坐标为 α_k', 则

$$\varphi_k(\alpha_k')=\varphi(\alpha_k')$$

显然对任意的 $\alpha\in(0,\alpha_k')$, 式 (4.7) 成立.

又因为

$$\begin{aligned}\varphi(\alpha_k')-\varphi(0)&=\varphi_k(\alpha_k')-\varphi_k(0)\\&=\rho\alpha_k' g_k^{\mathrm{T}}d_k\\&>(1-\rho)\alpha_k' g_k^{\mathrm{T}}d_k\end{aligned}$$

即

$$\varphi(\alpha_k')-\varphi(0)>(1-\rho)\alpha_k'\varphi'(0)$$

所以式 (4.8) 成立. □

算法 4.1.4 Goldstein 算法

步骤 1 设已给使式 (4.7) 和式 (4.8) 有解的区间 $[a_0, b_0]$, $a_0 > 0$. 取定初始点 $\alpha_0 \in [a_0, b_0]$, 计算 $\varphi(0), \varphi'(0)$. 取 $\rho \in (0, 1/2), t > 1, k := 0$.

步骤 2 检验式 (4.7), 计算 $\varphi(\alpha_k)$. 若式 (4.7) 成立, 转步骤 3; 否则

$$a_{k+1} := a_k, \quad b_{k+1} := \alpha_k$$

转步骤 4.

步骤 3 检验式 (4.8), 若式 (4.8) 成立, 输出 α_k; 否则

$$a_{k+1} := \alpha_k, \quad b_{k+1} := b_k$$

若 $b_{k+1} < +\infty$, 转步骤 4; 否则

$$\alpha_{k+1} := t\alpha_k, \quad k := k+1$$

转步骤 2.

步骤 4 $\alpha_{k+1} := \dfrac{a_{k+1} + b_{k+1}}{2}, k := k+1$, 转步骤 2.

可以证明, 上述算法有限步可得到满足 Goldstein 准则的步长. 这里略去证明.

3. Wolfe 准则

设 $f(x)$ 连续可微, 已得 $f(x)$ 在迭代点 x_k 处的下降方向 d_k 满足 $g_k^{\mathrm{T}} d_k < 0$. Wolfe 准则有两种. 若要求 α_k 满足

$$f(x_k + \alpha_k d_k) \leqslant f(x_k) + \rho \alpha_k g_k^{\mathrm{T}} d_k$$
$$\nabla f(x_k + \alpha_k d_k)^{\mathrm{T}} \geqslant \rho_1 g_k^{\mathrm{T}} d_k$$

称 α_k 满足 Wolfe 准则, 其中 $0 < \rho < \rho_1$.

若要求 α_k 满足

$$f(x_k + \alpha_k d_k) \leqslant f(x_k) + \rho \alpha_k g_k^{\mathrm{T}} d_k$$
$$|\nabla f(x_k + \alpha_k d_k)^{\mathrm{T}} d_k| \leqslant -\rho_1 g_k^{\mathrm{T}} d_k$$

称 α_k 满足强 Wolfe 准则, 这里参数要求同上.

4. Armijo 准则

设 $f(x)$ 连续可微, d_k 是 $f(x)$ 在 x_k 处的下降方向, 给定 $\rho \in \left(0, \dfrac{1}{2}\right)$, $\beta \in (0, 1)$, $\tau > 0$. 设 m_k 是使得下式

$$f(x_k + \beta^m \tau d_k) \leqslant f(x_k) + \rho \beta^m \tau g_k^{\mathrm{T}} d_k \tag{4.9}$$

成立的最小非负整数, 令 $\alpha_k = \beta^{m_k}\tau$. 因为 $g_k^{\mathrm{T}}d_k < 0$, 当 m 充分大时, 式 (4.9) 总是成立的.

Armijo 准则是一种简单实用的非精确一维搜索方法, 在算法的收敛性分析中比较方便, 因而在各类算法中得到了广泛的使用. Backtracking 线搜索是 Armijo 搜索的一种特殊情形, 它是指对给定 $\alpha \in (0, 0.5), \beta \in (0, 1)$, 寻找满足

$$f(x_k + \beta^m d_k) \leqslant f(x_k) + \alpha\beta^m g_k^{\mathrm{T}} d_k$$

最小的非负整数 m, 然后令 $\alpha_k = \beta^m$. 在后面 Newton 法的讨论中, 将介绍一种采用 Backtracking 搜索的方法并讨论其收敛性.

注　上面几个一维搜索方法是非精确一维搜索方法, 即不要求 α_k 满足 $f(x_k + \alpha_k d_k) = \min\limits_{\alpha>0} f(x_k + \alpha d_k)$. 还有些其他的非精确一维线性搜索方法, 如二分法、插值法、斐波那契法等. 在有些特殊情形, 可以求得精确线性搜索步长, 即可得 α_k 使得

$$f(x_k + \alpha_k d_k) = \min_{\alpha>0} f(x_k + \alpha d_k)$$

但一般情况下得不到精确线性搜索步长. 实际上, 既然算法产生的点列 $\{x_k\}$ 是一个近似点列, 在每一近似点 x_k 也就没必要花过多的时间去求精确的步长.

4.1.2　有精确线性搜索步长时下降算法的收敛性

尽管一般精确线性搜索步长不可能得到, 但带精确线性搜索步长的下降算法往往容易得到简洁漂亮的收敛性结果, 这对不精确步长的下降算法的收敛性分析会有启发作用. 本小节对精确线性搜索步长时下降算法的收敛性进行讨论.

采用精确线性搜索的无约束优化问题计算方法的一般形式如下:

算法 4.1.5

步骤 1　给出 $x_0 \in \mathbf{R}^n, k := 0$.

步骤 2　计算 $\nabla f(x_k)$, 如 $\nabla f(x_k) = 0$, 停止.

步骤 3　计算下降方向 d_k.

步骤 4　计算步长因子 α_k, 使得

$$f(x_k + \alpha_k d_k) = \min_{\alpha>0} f(x_k + \alpha d_k)$$

置 $x_{k+1} := x_k + \alpha_k d_k$, $k := k + 1$, 转步骤 2.

定理 4.1.6　*设 d_k 是 $f(x)$ 在 x_k 处的下降方向, α_k 是精确线性搜索步长. 若存在常数 $M > 0$, 使得对所有 $\alpha > 0$,*

$$\|\nabla^2 f(x_k + \alpha d_k)\|_2 \leqslant M, \quad \forall k$$

则

$$f(x_k) - f(x_k + \alpha_k d_k) \geqslant \frac{1}{2M}\|g_k\|_2^2 \cos^2\theta_k, \quad \text{其中} \cos\theta_k = -\frac{d_k^{\mathrm{T}} g_k}{\|d_k\|\|g_k\|}$$

证明 由假设知, $\forall \alpha > 0$ 有

$$\begin{aligned} f(x_k + \alpha d_k) &= f(x_k) + \alpha g_k^{\mathrm{T}} d_k + \frac{1}{2}\alpha^2 d_k^{\mathrm{T}} \nabla^2 f(x_k + \theta\alpha d_k) d_k \\ &\leqslant f(x_k) + \alpha g_k^{\mathrm{T}} d_k + \frac{1}{2}\alpha^2 M \|d_k\|_2^2 \end{aligned} \tag{4.10}$$

其中 $0 < \theta < 1$. 令 $\bar{\alpha} = -\dfrac{g_k^{\mathrm{T}} d_k}{M\|d_k\|_2^2}$. 因为 α_k 是精确线性步长, 所以有

$$\begin{aligned} f(x_k) - f(x_k + \alpha_k d_k) &\geqslant f(x_k) - f(x_k + \bar{\alpha} d_k) \\ &\geqslant -\bar{\alpha} g_k^{\mathrm{T}} d_k - \frac{1}{2}\bar{\alpha}^2 M \|d_k\|^2 \\ &= \frac{(g_k^{\mathrm{T}} d_k)^2}{2M\|d_k\|^2} = \frac{1}{2M}\|g_k\|^2 \cos^2\theta_k \end{aligned}$$

□

定理 4.1.7 设 $g(x) = \nabla f(x)$ 在水平集 $L = \{x | f(x) \leqslant f(x_0)\}$ 上存在且一致连续. 由算法 4.1.5 产生的 d_k 与 $-g_k$ 的夹角 θ_k 满足

$$\theta_k \leqslant \frac{\pi}{2} - \mu, \quad \mu > 0 \text{为常数}$$

则或者对某个 k 有 $g_k = 0$, 或者 $f(x_k) \to -\infty$, 或者 $g_k \to 0 (k \to +\infty)$.

证明 假定对所有 $k, g_k \neq 0$. 显然 $\{f(x_k)\}$ 单调下降, 则或 $f(x_k) \to -\infty$, 或 $\{f(x_k)\}$ 下有界. 若 $\{f(x_k)\}$ 下有界, 则 $\{f(x_k)\}$ 收敛. 如 $g_k \to 0$ 不成立, 则有 $\varepsilon > 0$, 使 $\|g_{k_i}\| \geqslant \varepsilon$. 这里 $\{k_i\}$ 是 $\{k\}$ 的一个子列. 于是

$$-\frac{g_{k_i}^{\mathrm{T}} d_{k_i}}{\|d_{k_i}\|} = \|g_{k_i}\| \cos\theta_{k_i} \geqslant \varepsilon \sin\mu \triangleq \varepsilon_1$$

又对任意的 $\alpha > 0$ 有

$$\begin{aligned} f(x_k + \alpha d_k) &= f(x_k) + \alpha g(\zeta_k)^{\mathrm{T}} d_k \\ &= f(x_k) + \alpha g_k^{\mathrm{T}} d_k + \alpha [g(\zeta_k) - g_k]^{\mathrm{T}} d_k \\ &\leqslant f(x_k) + \alpha \|d_k\| \left(\frac{g_k^{\mathrm{T}} d_k}{\|d_k\|} + \|g(\zeta_k) - g_k\| \right) \end{aligned}$$

这里 ζ_k 在 x_k 与 $x_k + \alpha d_k$ 的连线上. 由于 $g(x)$ 在水平集 L 上一致连续, 所以存在 $\bar{\alpha} > 0$, 当 $0 < \alpha\|d_k\| \leqslant \bar{\alpha}$ 时, $\|g(\zeta_k) - g_k\| \leqslant \dfrac{1}{2}\varepsilon_1$.

于是有

$$f\left(x_{k_i}+\bar{\alpha}\frac{d_{k_i}}{\|d_{k_i}\|}\right)\leqslant f(x_{k_i})+\bar{\alpha}\left(\frac{g_{k_i}^{\mathrm{T}}d_{k_i}}{\|d_{k_i}\|}+\frac{1}{2}\varepsilon_1\right)\leqslant f(x_{k_i})-\frac{1}{2}\bar{\alpha}\varepsilon_1$$

由精确线性搜索条件可得

$$f(x_{k_i+1})\leqslant f\left(x_{k_i}+\bar{\alpha}\frac{d_{k_i}}{\|d_{k_i}\|}\right)\leqslant f(x_{k_i})-\frac{1}{2}\bar{\alpha}\varepsilon_1$$

令 $k_i\to+\infty$, 因为 $\{f(x_k)\}$ 收敛, 所以有 $0\leqslant-\frac{1}{2}\bar{\alpha}\varepsilon_1$, 矛盾. 故有 $g_k\to 0$. □

注　不精确一维搜索下降算法也可以得到类似的收敛性结果, 这里不再详细介绍. 可参考有关文献, 如文献 [8].

4.2　最速下降法

考虑无约束优化问题

$$\min\quad f(x)$$

设 $f(x)$ 是 $\mathbf{R}^n$ 上连续可微函数.

对一迭代点 x_k, 记 $g_k=\nabla f(x_k)$. 在一个点 x_k 处的下降方向是指这样一个方向 d, 它使不等式 $f(x_k+td)<f(x_k)$ 对 $t>0$ 充分小时成立.

若取 $d=-g_k$, 则由此得到的算法称为最速下降法.

算法 4.2.1　最速下降法

步骤 1　给出 $x_0, k:=0$.

步骤 2　计算 $d_k=-\nabla f(x_k)$; 如果 $d_k=0$, 停止; 否则到步骤 3.

步骤 3　由线性搜索求步长因子 α_k .

步骤 4　计算 $x_{k+1}=x_k+\alpha_k d_k, k:=k+1$, 转步骤 2.

如果采用精确一维搜索求得步长因子 α_k 满足

$$f(x_k+\alpha_k d_k)=\min_{\alpha>0}f(x_k+\alpha d_k)$$

这时有 $f'_\alpha(x_k+\alpha d_k)|_{\alpha=\alpha_k}=0$, 即 $d_k^{\mathrm{T}}d_{k+1}=0$, 从几何上来看就是相邻的方向互相垂直. 所以此时的最速下降法产生的序列在极小点附近沿着锯齿形状运动, 收敛很慢 (见图 4.2).

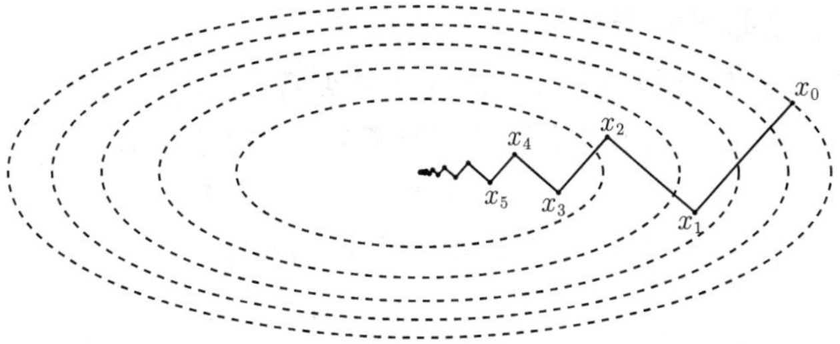

图 4.2

定理 4.2.2 设 $f(x)$ 连续可微, $L=\{x|f(x)\leqslant f(x_0)\}$ 有界, 则以 x_0 为初始点的使用精确一维步长搜索的最速下降法产生的点列 $\{x_k\}$ 满足: 或有某 k 使得 $\nabla f(x_k)=0$, 或其任一聚点 x^* 满足 $\nabla f(x^*)=0$.

证明 设 $\{x_k\}$ 是由最速下降法产生的点列, 若有 k 使得 $\nabla f(x_k)=0$, 定理得证. 以下设对任一自然数 $k, \nabla f(x_k)\neq 0$.

因为 $\nabla f(x_k)\neq 0$, 所以

$$\begin{aligned}f(x_{k+1})&=f(x_k-\alpha_k\nabla f(x_k))=\min_{\alpha>0}f(x_k-\alpha\nabla f(x_k))\\&\leqslant f(x_k-\alpha\nabla f(x_k)),\quad \forall\alpha>0\end{aligned}$$

所以当 $\alpha>0$ 充分小时, $f(x_k-\alpha\nabla f(x_k))<f(x_k)$. 于是有

$$f(x_{k+1})<f(x_k),\quad \forall k\geqslant 0$$

即 $\{f(x_k)\}$ 是严格单调下降序列.

因为 $L=\{x|f(x)\leqslant f(x_0)\}$ 有界, 所以 $\{x_k\}$ 是有界序列, 从而 $\{f(x_k)\}$ 是有界的, 因此 $\{f(x_k)\}$ 收敛. 设 $f(x_k)\to\bar{y}$, 若 $\{x_k\}$ 有某聚点 $\bar{x}$, 使 $\nabla f(\bar{x})\neq 0$, 不妨设 $\bar{x}$ 是 $\{x_k\}$ 的子序列 $\{x_{k_i}\}$ 的极限点, 即 $\{x_{k_i}\}\to\bar{x}$. 因为 α_{k_i} 是精确一维搜索确定步长, 有

$$x_{k_i+1}=x_{k_i}-\alpha_{k_i}\nabla f(x_{k_i})$$

不失一般性, 设 $x_{k_i+1}\to\underline{x}$, 则 $f(\bar{x})=f(\underline{x})=\bar{y}$. 又

$$f(x_{k_i+1})\leqslant f(x_{k_i}-\alpha\nabla f(x_{k_i})),\quad \forall\alpha>0$$

令 $k_i\to+\infty$, 则有 $f(\underline{x})\leqslant f(\bar{x}-\alpha\nabla f(\bar{x})),\forall\alpha>0$. 因为 $\nabla f(\bar{x})\neq 0$, 所以当 $\alpha>0$ 充分小时, 有 $f(\underline{x})<f(\bar{x})$, 矛盾! 所以 $\nabla f(\bar{x})=0$, 即对 $\{x_k\}$ 的任一聚点 x^*, 有 $\nabla f(x^*)=0$. □

定理 4.2.3 设 $\nabla f(x)$ 在水平集 $L=\{x|f(x)\leqslant f(x_0)\}$ 上有定义且一致连续, 则带精确步长的最速下降法产生的序列, 或对某 k, 有 $g_k=0$ 或 $f(x_k)\to-\infty$ 或 $g_k\to 0$.

由定理 4.1.7 立即可知定理 4.2.3 结论成立.

定理 4.2.4 设 $f(x)$ 是 $\mathbf{R}^n$ 上二次连续可微函数, $\|\nabla^2 f(x)\|_2 \leqslant M, \forall x, M>0$ 是常数, 则由带精确步长的最速下降法产生的序列, 或对某个 k 有 $g_k=0$, 或 $f(x_k) \to -\infty$ 或 $g_k \to 0$.

证明 设算法不有限步终止, 则由定理 4.1.6 知,

$$f(x_k)-f(x_{k+1}) \geqslant \frac{1}{2M}\|g_k\|^2$$

于是

$$f(x_0)-f(x_k)=\sum_{i=0}^{k-1}[f(x_i)-f(x_{i+1})] \geqslant \frac{1}{2M}\sum_{i=0}^{k-1}\|g_i\|^2$$

因为 $\{f(x_k)\}$ 是单调下降的, 所以 $f(x_k) \to -\infty$, 或 $f(x_k)$ 有下界, 此时有 $\lim\limits_{k\to+\infty}\sum\limits_{i=0}^{k-1}\|g_i\|^2$ 存在. 故 $g_k \to 0$, 当 $k \to +\infty$ 时. □

问题 不精确搜索的最速下降法有怎样的收敛性呢? 对特殊的目标函数, 如二次凸函数, 可否得到更精确的收敛性结果呢?

设 $f(x)=\frac{1}{2}x^{\mathrm{T}}Ax+b^{\mathrm{T}}x$, A 是 n 阶正定矩阵, 若记 λ_1, λ_n 是其最大、最小特征值, 则由精确步长的最速下降法得到的点列 $\{x_k\}$ 满足

$$f(x_k)-f(x^*) \leqslant \left(\frac{\lambda_1-\lambda_n}{\lambda_1+\lambda_n}\right)^2 (f(x_{k-1})-f(x^*))$$

这里 $x^*=-A^{-1}b$ 是 $f(x)$ 的最小解. 从以上不等式也可以看出, 最速下降法是线性收敛的, 且当 A 是病态的时候, 收敛速度是很慢的.

对不精确搜索的最速下降法的收敛性讨论, 可参考相关文献.

4.3 Newton 法

4.3.1 一元问题的 Newton 法

Newton 法最初是 Newton 提出用于解非线性方程的, Newton 曾用该法求解 Kepler 方程 $x-a\sin x=b$ (a, b 是常数) 并得到精度很高的近似解.

记一元非线性方程为 $g(x)=0$, 其中 $g(x)$ 连续可微. 设 x_k 是其一近似解, $g(x)$ 在 x_k 处的一阶 Taylor 近似为

$$g(x_k)+g'(x_k)(x-x_k)$$

记 $y = g(x_k) + g'(x_k)(x - x_k)$, 则该直线方程表示平面上过 $(x_k, g(x_k))$ 点的曲线的切线方程, $g'(x_k)$ 表示切线的斜率. 如果 $g'(x_k) \neq 0$, 则该切线与 x 轴相交, 交点横坐标为

$$x_{k+1} = x_k - \frac{g(x_k)}{g'(x_k)}$$

令 $k = 1, 2, \cdots$, 该迭代格式便称为 Newton 法, 由于其几何意义的原因, 也称为切线法.

对于一元函数 $f(x)$ 的求极值问题, 当 $f(x)$ 连续可微时, 最优点 x 满足 $f'(x) = 0$. 于是当 $f(x)$ 二次连续可微时, 求解 $f'(x) = 0$ 的 Newton 法为

$$x_{k+1} = x_k - \frac{f'(x_k)}{f''(x_k)}, \quad k = 1, 2, \cdots$$

该方法就称为解无约束优化问题的 Newton 法. 可见, 若 $\{x_k\}$ 收敛, x_k 只能作为 $f'(x) = 0$ 的近似解, 只有当 $f'(x) = 0$ 的解是 $\min f(x)$ 的整体或局部最优解时, x_k 才可以作为 $\min f(x)$ 的整体或局部近似最优解.

由数学分析知识知, 当 $f(x)$ 是凸函数时, $f'(x) = 0$ 的解是 $\min f(x)$ 的整体最优解.

我们也可以从另一个角度推导 Newton 法. 设 x_k 是一迭代点, $f(x)$ 在 x_k 的二阶 Taylor 展开为

$$f(x_k) + f'(x_k)(x - x_k) + \frac{1}{2}f''(x_k)(x - x_k)^2$$

记该二次函数为 $F_k(x)$, 将其作为 $f(x)$ 的近似函数, 以 $\min F_k(x)$ 的解 x_{k+1} 作为下一个迭代点, 于是 $F_k'(x_{k+1}) = 0$. 由此得

$$x_{k+1} = x_k - \frac{f'(x_k)}{f''(x_k)}, \quad k = 1, 2, \cdots$$

对多元函数的无约束极小化问题, 一般采用后一种办法导出 Newton 法.

4.3.2 多元问题的 Newton 法及收敛性

设 $f(x)$ 在 $\mathbf{R}^n$ 中二次连续可微, 要求解 $\min f(x)$.

对当前迭代点 x_k, 将 $f(x)$ 在 x_k 点 Taylor 展开:

$$f(x) = f(x_k) + \nabla f(x_k)^{\mathrm{T}}(x - x_k) + \frac{1}{2}(x - x_k)^{\mathrm{T}}\nabla^2 f(x_k)(x - x_k) + o(\|x - x_k\|_2^2)$$

这里 $\nabla^2 f(x_k)$ 为 $f(x)$ 在 x_k 处的 Hesse 矩阵.

记

$$F_k(x) = f(x_k) + \nabla f(x_k)^{\mathrm{T}}(x - x_k) + \frac{1}{2}(x - x_k)^{\mathrm{T}}\nabla^2 f(x_k)(x - x_k)$$

令 $\min F_k(x)$ 的解为下一迭代点 x_{k+1}, 则有 $\nabla F_k(x_{k+1}) = 0$, 即

$$\nabla^2 f(x_k)(x_{k+1} - x_k) + \nabla f(x_k) = 0 \Rightarrow x_{k+1} = x_k - (\nabla^2 f(x_k))^{-1}\nabla f(x_k)$$

这里假设 $\nabla^2 f(x_k)$ 非奇异, $k = 0, 1, \cdots$.

该迭代格式称为 **Newton 法或 Newton 迭代**.

下面讨论 Newton 法的收敛性.

定理 4.3.1　设 $f(x)$ 是 $\mathbf{R}^n$ 中二阶连续可微, 且其 Hesse 矩阵 $\nabla^2 f(x)$ 是 Lipschitz 连续的: 存在 $\beta > 0$, 使 $\forall i, j : 1 \leqslant i, j \leqslant n$,

$$|G_{ij}(x) - G_{ij}(y)| \leqslant \beta \|x - y\|, \quad \forall x, y$$

这里 $G_{ij}(x)$ 是 Hesse 矩阵 $\nabla^2 f(x)$ 的第 (i, j) 个元素. 设 x^* 是 $f(x)$ 的局部极小点, $\nabla^2 f(x^*)$ 正定, 则当初始点 x_0 充分靠近 x^* 时, Newton 迭代有定义, 且 x_k 以二阶速度收敛到 x^*.

证明　因为 $f(x)$ 二阶连续可微且 $\nabla^2 f(x)$ 满足 Lipschitz 条件, 所以对任一向量 h 有

$$\nabla f(x_0 + h) = \nabla f(x_0) + \nabla^2 f(x_0)h + O(\|h\|^2)$$

记 $h_0 = x_0 - x^*$, 取 $h = -h_0$, 则有

$$\nabla f(x^*) = \nabla f(x_0) - \nabla^2 f(x_0)h_0 + O(\|h_0\|^2)$$

因为 x^* 是局部最优解, 所以 $\nabla f(x^*) = 0$. 又因为 $\nabla^2 f(x^*)$ 正定, 所以有 x^* 的一个邻域, 对该邻域中的任一点 $\bar{x}$, $\nabla^2 f(\bar{x})$ 也正定且 $\|\nabla^2 f(\bar{x})^{-1}\|$ 有界. 取初始点 x_0 在该邻域, 于是由

$$0 = \nabla f(x_0) - \nabla^2 f(x_0)h_0 + O(\|h_0\|^2)$$

可得

$$h_0 - \nabla^2 f(x_0)^{-1} \cdot \nabla f(x_0) = O(\|h_0\|^2)$$

因为

$$\begin{aligned} h_1 = x_1 - x^* &= x_0 - \nabla^2 f(x_0)^{-1} \cdot \nabla f(x_0) - x^* \\ &= h_0 - \nabla^2 f(x_0)^{-1} \cdot \nabla f(x_0) \end{aligned}$$

所以有 $h_1 = O(\|h_0\|^2)$. 于是有常数 $C > 0$, 使 $\|h_1\| \leqslant C \cdot \|h_0\|^2$.

记 $\Omega=\left\{x\middle|\|x-x^*\|\leqslant\dfrac{\gamma}{C}\right\},0<\gamma<1$, 则只要取 x_0, 使 $\|x_0-x^*\|\leqslant\dfrac{\gamma}{C}$, 便有

$$\|h_1\|\leqslant(C\|h_0\|)\|h_0\|\leqslant\gamma\cdot\|h_0\|$$

因为 $\gamma<1$, 所以 $x_1\in\Omega$. 依次类推可知 $\{x_k\}\subseteq\Omega$ 且

$$\|h_{k+1}\|\leqslant C\|h_k\|^2\leqslant\gamma\|h_k\|,\quad\forall k$$

于是可得 $h_k\to 0\ (k\to\infty)$. 再由 $\|h_{k+1}\|\leqslant C\cdot\|h_k\|^2$, 知 $\{x_k\}$ 以二阶速度收敛到 x^*. □

定理 4.3.2 设下列条件成立:

(1) $f(x)$ 二阶连续可微;

(2) 在 $\bar{x}$ 处, $\nabla f(\bar{x})=0,[\nabla^2 f(\bar{x})]^{-1}$ 存在;

(3) x_0 充分接近 $\bar{x}$ 且有 $k_1,k_2\geqslant 0,k_1k_2<1$, 使得当 $\|x-\bar{x}\|_2\leqslant\|x_0-\bar{x}\|_2$ 时, 有

$$\|[\nabla^2 f(x)]^{-1}\|_2\leqslant k_1$$

$$\frac{\|\nabla f(\bar{x})-\nabla f(x)-\nabla^2 f(x)(\bar{x}-x)\|_2}{\|\bar{x}-x\|_2}\leqslant k_2,\quad x\neq\bar{x}$$

则由 Newton 法生成的点列 $\{x_k\}$ 收敛到 $\bar{x}$.

证明 设 $\forall k,x_k\neq\bar{x}$. 因为

$$x_1=x_0-[\nabla^2 f(x_0)]^{-1}\cdot\nabla f(x_0)$$

所以

$$x_1-\bar{x}=(x_0-\bar{x})-[\nabla^2 f(x_0)]^{-1}\nabla f(x_0)$$

即

$$x_1-\bar{x}=[\nabla^2 f(x_0)]^{-1}[\nabla^2 f(x_0)(x_0-\bar{x})-\nabla f(x_0)]$$

因为 $k_1k_2<1$, 所以可得

$$\begin{aligned}\|x_1-\bar{x}\|_2&\leqslant\|\nabla^2 f(x_0)^{-1}\|_2\|\nabla^2 f(x_0)(x_0-\bar{x})-\nabla f(x_0)+\nabla f(\bar{x})\|_2\\&\leqslant k_1k_2\|x_0-\bar{x}\|_2\leqslant\|x_0-\bar{x}\|_2\end{aligned}$$

由递推可知, $\|x_{k+1}-\bar{x}\|_2\leqslant k_1k_2\|x_k-\bar{x}\|_2,\forall k$. 所以有

$$\|x_{k+1}-\bar{x}\|_2\leqslant(k_1k_2)^k\cdot\|x_1-\bar{x}\|_2$$

令 $k\to+\infty$, 有 $x_{k+1}\to\bar{x}$. □

定理 4.3.3 设下列条件成立:

(1) $\nabla f(x^*)=0$, D 为 x^* 的开凸邻域, $f(x)$ 三次连续可微;

(2) $\forall x\in D, \nabla^2 f(x)^{-1}$ 存在且 $\|\nabla^2 f(x)^{-1}\|_\infty \leqslant \omega$;

(3) $\forall x\in D, \left|\dfrac{\partial^3 f(x)}{\partial x_i\partial x_j\partial x_l}\right| \leqslant M, i,j,l=1,2,\cdots,n$;

(4) 有 $\gamma<1$, 使 $\Omega=\left\{x\left|\dfrac{\omega M n^2}{2}\cdot\|x-x^*\|_\infty\leqslant\gamma\right.\right\}\subseteq D$, 如初始点 $x_0\in\Omega$, 则 Newton 法生成的点列 $\{x_k\}$ 收敛到 x^*, 且

$$\|x_{k+1}-x^*\|_\infty \leqslant \frac{\omega M n^2}{2}\cdot\|x_k-x^*\|_\infty^2,\quad k=0,1,\cdots$$

定理 4.3.3 的证明留作练习.

问题 在上面几个定理中, 都要求初始点在最优解 (可能是局部最优解) 的一个邻域内, 这个条件是很强的, 因为最优解正是需要求的一个未知量, 所以其邻域是未知的. 可否进行一定的改进以放松这个要求? 另外, 如果在迭代过程中某个迭代点处的 Hesse 阵是奇异的或接近奇异的, Newton 法该如何改进或是否还可以改进? 进一步, Newton 法的优点主要在于其快速的收敛性, 这一优点在改进后是否还会保留?

对 Newton 法还可以提出其他问题, 正是理论上, 特别是实际计算中提出的问题, 使得 Newton 法得到很大发展. 尤其是在其基础上产生的拟 Newton 法, 成为求解无约束优化问题的最有效的方法. 这里仅就初始点的改进问题做进一步讨论.

例如, 记 $d_k=-\nabla^2 f(x_k)^{-1}\nabla f(x_k)$, 引入步长因子, 则可得带步长因子的 Newton 法 (或阻尼 Newton 法).

算法 4.3.4 带步长因子的 Newton 法

步骤 1 取初始点 $x_0, k:=0$.

步骤 2 计算 $g_k=\nabla f(x_k)$. 如 $g_k=0$, 停止; 否则到步骤 3.

步骤 3 解 $\nabla^2 f(x_k)d=-g_k$, 记解为 d_k.

步骤 4 由精确一维搜索求 α_k:

$$f(x_k+\alpha_k d_k)=\min_{\alpha>0} f(x_k+\alpha d_k)$$

令 $x_{k+1}:=x_k+\alpha_k d_k, k:=k+1$, 转步骤 2.

定理 4.3.5 设 $f(x)$ 二阶连续可微, 又设对任意 x_0, 存在常数 $m>0$, 使得 $f(x)$ 在水平集 $L(x_0)=\{x|f(x)\leqslant f(x_0)\}$ 上满足

$$u^{\mathrm T}\nabla^2 f(x)u\geqslant m\cdot\|u\|_2^2,\quad \forall u,\forall x\in L(x_0)$$

则带精确步长因子的 Newton 法产生的点列 $\{x_k\}$ 满足

(1) 当有某 k, 使 $\nabla f(x_k)=0$ 时, x_k 是 $f(x)$ 唯一极小点;

(2) 当 $\{x_k\}$ 是无穷点列时, $\{x_k\}$ 收敛到 $f(x)$ 的唯一极小点 $\bar{x}$.

定理 4.3.5 的证明和带精确一维步长最速下降法的收敛性证明类似, 这里略去.

例 4.3.1 分别用 Newton 法和阻尼 Newton 法求解问题:

$$\min_{x\in\mathbf{R}^2} \quad 2x_1^2+x_2^2$$

解 (1) 用 Newton 法解.

因为 $\nabla f(x)=\begin{pmatrix}4x_1\\2x_2\end{pmatrix}$, $\nabla^2 f(x)=\begin{pmatrix}4&0\\0&2\end{pmatrix}$, 可见 $f(x)=2x_1^2+x_2^2$ 是凸函数. 取 $x^0=\begin{pmatrix}5\\10\end{pmatrix}$, 则有

$$\begin{aligned}x^1&=x^0-[\nabla^2 f(x^0)]^{-1}\cdot\nabla f(x^0)\\&=\begin{pmatrix}5\\10\end{pmatrix}-\begin{pmatrix}\frac{1}{4}&0\\0&\frac{1}{2}\end{pmatrix}\begin{pmatrix}20\\20\end{pmatrix}\\&=\begin{pmatrix}5\\10\end{pmatrix}-\begin{pmatrix}5\\10\end{pmatrix}\\&=\begin{pmatrix}0\\0\end{pmatrix}\end{aligned}$$

$\nabla f(x^1)=\begin{pmatrix}0\\0\end{pmatrix}$, 所以 $x^1=\begin{pmatrix}0\\0\end{pmatrix}$ 是最优解.

(2) 用带步长因子的 Newton 法求解.

取初始点 $x^0=\begin{pmatrix}5\\10\end{pmatrix}$, 则 $\nabla f(x^0)=\begin{pmatrix}20\\20\end{pmatrix}\neq 0$. 解 $\nabla^2 f(x^0)d=-\nabla f(x^0)$, 即解

$$\begin{pmatrix}4&0\\0&2\end{pmatrix}\begin{pmatrix}d_1\\d_2\end{pmatrix}=-\begin{pmatrix}20\\20\end{pmatrix}$$

得 $d_1=-5, d_2=-10$. 于是有 $d^0=\begin{pmatrix}-5\\-10\end{pmatrix}$.

记 $\theta(\alpha)\triangleq f(x^0+\alpha d^0)$, 则

$$\theta(\alpha)=f\begin{pmatrix}5-5\alpha\\10-10\alpha\end{pmatrix}=2(5-5\alpha)^2+(10-10\alpha)^2$$

令 $\theta'(\alpha)=0$, 解得 $\alpha=1$. 所以 $\alpha_0=1$. 记 $x^1=x^0+\alpha_0 d^0=\begin{pmatrix}0\\0\end{pmatrix}$.

因为 $\nabla f(x^1)=0$, 所以 $x^1=\begin{pmatrix}0\\0\end{pmatrix}$ 是解.

4.3.3 强凸条件下 Newton 法的收敛性

当目标函数拥有一些特殊性质时, 可以对 Newton 法进行更细致的分析, 得到更好的收敛性结果.

首先给出如下假定.

假设 4.3.6

(1) 函数 $f(x)$ 二次连续可微;

(2) 函数 $f(x)$ 对某个正常数 m 是强凸的, 即

$$\nabla^2 f(x) \geqslant mI, \quad \forall x \in S = \{x \in \mathrm{dom} f | f(x) \leqslant f(x_0)\}$$

(3) 函数 $f(x)$ 的 Hesse 阵是 Lipschitz 连续的, 即

$$\|\nabla^2 f(x) - \nabla^2 f(y)\|_2 \leqslant L\|x-y\|_2, \quad \forall x, y \in S \tag{4.11}$$

在此假设下, 可以给出如下带步长的 Newton 算法.

算法 4.3.7 Newton 算法

步骤 1 取初始点 x 和 $\varepsilon > 0$.

步骤 2 计算 Newton 步和 Newton 下降量

$$\Delta x_{\mathrm{nt}} = -\nabla^2 f(x)^{-1}\nabla f(x); \quad \lambda^2 = \nabla f(x)^{\mathrm{T}}\nabla^2 f(x)^{-1}\nabla f(x)$$

步骤 3 如果 $\lambda^2/2 \leqslant \varepsilon$, 停止迭代; 否则转入步骤 4.

步骤 4 由 Backtracking 线性搜索求迭代步长 t, 令 $x = x + t\Delta x_{\mathrm{nt}}$, 转步骤 2.

下面对算法 4.3.7 的收敛性进行分析.

我们先给出算法收敛性的主要结果和证明的基本思路, 然后再具体证明. 算法 4.3.7 的迭代过程中存在 $0 < \eta \leqslant m^2/L$, $\gamma > 0$ 使得如下两种情况之一得到满足:

(1) 如果 $\|\nabla f(x^{(k)})\|_2 \geqslant \eta$, 则

$$f(x^{(k+1)}) - f(x^{(k)}) \leqslant -\gamma \tag{4.12}$$

(2) 如果 $\|\nabla f(x^{(k)})\|_2 < \eta$, 则 Backtracking 线性搜索得到 $t^{(k)} = 1$ 且

$$\frac{L}{2m^2}\|\nabla f(x^{(k+1)})\|_2 \leqslant \left(\frac{L}{2m^2}\|\nabla f(x^{(k)})\|_2\right)^2 \tag{4.13}$$

如果算法迭代到第 k 步满足条件 (2), 即 $\|\nabla f(x^{(k)})\|_2 < \eta$. 由于 $0 < \eta \leqslant m^2/L$, 可以得到 $\|\nabla f(x^{(k+1)})\|_2 < \eta$, 也就是说第 $k+1$ 步迭代仍然满足条件 (2). 因此, 一旦条件 (2) 满足, 未来的迭代依然满足条件 (2), 则 $\|\nabla f(x^{(l)})\|_2 < \eta, \forall l \geqslant k$, 且

$$\frac{L}{2m^2}\|\nabla f(x^{(l+1)})\|_2 \leqslant \left(\frac{L}{2m^2}\|\nabla f(x^{(l)})\|_2\right)^2 \tag{4.14}$$

于是有

$$\frac{L}{2m^2}\|\nabla f(x^{(l)})\|_2 \leqslant \left(\frac{L}{2m^2}\|\nabla f(x^{(k)})\|_2\right)^{2^{l-k}} \leqslant \left(\frac{1}{2}\right)^{2^{l-k}}$$

因此对最优解 p^*, 我们可以估计每步的迭代误差限

$$f(x^{(l)}) - p^* \leqslant \frac{1}{2m}\|\nabla f(x^{(l)})\|_2^2 \leqslant \frac{2m^3}{L^2}\left(\frac{1}{2}\right)^{2^{l-k+1}} \tag{4.15}$$

式 (4.15) 表明算法一旦满足条件 (2) 将很快地收敛到最优解, 这时的收敛速度是二次的, 我们称这个阶段为二次收敛阶段. 与之对应, 称满足条件 (1) 的阶段为阻尼 Newton 阶段, 这是因为此时的步长 $t < 1$.

现在可以分析整个算法的复杂性. 首先, 由式 (4.13) 可以得到阻尼 Newton 阶段迭代次数的上界

$$\frac{f(x^{(0)}) - p^*}{\gamma}$$

又由式 (4.15) 可知, 对于 $\varepsilon > 0$, 二次收敛阶段迭代

$$\log_2\log_2(\varepsilon_0/\varepsilon), \quad \varepsilon_0 = 2m^3/L^2$$

步后, 必满足 $f(x) - p^* \leqslant \varepsilon$.

故算法总的迭代次数的上界为

$$\frac{f(x^{(0)}) - p^*}{\gamma} + \log_2\log_2(\varepsilon_0/\varepsilon) \tag{4.16}$$

注意到上面等式的第二项 $\log_2\log_2(\varepsilon_0/\varepsilon)$ 随 ε 的减小而增大的速度十分缓慢, 可以看成一个常数. 二次收敛阶段迭代 6 步的误差限 $\varepsilon \approx 5 \cdot 10^{-20}\varepsilon_0$, 故可以粗略估计算法整体迭代次数的上界为

$$\frac{f(x^{(0)}) - p^*}{\gamma} + 6 \tag{4.17}$$

下面我们对算法的两个阶段具体分析.

1. 阻尼 Newton 阶段

我们证明不等式 (4.12) 成立.

证明 当 $\|\nabla f(x)\|_2 \geqslant \eta$ 时, 先确定 Backtracking 线性搜索步长 t 的下界. 由 $f(x)$ 的强凸性可知

$$\nabla^2 f(x) \leqslant MI, \quad \forall x \in S,$$

因此有

$$\begin{aligned} f(x+t\Delta x_{\rm nt}) &\leqslant f(x)+t\nabla f(x)^{\rm T}\Delta x_{\rm nt}+\frac{M\|\Delta x_{\rm nt}\|_2^2}{2}t^2 \\ &\leqslant f(x)-t\lambda(x)^2+\frac{M}{2m}t^2\lambda(x)^2 \end{aligned}$$

由

$$\lambda(x)^2=\Delta x_{\rm nt}^{\rm T}\nabla^2 f(x)\Delta x_{\rm nt}\geqslant m\|\Delta x_{\rm nt}\|_2^2$$

步长 $\hat{t}=m/M$ 满足线性搜索条件, 因此

$$f(x+\hat{t}\Delta x_{\rm nt})\leqslant f(x)-\frac{m}{2M}\lambda(x)^2\leqslant f(x)-\alpha\hat{t}\lambda(x)^2$$

于是 Backtracking 线性搜索返回步长 $t\geqslant\beta m/M$, 又有

$$\lambda(x)^2=\nabla f(x)^{\rm T}\nabla^2 f(x)^{-1}\nabla f(x)\geqslant(1/M)\|\nabla f(x)\|_2^2$$

新的迭代步 $x^+=x+t\Delta x_{\rm nt}$ 满足

$$\begin{aligned} f(x^+)-f(x) &\leqslant -\alpha t\lambda(x)^2 \\ &\leqslant -\alpha\beta\frac{m}{M}\lambda(x)^2 \\ &\leqslant -\alpha\beta\frac{m}{M^2}\|\nabla f(x)\|_2^2 \\ &\leqslant -\alpha\beta\eta^2\frac{m}{M^2} \end{aligned}$$

故当 $\gamma=\alpha\beta\eta^2\dfrac{m}{M^2}$ 时, 不等式 (4.12) 成立.

2. 二次收敛阶段

我们证明不等式 (4.13) 成立.

证明 当 $\|f(x)\|_2<\eta$ 时, 首先证明只要

$$\eta\leqslant 3(1-2\alpha)\frac{m^2}{L}$$

Backtracking 线性搜索返回步长 1. 由 Lipschitz 条件 (4.11), 可知对 $\forall t>0$, 有

$$\|\nabla^2 f(x+t\Delta x_{\rm nt})-\nabla^2 f(x)\|_2\leqslant tL\|\Delta x_{\rm nt}\|_2$$

因此

$$|\Delta x_{\rm nt}^{\rm T}(\nabla^2 f(x+t\Delta x_{\rm nt})-\nabla^2 f(x))\Delta x_{\rm nt}|\leqslant tL\|\Delta x_{\rm nt}\|_2^3$$

令 $\tilde{f}(t)=f(x+t\Delta x_{\rm nt})$, 则 $\tilde{f}''(t)=\Delta x_{\rm nt}^{\rm T}\nabla^2 f(x+t\Delta x_{\rm nt})\Delta x_{\rm nt}$, 所以上面的不等式即

$$|\tilde{f}''(t)-\tilde{f}''(0)|\leqslant tL\|\Delta x_{\rm nt}\|_2^3$$

我们要利用此不等式确定 $\tilde{f}(t)$ 的上界. 由 $\tilde{f}''(0)=\lambda(x)^2$ 和 $\lambda(x)^2 \geqslant m\|\Delta x_{\mathrm{nt}}\|_2^2$, 可得

$$\tilde{f}''(t) \leqslant \tilde{f}''(0)+tL\|\Delta x_{\mathrm{nt}}\|_2^3 \leqslant \lambda(x)^2+t\frac{L}{m^{3/2}}\lambda(x)^3$$

对上面不等式两边积分并利用

$$-\lambda(x)^2=\nabla f(x)^{\mathrm{T}}\Delta x_{\mathrm{nt}}=\frac{\mathrm{d}}{\mathrm{dt}}f(x+\Delta x_{\mathrm{nt}}t)\bigg|_{t=0}=\tilde{f}'(0)$$

有

$$\begin{aligned}\tilde{f}'(t) &\leqslant \tilde{f}'(0)+t\lambda(x)^2+t^2\frac{L}{2m^{3/2}}\lambda(x)^3\\ &=-\lambda(x)^2+t\lambda(x)^2+t^2\frac{L}{2m^{3/2}}\lambda(x)^3\end{aligned}$$

再对此不等式积分一次

$$\tilde{f}(t) \leqslant \tilde{f}(0)-t\lambda(x)^2+t^2\frac{1}{2}\lambda(x)^2+t^3\frac{L}{6m^{3/2}}\lambda(x)^3$$

取 $t=1$, 则有

$$f(x+\Delta x_{\mathrm{nt}}) \leqslant f(x)-\frac{1}{2}\lambda(x)^2+\frac{L}{6m^{3/2}}\lambda(x)^3 \tag{4.18}$$

假定 $\|\nabla f(x)\|_2 \leqslant \eta \leqslant 3(1-2\alpha)m^2/L$, 由强凸性条件可以得到

$$\lambda(x) \leqslant 3(1-2\alpha)m^{3/2}/L$$

又根据式 (4.18) 有

$$\begin{aligned}f(x+\Delta x_{\mathrm{nt}}) &\leqslant f(x)-\lambda(x)^2\left(\frac{1}{2}-\frac{L\lambda(x)}{6m^{3/2}}\right)\\ &\leqslant f(x)-\alpha\lambda(x)^2\\ &=f(x)+\alpha\nabla f(x)^{\mathrm{T}}\Delta x_{\mathrm{nt}}\end{aligned}$$

上式说明步长 $t=1$ 满足 Backtracking 线性搜索准则.

再来分析收敛速率, 由 Lipschitz 条件有

$$\begin{aligned}\|\nabla f(x^+)\|_2 &= \|\nabla f(x+\Delta x_{\mathrm{nt}})-\nabla f(x)-\nabla^2 f(x)\Delta x_{\mathrm{nt}}\|_2\\ &=\left\|\int_0^1(\nabla^2 f(x+t\Delta x_{\mathrm{nt}})-\nabla^2 f(x))\Delta x_{\mathrm{nt}}\mathrm{d}t\right\|_2\\ &\leqslant \frac{L}{2}\|\Delta x_{\mathrm{nt}}\|_2^2\\ &=\frac{L}{2}\|\nabla^2 f(x)^{-1}\nabla f(x)\|_2^2\\ &\leqslant \frac{L}{2m^2}\|\nabla f(x)\|_2^2\end{aligned}$$

即不等式 (4.13) 成立.

综上所述, 当 $\|\nabla f(x^{(k)})\|_2 < \eta$ 且 $\eta = \min\{1, 3(1-2\alpha)\}\dfrac{m^2}{L}$, 算法取步长 $t^{(k)} = 1$ 且满足不等式 (4.13). 把 η 和 γ 的具体取值代入迭代次数估计式, 可以得到上界如下

$$6 + \frac{M^2L^2/m^5}{\alpha\beta\min\{1, 9(1-2\alpha)^2\}}(f(x^{(0)}) - p^*)$$

注 Newton 法作为一种经典的解无约束优化问题的方法, 在 20 世纪 80~90 年代发展起来的解线性规划和凸优化的内点法中也起到了重要的作用. 在 20 世纪 90 年代, Nesterov 和 Nemirovski 定义了一类凸函数, 称为 self-concordance, 它包括了很大一类凸函数. 当 Newton 法用于这类函数最小化的求解时, 收敛性分析不需要先验的未知常数已知的假定, 而这是以前 Newton 法收敛性分析所需要的. 有关的介绍可参见文献 [3].

4.4 共轭梯度法

共轭梯度法最初提出是用于求解线性方程组的, 由于线性方程组在系数矩阵对称时等价于一个二次函数的梯度为 0, 于是该方法可以用来求解二次无约束优化问题, 后来又发展为求解一般无约束优化问题的有效方法.

4.4.1 共轭方向法

定义 4.4.1 设 G 是 n 阶对称正定阵, d_1, d_2 是 n 维非零向量. 如果

$$d_1^{\mathrm{T}}Gd_2 = 0$$

则称 d_1, d_2 是 G 共轭的.

定理 4.4.2 设 $d_1, d_2, \cdots, d_m$ 是 n 维非零向量. 若它们是两两 G 共轭的, 则 $d_1, d_2, \cdots, d_m$ 是线性无关的.

证明 令 $\sum\limits_{i=1}^{m}\alpha_i d_i = 0$, 两边同时左乘 $d_j^{\mathrm{T}}G$, 得到

$$\alpha_j d_j^{\mathrm{T}}Gd_j = 0, \quad j = 1, 2, \cdots, m$$

由此得 $\alpha_j = 0, j = 1, 2, \cdots, m$. 所以 $d_1, d_2, \cdots, d_m$ 线性无关. □

下面给出求解问题 $\min\limits_{x\in\mathbf{R}^n} f(x)$ 的共轭方向算法.

算法 4.4.3 共轭方向法

步骤 1 给出 n 个 G 共轭方向 $d_1, d_2, \cdots, d_n$. 给出初始点 $x_1, k := 1$.

步骤 2 如 $g_k = \nabla f(x_k) = 0$, 停止; 否则转到步骤 3.

步骤 3 求步长 α_k 使得

$$f(x_k + \alpha_k d_k) = \min_{\alpha>0} f(x_k + \alpha d_k)$$

记 $x_{k+1} = x_k + \alpha_k d_k, k := k+1$, 转到步骤 2.

定理 4.4.4 当用共轭方向法解二次函数极小化问题

$$\min_{x\in\mathbf{R}^n} \frac{1}{2}x^{\mathrm{T}}Gx + b^{\mathrm{T}}x$$

时, 至多迭代 n 步收敛. 这里 G 是对称正定矩阵.

证明 记 $f(x) = \dfrac{1}{2}x^{\mathrm{T}}Gx + b^{\mathrm{T}}x$, 设 $d_1, d_2, \cdots, d_n$ 关于 G 是共轭方向. 以 x_1 为初始点, 由共轭方向法解该二次无约束优化问题时, 需证至多迭代到 x_{n+1} 必得解. 因为 $\nabla f(x_k) = Gx_k + b$, 所以有

$$\nabla f(x_{k+1}) = Gx_{k+1} + b = G(x_k + \alpha_k d_k) + b = \nabla f(x_k) + \alpha_k G d_k$$

如对某 $k < n+1$, 有 $\nabla f(x_k) = 0$, 则显然 x_k 是解.

下面设对 $k < n+1$, $\nabla f(x_k) \neq 0$. 因为

$$\begin{aligned}\nabla f(x_{n+1}) &= \nabla f(x_n) + \alpha_n G d_n = \cdots \\ &= \nabla f(x_{k+1}) + \alpha_{k+1} G d_{k+1} + \cdots + \alpha_n G d_n\end{aligned}$$

当 $k \leqslant n-1$ 时, 由于 d_k 与 $d_i(i > k)$ 关于 G 共轭, 所以

$$d_k^{\mathrm{T}} \nabla f(x_{n+1}) = d_k^{\mathrm{T}} \nabla f(x_{k+1})$$

又 $x_{k+1} = x_k + \alpha_k d_k$ 满足

$$f(x_k + \alpha_k d_k) = \min_{\alpha>0} f(x_k + \alpha d_k)$$

所以 $d_k^{\mathrm{T}} \nabla f(x_{k+1}) = 0$, 从而有

$$d_k^{\mathrm{T}} \nabla f(x_{n+1}) = 0, \quad \forall k \leqslant n-1$$

当 $k = n$ 时, $d_n^{\mathrm{T}} \nabla f(x_{n+1}) = 0$. 既然 $d_1, d_2, \cdots, d_n$ 线性无关, 所以

$$\nabla f(x_{n+1}) = 0$$

即 x_{n+1} 是问题的解. 所以由共轭方向法解无约束严格凸二次优化问题时, 至多 n 步收敛. □

问题 对二次函数的优化问题, 如何生成共轭方向? 对一般无约束优化问题是否可以应用共轭方向法? 如果可以, 收敛性如何?

4.4.2 共轭梯度法

考虑二次无约束优化问题:

$$\min \quad \frac{1}{2}x^{\mathrm{T}}Gx - b^{\mathrm{T}}x$$

给一初始点 x_1, 令 $d_1 = -\nabla f(x_1) = -Gx_1 + b$, 由精确一维搜索求出步长 α_1:

$$f(x_1 + \alpha_1 d_1) = \min_{\alpha>0} f(x_1 + \alpha d_1)$$

令 $x_2 = x_1 + \alpha_1 d_1$, 设 $d_2 = -\nabla f(x_2) + \beta_1 d_1$, β_1 待定.

令 d_2 与 d_1 关于 G 共轭: $d_1^{\mathrm{T}}Gd_2 = 0$. 于是

$$d_1^{\mathrm{T}}G(-\nabla f(x_2) + \beta_1 d_1) = 0, \quad \beta_1 = d_1^{\mathrm{T}}G\nabla f(x_2)/d_1^{\mathrm{T}}Gd_1$$

一般地, 设已生成 $x_1, x_2, \cdots, x_k$ 和 $d_1, d_2, \cdots, d_k, d_i \neq 0 (i = 1, 2, \cdots, k)$, $x_{k+1} = x_k + \alpha_k d_k$, 这里步长 α_k 由一维精确搜索得到.

设 $d_{k+1} = -\nabla f(x_{k+1}) + \beta_k d_k$, 令 $d_k^{\mathrm{T}}Gd_{k+1} = 0$, 得

$$\beta_k = d_k^{\mathrm{T}}G\nabla f(x_{k+1})/d_k^{\mathrm{T}}Gd_k$$

于是 $d_{k+1} = -\nabla f(x_{k+1}) + \dfrac{d_k^{\mathrm{T}}G\nabla f(x_{k+1})}{d_k^{\mathrm{T}}Gd_k}d_k$. 而因为 α_k 满足

$$f(x_k + \alpha_k d_k) = \min_{\alpha>0} f(x_k + \alpha d_k)$$

所以 $d_k^{\mathrm{T}}\nabla f(x_k + \alpha_k d_k) = 0$, 即 $d_k^{\mathrm{T}}(G(x_k + \alpha_k d_k) - b) = 0$, 也即

$$d_k^{\mathrm{T}}(Gx_k - b) + \alpha_k d_k^{\mathrm{T}}Gd_k = 0$$

对正定二次函数, 记 $\nabla f(x_k) = Gx_k - b \triangleq \gamma_k$, 则有 $\alpha_k = \dfrac{-\gamma_k^{\mathrm{T}}d_k}{d_k^{\mathrm{T}}Gd_k}$.

又

$$d_k = -\nabla f(x_k) + \beta_{k-1}d_{k-1} = -\gamma_k + \beta_{k-1}d_{k-1}$$

所以

$$\gamma_k^{\mathrm{T}}d_k = -\gamma_k^{\mathrm{T}}\gamma_k + \beta_{k-1}\gamma_k^{\mathrm{T}}d_{k-1} = -\gamma_k^{\mathrm{T}}\gamma_k$$

于是有 $\alpha_k = \dfrac{\gamma_k^{\mathrm{T}}\gamma_k}{d_k^{\mathrm{T}}Gd_k}$.

下面给出求解无约束严格凸二次规划 $\min \dfrac{1}{2}x^{\mathrm{T}}Gx - b^{\mathrm{T}}x$ 的共轭梯度法.

算法 4.4.5 Fletch-Reevs (FR) 共轭梯度法

步骤 1 给出初始点 x_1. 计算 $\gamma_1 = Gx_1 - b, d_1 := -\gamma_1, k := 1$.

步骤 2 如 $\gamma_k = 0$, 停止迭代; 否则继续.

步骤 3 计算

$$\begin{aligned}
\alpha_k &= \gamma_k^{\mathrm{T}}\gamma_k / d_k^{\mathrm{T}} G d_k \\
x_{k+1} &= x_k + \alpha_k d_k \\
\gamma_{k+1} &= \gamma_k + \alpha_k G d_k \\
\beta_k &= d_k^{\mathrm{T}} G \gamma_{k+1} / d_k^{\mathrm{T}} G d_k \\
d_{k+1} &= -\gamma_{k+1} + \beta_k d_k
\end{aligned}$$

步骤 4 $k := k+1$, 转到步骤 2.

定理 4.4.6 如果对 $k \leqslant n, \gamma_k \neq 0$, 则上述方法生成的 $d_1, d_2, \cdots, d_n$ 关于 G 是共轭的.

证明 只要证明: $\forall k,\ 2 \leqslant k \leqslant n, d_i^{\mathrm{T}} G d_k = 0, \forall i < k$. 用数学归纳法证明.

当 $k = 2$ 时, 由算法知 $d_1^{\mathrm{T}} G d_2 = 0$.

设对 $k < n, d_i^{\mathrm{T}} G d_k = 0, \forall i < k$. 以下证: $d_i^{\mathrm{T}} G d_{k+1} = 0, \forall i < k+1$.

当 $i = k$ 时, 由算法知 $d_i^{\mathrm{T}} G d_{k+1} = 0$.

当 $i < k$ 时,

$$\begin{aligned}
d_i^{\mathrm{T}} G d_{k+1} &= d_i^{\mathrm{T}} G(-\nabla f(x_{k+1}) + \beta_k d_k) = -d_i^{\mathrm{T}} G \nabla f(x_{k+1}) \\
&= \frac{1}{\alpha_i}(x_i - x_{i+1})^{\mathrm{T}} G \nabla f(x_{k+1}) \\
&= \frac{1}{\alpha_i}(\nabla f(x_i) - \nabla f(x_{i+1}))^{\mathrm{T}} \nabla f(x_{k+1})
\end{aligned}$$

又

$$\nabla f(x_{k+1}) = \nabla f(x_k) + \alpha_k G d_k = \cdots = \nabla f(x_{i+1}) + \sum_{j=i+1}^{k} \alpha_j G d_j$$

所以

$$d_i^{\mathrm{T}} \nabla f(x_{k+1}) = 0, \quad \forall i < k \tag{4.19}$$

因为

$$\begin{aligned}
-\nabla f(x_i)^{\mathrm{T}} \nabla f(x_{k+1}) &= (-\nabla f(x_i) + \beta_{i-1} d_{i-1})^{\mathrm{T}} \nabla f(x_{k+1}) \\
&= d_i^{\mathrm{T}} \nabla f(x_{k+1}), \quad \forall i : 2 \leqslant i < k
\end{aligned}$$

于是

$$-\nabla f(x_i)^{\mathrm{T}} \nabla f(x_{k+1}) = 0, \quad \forall i : 2 \leqslant i < k \tag{4.20}$$

由式 (4.19) 和式 (4.20) 可知

$$-\nabla f(x_1)^{\mathrm{T}}\nabla f(x_{k+1}) = d_1^{\mathrm{T}}\nabla f(x_{k+1}) = \left(\frac{d_2+\nabla f(x_2)}{\beta_1}\right)^{\mathrm{T}}\nabla f(x_{k+1}) = 0$$

所以

$$\nabla f(x_i)^{\mathrm{T}}\nabla f(x_{k+1}) = 0, \quad \forall i < k$$

于是当 $i+1<k$ 时,

$$\nabla f(x_{i+1})^{\mathrm{T}}\nabla f(x_{k+1}) = 0$$

当 $i+1=k$ 时由式 (4.19) 及精确搜索知

$$\nabla f(x_k)^{\mathrm{T}}\nabla f(x_{k+1}) = -(d_k-\beta_{k-1}d_{k-1})^{\mathrm{T}}\nabla f(x_{k+1}) = 0$$

所以

$$\begin{aligned}
d_i^{\mathrm{T}}Gd_{k+1} &= \frac{1}{\alpha_i}(\nabla f(x_i)-\nabla f(x_{i+1}))^{\mathrm{T}}\nabla f(x_{k+1})\\
&= \frac{1}{\alpha_i}(\nabla f(x_i)^{\mathrm{T}}\nabla f(x_{k+1})-\nabla f(x_{i+1})^{\mathrm{T}}\nabla f(x_{k+1}))\\
&= 0
\end{aligned}$$

这就证明了 $d_i^{\mathrm{T}}Gd_{k+1}=0, \forall i<k+1$. □

推论 4.4.7 *用 FR 共轭梯度法求解无约束严格凸二次规划 $\min \frac{1}{2}x^{\mathrm{T}}Gx-b^{\mathrm{T}}x$ 时, 至多 n 步一定得到最优解. 这里 G 为 n 阶对称正定阵.*

从定理 4.4.6 可以看出, 就二次优化问题来说, 共轭梯度法是共轭方向法的一种, 因此推论成立.

问题 求解无约束严格凸二次规划问题 $\min \frac{1}{2}x^{\mathrm{T}}Gx+b^{\mathrm{T}}x$ 等价于解线性方程组 $Gx=-b$, 后者完全可以用 Gauss 消元法等解代数方程组的有效方法求解. 共轭梯度法除了适用于无约束二次优化问题的求解, 是否还可以用于解一般无约束优化问题呢?

实际上, 共轭梯度法可以被推广去求解一般无约束优化问题, 但由于在共轭梯度法中有一个固定的对称正定矩阵, 要推广到一般情形, 至少在算法的表达形式上, 应该不出现这个正定矩阵, 即摆脱二次型的限制.

定理 4.4.8 *在 FR 算法中, β_k 可以写为*

$$\beta_k = \gamma_{k+1}^{\mathrm{T}}\gamma_{k+1}/\gamma_k^{\mathrm{T}}\gamma_k, \quad k=1,\cdots,n$$

证明 因为

$$\beta_k = \frac{d_k^{\mathrm{T}} G \nabla f(x_{k+1})}{d_k^{\mathrm{T}} G d_k}$$

$$= \frac{\left(\dfrac{x_{k+1}-x_k}{\alpha_k}\right)^{\mathrm{T}} G \nabla f(x_{k+1})}{\left(\dfrac{x_{k+1}-x_k}{\alpha_k}\right)^{\mathrm{T}} G d_k}$$

$$= \frac{[\nabla f(x_{k+1}) - \nabla f(x_k)]^{\mathrm{T}} \nabla f(x_{k+1})}{[\nabla f(x_{k+1}) - \nabla f(x_k)]^{\mathrm{T}} d_k}$$

$$= \frac{\|\gamma_{k+1}\|_2^2 - \gamma_k^{\mathrm{T}} \gamma_{k+1}}{-\gamma_k^{\mathrm{T}} d_k}$$

当 $k=1$ 时, $\gamma_1 = -d_1$, 则 $-\gamma_1^{\mathrm{T}} d_1 = \|\gamma_1\|^2, \gamma_1^{\mathrm{T}} \gamma_2 = -d_1^{\mathrm{T}} \nabla f(x_2) = 0$. 所以 $k=1$ 时, 有

$$\beta_1 = \|\gamma_2\|^2 / \|\gamma_1\|^2$$

当 $k>1$ 时, $\gamma_k^{\mathrm{T}} d_k = \nabla f(x_k)^{\mathrm{T}}(-\nabla f(x_k) + \beta_{k-1} d_{k-1}) = -\|\gamma_k\|_2^2$, 所以 $-\gamma_k^{\mathrm{T}} d_k = \|\gamma_k\|_2^2$, 又因为 $\gamma_k^{\mathrm{T}} \gamma_{k+1} = \nabla f(x_k)^{\mathrm{T}} \nabla f(x_{k+1}) = 0$, 于是有

$$\beta_k = \frac{\gamma_{k+1}^{\mathrm{T}} \gamma_{k+1}}{\gamma_k^{\mathrm{T}} \gamma_k}$$ □

例 4.4.1 用 FR 共轭梯度法求解下列问题

$$\min \quad \frac{3}{2}x_1^2 + \frac{1}{2}x_2^2 - x_1 x_2 - 2x_1$$

解 因为

$$\frac{3}{2}x_1^2 + \frac{1}{2}x_2^2 - x_1 x_2 - 2x_1 = \frac{1}{2}(x_1 \quad x_2)\begin{pmatrix} 3 & -1 \\ -1 & 1 \end{pmatrix}\begin{pmatrix} x_1 \\ x_2 \end{pmatrix} + \begin{pmatrix} -2 \\ 0 \end{pmatrix}^{\mathrm{T}}\begin{pmatrix} x_1 \\ x_2 \end{pmatrix}$$

所以

$$G = \begin{pmatrix} 3 & -1 \\ -1 & 1 \end{pmatrix}, \quad b = \begin{pmatrix} -2 \\ 0 \end{pmatrix}$$

$$\gamma(x) = Gx + b = \begin{pmatrix} 3x_1 - x_2 \\ x_2 - x_1 \end{pmatrix} - \begin{pmatrix} 2 \\ 0 \end{pmatrix} = \begin{pmatrix} 3x_1 - x_2 - 2 \\ x_2 - x_1 \end{pmatrix}$$

取 $x_1 = \begin{pmatrix} -2 \\ 4 \end{pmatrix}$, 则 $\gamma_1 = \begin{pmatrix} -6-4-2 \\ 4+2 \end{pmatrix} = \begin{pmatrix} -12 \\ 6 \end{pmatrix}$. 所以

$$d_1 = -\gamma_1 = \begin{pmatrix} 12 \\ -6 \end{pmatrix}, \quad \alpha_1 = \|\gamma_1\|^2 / d_1^{\mathrm{T}} G d_1 = \frac{5}{17}$$

于是

$$x_2 = x_1 + \alpha_1 d_1 = \begin{pmatrix} -2 \\ 4 \end{pmatrix} + \frac{5}{17}\begin{pmatrix} 12 \\ -6 \end{pmatrix} = \begin{pmatrix} 26/17 \\ 38/17 \end{pmatrix}$$

$$\gamma_2 = \begin{pmatrix} 3 \times 26/17 - 38/17 - 2 \\ 38/17 - 26/17 \end{pmatrix} = \begin{pmatrix} 6/17 \\ 12/17 \end{pmatrix}$$

$$\beta_1 = \|\gamma_2\|^2/\|\gamma_1\|^2 = 1/289$$

$$d_2 = -\gamma_2 + \beta_1 d_1 = (\,-90/289 - 210/289\,)$$

$$\alpha_2 = \|\gamma_2\|^2/d_2^2 G d_2 = 17/10$$

而

$$x_3 = x_2 + \alpha_2 d_2 = \begin{pmatrix} 1 \\ 1 \end{pmatrix}$$

$$\gamma_3 = Gx_3 - b = \begin{pmatrix} 3 - 1 - 2 \\ 1 - 1 \end{pmatrix} = \begin{pmatrix} 0 \\ 0 \end{pmatrix}$$

所以 $x_3 = \begin{pmatrix} 1 \\ 1 \end{pmatrix}$ 即为问题的解.

4.4.3 解一般无约束优化问题的共轭梯度法

基于 4.4.2 小节的最后一个定理, 可以将求无约束严格凸二次函数极小的共轭梯度法推广到解一般无约束优化问题 $\min f(x)$.

算法 4.4.9 FR 共轭梯度法

步骤 1 给出初始点 x_0, $g_0 = \nabla f(x_0), d_0 = -g_0, k := 0$.

步骤 2 如果 $g_k = 0$, 停止; 否则继续.

步骤 3 由线性搜索求步长因子 $\alpha_k, x_{k+1} := x_k + \alpha_k d_k$.

步骤 4 $\beta_k := \|g_{k+1}\|_2^2/\|g_k\|_2^2, d_{k+1} = -g_{k+1} + \beta_k d_k$.

步骤 5 $k := k+1$, 转到步骤 2.

下面证明在步长满足强 Wolfe 条件时算法的收敛性. 我们先给出两个引理, 然后证明算法的收敛性.

引理 4.4.10 考虑任何一个迭代 $x_{k+1} = x_k + \alpha_k p_k$, 这里 p_k 是下降方向, α_k 满足强 Wolfe 搜索条件. 假设 $f(x)$ 是下有界的, $f(x)$ 在包含水平集 $L = \{x|f(x) \leqslant f(x_0)\}$ 的一个开集合 $N \subseteq \mathbf{R}^n$ 中是连续可微的, 这里 x_0 是迭代初始点. 假定 $\nabla f(x)$ 在 N 中是 Lipschitz 连续的, 即存在常数 $L > 0$ 使得

$$\|\nabla f(x) - \nabla f(\bar{x})\|_2 \leqslant L\|x - \bar{x}\|_2$$

则有

$$\sum_{k\geqslant 0}\cos^2\theta_k\|\nabla f(x_k)\|^2<\infty$$

证明 由强 Wolfe 条件得

$$(\nabla f(x_{k+1})-\nabla f(x_k))^{\mathrm{T}}p_k\geqslant(\rho_1-1)\nabla f(x_k)^{\mathrm{T}}p_k$$

又由 Lipschitz 条件得

$$(\nabla f(x_{k+1})-\nabla f(x_k))^{\mathrm{T}}p_k\leqslant\alpha_k L\|p_k\|_2^2$$

组合这两个关系得到

$$\alpha_k\geqslant\frac{\rho_1-1}{L}\frac{\nabla f(x_k)^{\mathrm{T}}p_k}{\|p_k\|_2^2}$$

将这个关系代入 Wolfe 条件中得

$$f(x_{k+1})\leqslant f(x_k)-\rho\frac{1-\rho_1}{L}\frac{(\nabla f(x_k)^{\mathrm{T}}p_k)^2}{\|p_k\|_2^2}$$

即

$$f(x_{k+1})\leqslant f(x_k)-c\cdot\cos^2\theta_k\|\nabla f(x_k)\|_2^2$$

这里 $c=\rho(1-\rho_1)/L$. 将上面不等式中指标从 0 取到 k 得 $k+1$ 个不等式, 这些不等式相加得

$$f(x_{k+1})\leqslant f_0-c\sum_{j=0}^{k}\cos^2\theta_j\|\nabla f(x_j)\|_2^2$$

注意到 f 是有下界的. 于是有

$$\sum_{j=0}^{\infty}\cos^2\theta_j\|\nabla f(x_j)\|_2^2<\infty$$

引理 4.4.11 *假设 FR 共轭梯度法中步长满足强 Wolfe 条件, $0<\rho_1<\dfrac{1}{2}$, 则 FR 共轭梯度法产生的方向 p_k 满足下列不等式:*

$$-\frac{1}{1-\rho_1}\leqslant\frac{\nabla f(x_k)^{\mathrm{T}}p_k}{\|\nabla f(x_k)\|_2^2}\leqslant\frac{2\rho-1}{1-\rho_1}$$

证明 记 $h(t)=(2t-1)(1-t)$, 容易验证, $h(t)$ 在 $\left[0,\dfrac{1}{2}\right]$ 上是单增的, $h(0)=-1, h\left(\dfrac{1}{2}\right)=0$. 因为 $c_2\in\left(0,\dfrac{1}{2}\right)$, 所以有

$$-1<\frac{2\rho-1}{1-\rho_1}<0$$

如果证明定理中不等式, 那么下降条件 $\nabla f(x_k)^{\mathrm{T}}p_k < 0$ 显然成立. 我们用归纳法证明命题. 当 $k=0$ 时, 二不等式的中间项为 -1, 这时命题显然成立. 假定命题对 $k \geqslant 1$ 成立, 由算法有

$$\frac{\nabla f(x_{k+1})^{\mathrm{T}}p_{k+1}}{\|\nabla f(x_{k+1})\|_2^2} = -1 + \beta_{k+1}\frac{\nabla f(x_{k+1})^{\mathrm{T}}p_k}{\|\nabla f(x_{k+1})\|_2^2} = -1 + \frac{\nabla f(x_{k+1})^{\mathrm{T}}p_k}{\|\nabla f(x_k)\|_2^2}$$

使用线性搜索条件, 有

$$|\nabla f(x_{k+1})^{\mathrm{T}}p_k| \leqslant -\rho_1 \nabla f(x_k)^{\mathrm{T}}p_k$$

于是由上面两式得

$$-1 + \rho_1\frac{(\nabla f(x_k)^{\mathrm{T}}p_k)}{\|\nabla f(x_k)\|_2^2} \leqslant \frac{(\nabla f(x_{k+1})^{\mathrm{T}}p_{k+1})}{\|\nabla f(x_{k+1})\|_2^2} \leqslant -1 - \rho_1\frac{(\nabla f(x_k)^{\mathrm{T}}p_k)}{\|\nabla f(x_k)\|_2^2}$$

再由上式得到

$$-1 - \frac{\rho_1}{1-\rho_1} \leqslant \frac{\nabla f(x_{k+1})^{\mathrm{T}}p_{k+1}}{\|\nabla f(x_{k+1})\|_2^2} \leqslant -1 + \frac{\rho_1}{1-\rho_1}$$

这证明了命题中不等式对 $k+1$ 也成立. □

为了确定强 Wolfe 搜索条件 (步长) 的收敛性, 需要下面的假定.

假设 4.4.12 (1) 水平集 $L = \{x | f(x) \leqslant f(x_0)\}$ 有界;

(2) 在 L 的某个邻域 N 内, f 是 Lipschitz 连续可微的, 即有常数 $L > 0$, 使得

$$\|\nabla f(x) - \nabla f(\tilde{x})\|_2 \leqslant L\|x - \tilde{x}\|_2, \quad \forall x, \tilde{x} \in N$$

定理 4.4.13 设假设条件 4.4.12 成立, FR 共轭梯度法中步长满足强 Wolfe 条件, 其中参数满足 $0 < \rho < \rho_1 < \dfrac{1}{2}$, 则有下面结论:

$$\lim_{k\to\infty} \min f\|\nabla f(x_k)\|_2 = 0$$

证明 采用反证法证明. 若不然, 则有常数 $\gamma > 0$ 使得

$$\|\nabla f(x_k)\|_2 \geqslant \gamma, \quad \forall k$$

从引理 4.4.11, 有

$$\cos\theta_k \geqslant \frac{1}{1-\rho_1}\frac{\|\nabla f(x_k)\|_2}{\|p_k\|_2}, \quad k = 1, 2, \cdots$$

将上式代入引理 4.4.11 中, 得

$$\sum_{k=1}^{\infty}\frac{\|\nabla f(x_k)\|_2^4}{\|p_k\|_2^2} < \infty$$

再由步长条件得到

$$|\nabla f(x_k)^{\mathrm{T}} p_{k-1}| \leqslant -\rho_1 \nabla f(x_{k-1})^{\mathrm{T}} p_{k-1} \leqslant \frac{\rho_1}{1-\rho_1} \|\nabla f(x_{k-1})\|_2^2$$

于是有

$$\begin{aligned}
\|p_k\|_2^2 &= \|\nabla f(x_k)\|^2 + 2\beta_k \nabla f(x_k)^{\mathrm{T}} p_{k-1} + \beta_k^2 \|p_{k-1}\|_2^2 \\
&= \|\nabla f(x_k)\|^2 + 2\frac{\rho_1}{1-\rho_1}\beta_k \|\nabla f(x_{k-1})\|_2^2 + \beta_k^2 \|p_{k-1}\|_2^2 \\
&\leqslant \left(\frac{1+\rho_1}{1-\rho_1}\right) \|\nabla f(x_k)\|_2^2 + \beta_k^2 \|p_{k-1}\|_2^2
\end{aligned}$$

记 $c_3 = \dfrac{1+\rho_1}{1-\rho_1}$, 则 $c_3 > 1$. 递推地使用上式, 注意到 β_k 的表达式, 有

$$\begin{aligned}
\|p_k\|_2^2 &\leqslant c_3 \|\nabla f(x_k)\|_2^2 + \beta_k^2 (c_3 \|\nabla f(x_{k-1})^{\mathrm{T}}\|_2^2 + \beta_{k-1}^2 \|p_{k-2}\|_2^2) \\
&= c_3 \|\nabla f(x_k)\|_2^4 \left(\frac{1}{\|\nabla f(x_k)\|_2} + \frac{1}{\|\nabla f(x_{k-1})\|_2}\right) + \frac{\|\nabla f(x_k)\|_2^4}{\|\nabla f(x_{k-2})\|_2^4} \|p_{k-2}\|_2^2 \\
&\leqslant c_3 \|\nabla f(x_k)\|_2^4 \sum_{j=1}^{k} \|\nabla f(x_j)\|_2^{-2}
\end{aligned}$$

上面推理中使用了关系式

$$\beta_k^2 \beta_{k-1}^2 \cdots \beta_{k-i}^2 = \frac{\|\nabla f(x_k)\|^4}{\|\nabla f(x_{k-i-1})\|^4}$$

和 $p_1 = \nabla f(x_1)$. 由假设条件知 $\{\nabla f(x_k)\}$ 是有界的, 于是由上面不等式及 $\|\nabla f(x_k)\|_2 \geqslant \gamma$, 得

$$\|p_k\|_2^2 \leqslant \frac{c_3 \bar{\gamma}^4}{\gamma^2} k$$

由此得

$$\sum_{k=1}^{\infty} \frac{1}{\|p_k\|_2^2} \geqslant \gamma_4 \sum_{k=1}^{\infty} \frac{1}{k}$$

上式中 $\bar{\gamma}$ 和这里 γ_4 为某正常数. 由一开始的反证假设得

$$\sum_{k=1}^{\infty} \frac{1}{\|p_k\|_2^2} < \infty$$

这和上式矛盾. 这表明定理 4.4.13 成立. □

在这个共轭梯度法中, 初始方向是最速下降方向. 实际上也可以周期性地采用最速下降方向, 如可以将上面的 FR 共轭梯度法修改为下面的重开始 FR 共轭梯度法.

算法 4.4.14　重开始 FR 共轭梯度法

步骤 1　给出初始点 x_1, 计算 $g_1 = \nabla f(x_1), d_1 = -g_1, k := 1$.

步骤 2　如果 $g_k = 0$, 停止; 否则继续.

步骤 3　由线性搜索求步长因子 $\alpha_k, x_{k+1} := x_k + \alpha_k d_k$.

步骤 4　计算 $g_{k+1} := \nabla f(x_{k+1}), \beta_k := \|g_{k+1}\|_2^2/\|g_k\|_2^2, d_{k+1} = -g_{k+1} + \beta_k d_k$.

步骤 5　$k := k+1$, 如果 $k < n+1$, 转到步骤 2; 否则转下一步.

步骤 6　$x_1 := x_{n+1}$, 计算 $g_1 = \nabla f(x_1), d_1 = -g_1, k := 1$, 转步骤 2.

下面的定理给出了具有精确步长的重开始 FR 共轭梯度法的收敛性.

定理 4.4.15　*假定 $f(x)$ 是连续可微的, 水平集 $L = \{x|f(x) \leqslant f(x_1)\}$ 有界, 则采用精确线性搜索的重开始 FR 共轭梯度法或有限步终止, 或产生一个无穷序列 $\{x_k\}$, 该序列至少有一个聚点是稳定点. 进一步, 如果 $f(x)$ 是凸函数, 则算法产生的序列的每一个聚点都是 $f(x)$ 的整体最小解.*

证明　若算法不是有限步终止, 则产生一个无穷序列 $\{x_k\}$. 下证该序列至少有一个聚点是稳定点.

首先注意到每一步步长都是精确一维步长, 于是对每一 $k \geqslant 1$,

$$d_k^{\mathrm{T}} \nabla f(x_k + \alpha_k d_k) = d_k^{\mathrm{T}} \nabla f(x_{k+1}) = 0$$

所以当 $k \neq jn+1$ 时, 有

$$d_k^{\mathrm{T}} \nabla f(x_k) = (-\nabla f(x_k) + \beta_{k-1} d_{k-1})^{\mathrm{T}} \nabla f(x_k) = -\|\nabla f(x_k)\|_2^2 < 0$$

而当 $k = jn+1$ 时, 显然 $d_k^{\mathrm{T}} \nabla f(x_k) = -\|\nabla f(x_k)\|_2^2 < 0$. 这里 j 是自然数. 可见, 每一迭代点 x_k 处的方向 d_k 都是下降方向, 再注意到步长是精确最优步长, 所以得: $\{f(x_k)\}$ 是单调下降数列. 因为水平集 $L = \{x|f(x) \leqslant f(x_1)\}$ 是有界的, 所以序列 $\{x_k\}$ 是有界序列. 又因为 $f(x)$ 是连续函数, 所以 $\{f(x_k)\}$ 有界. 于是 $\{f(x_k)\}$ 收敛, 记 $f(x_k) \to y$.

下证 $\{x_k\}$ 的子列 $\{x_{jn+1}\}_{j=0}^{\infty}$ 至少有一个聚点为稳定点, 这里 $\{j\}$ 为自然数序列. 若 $\{x_{jn+1}\}$ 的任一聚点都不是稳定点, 不失一般性, 设 $x_{jn+1} \to \bar{x}$ 且 $\nabla f(\bar{x}) \neq 0$. 因为在每一迭代点 x_{jn+1} 的方向 $d_{jn+1} = -\nabla f(x_{jn+1})$, 而

$$f(x_{jn+1} + \alpha_{jn+1} d_{jn+1}) \leqslant f(x_{jn+1} - \alpha \nabla f(x_{jn+1})), \quad \forall \alpha > 0$$

即

$$f(x_{jn+2}) \leqslant f(x_{jn+1} - \alpha \nabla f(x_{jn+1})), \quad \forall \alpha > 0$$

令 $j \to \infty$, 则有 $y \leqslant f(\bar{x} - \alpha \nabla f(\bar{x})), \forall \alpha > 0$.

既然 $\nabla f(\bar{x}) \neq 0$, 则当 $\alpha > 0$ 充分小时, 便有 $f(\bar{x} - \alpha \nabla f(\bar{x})) < f(\bar{x})$.

于是得 $y < f(\bar{x}) = y$. 矛盾! 这就证明了 $\{x_k\}$ 至少有一个聚点是 $f(x)$ 的稳定点.

如果 $f(x)$ 是凸函数, 则稳定点是 $f(x)$ 的整体最小解. 显然 $\{x_k\}$ 每一聚点的函数值都是 $\{f(x_k)\}$ 的极限点 y, 而 y 是 $f(x)$ 的整体极小解. □

问题 1 试着证明定理 4.4.14 中"重开始 FR 共轭梯度法"换成"FR 共轭梯度法"时序列的收敛性.

问题 2 对于无约束严格凸二次优化问题, 共轭梯度法的效率介于最速下降法和 Newton 法之间, 对一般无约束优化问题, 这个结论是否在一定范围内仍然成立? 在什么条件下成立? 另外, 一般的 FR 共轭梯度法得到的途径有些特别, 它主要是根据二次情形的共轭梯度法中的 β_k 的另外一种表示来推广的, 看不出直观的几何意义. 这里自然产生两个问题:

(1) 这种纯形式的推广是否可靠?

(2) β_k 是否还有其他的不含有正定矩阵的表示方式, 如果有, 是否也可以产生其他类型的推广? 不同推广得到的算法之间的关系怎样?

对问题 1, 只能通过对由此得到的算法进行理论分析和数值实验后才可以下结论, 而定理 4.4.15 已表明了重开始 FR 共轭梯度法的整体收敛性. 要得到更多的结论, 必须进行更细致的分析. 对后一个问题, 事实表明确实可以通过 β_k 的不同表示产生出不同类型的可用于一般无约束优化的共轭梯度法. 当然我们还可以提出更多的问题, 比如, 精确步长的 FR 共轭梯度法的收敛性在什么条件下成立, 不精确步长的共轭梯度法的收敛性怎样, 共轭梯度法的收敛速度是介于最速下降法和 Newton 法之间吗? 有关共轭梯度法的更详细的内容可以参考文献 [8] 和 [18].

4.5 拟 Newton 法

总的来说, 拟 Newton 法是目前求解无约束优化问题最有效的方法. 这种方法是在成功地对 Newton 法进行修正以后得到的. 通过对 Newton 法的分析可以看出, Newton 法的主要优点, 即快的收敛速度, 是通过利用目标函数的二阶导数信息实现的. 可是, Newton 法的一个主要缺点也是由于目标函数的 Hesse 矩阵引起的: 对许多问题, Hesse 阵无法求出, 或要花费很大的工作量计算. 而相对来说, 目标函数的一阶偏导数是容易求出的. 于是不难产生如下想法.

将 Newton 方向 d_k 中的 $\nabla^2 f(x_k)^{-1}$ 用一个易求的 n 阶方阵 H_k 代替, H_k 还应是 $\nabla^2 f(x_k)^{-1}$ 的近似 (或者 $\nabla^2 f(x_k)$ 用一个易求的 B_k 代替, B_k 是 $\nabla^2 f(x_k)$ 的近似). 进一步, 这个近似矩阵 H_k (或 B_k) 是否可通过上一步的已知数据及当前点的梯度的适当组合得到?

问题 如何得到满足要求的 H_k 或者 B_k?

4.5.1 DFP 方法

在迭代点 x_k 处, 将 $\nabla f(x)$ 展开:

$$\nabla f(x) \approx \nabla f(x_k) + \nabla^2 f(x_k)(x - x_k)$$

取 $x = x_{k-1}$, 有

$$\nabla f(x_{k-1}) \approx \nabla f(x_k) + \nabla^2 f(x_k)(x_{k-1} - x_k)$$

所以

$$x_k - x_{k-1} \doteq \nabla^2 f(x_k)^{-1}(\nabla f(x_k) - \nabla f(x_{k-1}))$$

记

$$s_{k-1} = x_k - x_{k-1}, \quad y_{k-1} = \nabla f(x_k) - \nabla f(x_{k-1})$$

则有

$$s_{k-1} \doteq \nabla^2 f(x_k)^{-1} y_{k-1}$$

令 H_k 满足

$$s_{k-1} = H_k y_{k-1} \tag{4.21}$$

方程 (4.21) 称为**拟 Newton 方程**.

设 $H_k = H_{k-1} + E_k$, 则由拟 Newton 方程得

$$\begin{aligned} s_{k-1} &= (H_{k-1} + E_k) y_{k-1} = H_{k-1} y_{k-1} + E_k y_{k-1} \\ &\Rightarrow E_k y_{k-1} = s_{k-1} - H_{k-1} y_{k-1} \end{aligned} \tag{4.22}$$

可以看出, 现在的待定量是矩阵 E_k. 容易知道, 满足上面最后一个方程 (4.13) 的 E_k 一般有多个. 既然有这种灵活性, 我们当然希望 E_k 有简洁的形式.

不妨设 E_k 有下列形式:

$$E_k = \alpha_k u u^{\mathrm{T}} + \beta_k v v^{\mathrm{T}}$$

u, v 是向量, 将其代入式 (4.22) 有

$$\alpha_k \cdot (u^{\mathrm{T}} y_{k-1}) u + \beta_k \cdot (v^{\mathrm{T}} y_{k-1}) v = s_{k-1} - H_{k-1} \cdot y_{k-1}$$

将两端比较后, 令

$$\begin{cases} \alpha_k (u^{\mathrm{T}} y_{k-1}) = 1, \\ u = s_{k-1}, \end{cases} \qquad \begin{cases} \beta_k (v^{\mathrm{T}} y_{k-1}) = -1 \\ v = H_{k-1} y_{k-1} \end{cases}$$

则有

$$\alpha_k = 1/s_{k-1}^{\mathrm{T}} y_{k-1}, \quad \beta_k = -1/y_{k-1}^{\mathrm{T}} H_{k-1} y_{k-1}$$

这时有

$$E_k = \frac{s_{k-1} s_{k-1}^{\mathrm{T}}}{s_{k-1}^{\mathrm{T}} y_{k-1}} - \frac{H_{k-1} y_{k-1} y_{k-1}^{\mathrm{T}} H_{k-1}}{y_{k-1}^{\mathrm{T}} H_{k-1} y_{k-1}}$$

从而由 $H_k = H_{k-1} + E_k$ 便得到 $\nabla^2 f(x_k)^{-1}$ 的一种近似表达式.

这样, 在已有条件基础上通过一定的“简洁化”要求, 得到了 $\nabla^2 f(x_k)^{-1}$ 的一个容易计算的近似矩阵 H_k. 下面的 DFP 方法首先由 Davidon 给出, 后来由 Fletch 和 Powell 进行了简化.

算法 4.5.1 DFP 算法

步骤 1 任取初始点 x_0 和初始对称正定矩阵 $H_0, d_0 = -H_0 \nabla f(x_0), k = 0$.

步骤 2 如 $\nabla f(x_k) = 0$, 停止迭代; 否则计算

$$x_{k+1} = x_k + \alpha_k d_k$$

α_k 由一维搜索得到.

步骤 3 计算

$$\begin{aligned} s_k &= x_{k+1} - x_k \\ y_k &= \nabla f(x_{k+1}) - \nabla f(x_k) \\ H_{k+1} &= H_k + \frac{s_k s_k^{\mathrm{T}}}{s_k^{\mathrm{T}} y_k} - \frac{H_k y_k y_k^{\mathrm{T}} H_k}{y_k^{\mathrm{T}} H_k y_k} \\ d_{k+1} &= -H_{k+1} \nabla f(x_{k+1}) \end{aligned}$$

$k := k+1$, 转到步骤 2.

其中的 H_k 也称为 DFP 校正矩阵.

可以看出, DFP 方法和 Newton 法的一个主要区别, 在于这里用一个不含二阶偏导数项的矩阵 H_k 代替了 Newton 法中的 $\nabla^2 f(x_k)^{-1}$. 从上面的推导可以看出, 还可以产生其他的近似矩阵. 我们把基于拟 Newton 方程产生的不同近似矩阵代替 Newton 法中的 $\nabla^2 f(x_k)^{-1}$ 而得到的算法通称为**拟 Newton 法**. DFP 方法是人们提出的第一个有效的拟 Newton 法.

定理 4.5.2(DFP 校正的正定性) 由具有精确一维步长的 DFP 算法产生的矩阵列 $\{H_k\}$ 是对称正定的.

证明 利用归纳法证明. 当 $k = 0$ 时, 由算法初始值的选取知, H_0 对称正定;

设对 $k \geqslant 1, \nabla f(x_k) \neq 0, H_k$ 对称正定. 于是方向 d_k 是下降方向, 步长 $\alpha_k > 0$. 这时有下三角阵 L, 使 $H_k = LL^{\mathrm{T}}$. 下面证明 $\forall z \neq 0, z^{\mathrm{T}} H_{k+1} z > 0$.

记 $a = L^{\mathrm{T}}z, b = L^{\mathrm{T}}y_k$, 则

$$\begin{aligned}
z^{\mathrm{T}}H_{k+1}z &= z^{\mathrm{T}}\left[H_k + \frac{s_k s_k^{\mathrm{T}}}{s_k^{\mathrm{T}}y_k} - \frac{H_k y_k y_k^{\mathrm{T}} H_k}{y_k^{\mathrm{T}} H_k y_k}\right]z \\
&= z^{\mathrm{T}}LL^{\mathrm{T}}z + \frac{(z^{\mathrm{T}}s_k)^2}{s_k^{\mathrm{T}}y_k} - \frac{z^{\mathrm{T}}LL^{\mathrm{T}}y_k y_k^{\mathrm{T}}LL^{\mathrm{T}}z}{y_k^{\mathrm{T}}LL^{\mathrm{T}}y_k} \\
&= a^{\mathrm{T}}a + \frac{(z^{\mathrm{T}}s_k)^2}{s_k^{\mathrm{T}}y_k} - \frac{(a^{\mathrm{T}}b)^2}{b^{\mathrm{T}}b} \\
&= \left(a^{\mathrm{T}}a - \frac{(a^{\mathrm{T}}b)^2}{b^{\mathrm{T}}b}\right) + \frac{(z^{\mathrm{T}}s_k)^2}{s_k^{\mathrm{T}}y_k}
\end{aligned}$$

由 Cauchy 不等式知: $a^{\mathrm{T}}a - \dfrac{(a^{\mathrm{T}}b)^2}{b^{\mathrm{T}}b} \geqslant 0$. 又因为算法是具精确一维步长的, 所以

$$\begin{aligned}
s_k^{\mathrm{T}}y_k &= (x_{k+1} - x_k)^{\mathrm{T}}(\nabla f(x_{k+1}) - \nabla f(x_k)) \\
&= \alpha_k d_k^{\mathrm{T}}(\nabla f(x_{k+1}) - \nabla f(x_k)) \\
&= -\alpha_k d_k^{\mathrm{T}}\nabla f(x_k) \\
&= \alpha_k \nabla f(x_k)^{\mathrm{T}} H_k \nabla f(x_k) > 0
\end{aligned}$$

故 $\dfrac{(z^{\mathrm{T}}s_k)^2}{s_k^{\mathrm{T}}y_k} \geqslant 0$. 于是得

$$\forall z \neq 0, \quad z^{\mathrm{T}}H_{k+1}z \geqslant 0$$

下面证明 $z^{\mathrm{T}}H_{k+1}z \neq 0$.

如果 $z^{\mathrm{T}}H_{k+1}z = 0$, 则

$$(a^{\mathrm{T}}b)^2 = (a^{\mathrm{T}}a)(b^{\mathrm{T}}b), \quad z^{\mathrm{T}}s_k = 0$$

于是有实数 $\beta \neq 0$, 使 $a = \beta b$, 即 $z = \beta y_k$.

而由此可得

$$(z^{\mathrm{T}}s_k)^2 = (\beta y_k^{\mathrm{T}}s_k)^2 = \beta^2(y_k^{\mathrm{T}}s_k)^2 > 0$$

这与 $z^{\mathrm{T}}s_k = 0$ 矛盾! 所以

$$\forall z \neq 0, \quad z^{\mathrm{T}}H_{k+1}z > 0$$

这就证明了算法产生的矩阵列 $\{H_k\}$ 是对称正定的矩阵列. □

推论 4.5.3 在 DFP 算法中, 若迭代点 x_k 不是终止点, 则拟 Newton 方向 d_k 是下降方向.

问题 不难理解, 好性态的优化问题是检验一个算法好坏的首选测试问题. DFP 算法若用于解无约束二次严格凸优化问题, 应该会有好的收敛性.

定理 4.5.4 设 G 是 n 阶对称正定矩阵, 则用带精确一维搜索步长的 DFP 方法解 $\min \dfrac{1}{2}x^{\mathrm{T}}Gx+b^{\mathrm{T}}x$ 时, 设 $Gx_j+b\neq 0(j=0,1,\cdots,n-1)$, 则有

(1) $d_0,d_1,\cdots,d_{n-1}$ 关于 G 是共轭的;

(2) $H_n=G^{-1}$.

证明 记 $f(x)=\dfrac{1}{2}x^{\mathrm{T}}Gx+b^{\mathrm{T}}x$. 既然 $\nabla f(x_j)=Gx_j+b\neq 0(j=0,1,\cdots,n-1)$, 则用 DFP 算法求解 $\min f(x)$ 时, 计算到第 $n-1$ 步时仍未终止, 从而可以求出 n 个拟 Newton 方向 $d_0,d_1,\cdots,d_{n-1}$, 且都是各迭代点处的下降方向, 从而精确一维搜索步长 $\alpha_j>0, j=0,1,\cdots,n-1$.

我们先证明下面两个结论: 对 $i=0,1,\cdots,n-1$:

(a) $H_{i+1}y_j=s_j, j=0,1,\cdots,i$;

(b) $s_i^{\mathrm{T}}Gs_j=0, j=0,1,\cdots,i-1$.

用数学归纳法证明. 当 $i=0$ 时, (a) 显然成立. 当 $i=1$ 时, (b) 成立. 现假定结论对 i 成立, 下面证明对 $i+1$, (a) 和 (b) 成立. 为方便, 以下记 $g_k=\nabla f(x_k)$.

由精确一维搜索和归纳假设, 对 $j\leqslant i$, 有

$$
\begin{aligned}
g_{i+1}^{\mathrm{T}}s_j &= g_{j+1}^{\mathrm{T}}s_j+\sum_{k=j+1}^{i}(g_{k+1}-g_k)^{\mathrm{T}}s_j \\
&= g_{j+1}^{\mathrm{T}}s_j+\sum_{k=j+1}^{i}y_k^{\mathrm{T}}s_j \\
&= 0+\sum_{k=j+1}^{i}s_k^{\mathrm{T}}Gs_j \\
&= 0
\end{aligned}
$$

由归纳假设和上式可得

$$
\begin{aligned}
s_{i+1}^{\mathrm{T}}Gs_j &= -\alpha_{i+1}g_{i+1}^{\mathrm{T}}H_{i+1}y_j \\
&= -\alpha_{i+1}g_{i+1}^{\mathrm{T}}s_j \\
&= 0
\end{aligned}
$$

这证明了 (b) 成立. 再证明 (a) 对 $i+1$ 成立, 即 $H_{i+2}y_j=s_j, j=0,1,\cdots,i+1$.

由拟 Newton 方程得

$$H_{i+2}y_{i+1} = s_{i+1}$$

对 $j \leqslant i$, 由归纳假设及 (b), 得

$$s_{i+1}^{\mathrm{T}} y_j = s_{i+1}^{\mathrm{T}} G s_j = 0$$

$$y_{i+1}^{\mathrm{T}} H_{i+1} y_j = y_{i+1}^{\mathrm{T}} s_j = s_{i+1}^{\mathrm{T}} G s_j = 0$$

于是得

$$\begin{aligned} H_{i+2}y_j &= H_{i+1}y_j + \frac{s_{i+1}s_{i+1}^{\mathrm{T}}y_j}{s_{i+1}^{\mathrm{T}}y_{i+1}} - \frac{H_{i+1}y_{i+1}y_{i+1}^{\mathrm{T}}H_{i+1}y_j}{y_{i+1}^{\mathrm{T}}H_{i+1}y_{i+1}} \\ &= H_{i+1}y_j = s_j \end{aligned}$$

这证明了 (a) 成立.

注意到 $s_i = \alpha_i d_i$, 由 (b) 便得定理的结论 (1).

在 (a) 中取 $i = n-1$, 便得

$$H_n G s_j = s_j \Rightarrow H_n G d_j = d_j, \quad j = 0, 1, \cdots, n-1$$

既然 $d_0, d_1, \cdots, d_{n-1}$ 关于 G 是共轭的, 所以它们线性无关, 于是得 $H_n G = I$, 这证明了定理的结论 (2). □

可见, 当用于解二阶凸优化问题时, 精确步长的 DFP 算法是共轭方向法的一种, 从而至多 n 步得到精确解.

定理 4.5.5 设 $f(x)$ 连续可微, $S = \{x | f(x) \leqslant f(x_0)\}$ 有界, 则精确一维搜索的 DFP 方法收敛到 $f(x)$ 的稳定点.

问题 在推导 DFP 方法时, 为方便假定了 E_k 的一种表达形式. 是否可以假定 E_k 有其他形式, 以及由此导出的算法也有好的或甚至更好的性质?

注 虽然 DFP 算法有很好的性质, 也是一个被广泛使用的有效的方法, 但是对有些情形, 会产生数值不稳定的问题. 4.5.2 小节介绍的 BFGS 方法具有和 DFP 算法一样好的性质, 同时具有数值稳定的优点.

4.5.2 BFGS 方法

类似 4.5.1 小节的推导, 记 $s_{k-1} = x_k - x_{k-1}$, $y_{k-1} = \nabla f(x_k) - \nabla f(x_{k-1})$. 因为

$$\nabla^2 f(x_k) s_{k-1} \doteq y_{k-1}$$

若以 B_k 作为 $\nabla^2 f(x_k)$ 的一种近似, 令

$$B_k s_{k-1} = y_{k-1} \tag{4.23}$$

方程 (4.2.3) 也称为**拟 Newton 方程**. 记 $B_k = B_{k-1} + E_k$, 将其代入方程 (4.23)

$$B_{k-1}s_{k-1} + E_k s_{k-1} = y_{k-1} \Rightarrow E_k s_{k-1} = y_{k-1} - B_{k-1}s_{k-1}$$

设 E_k 有下列形式:

$$E_k = \alpha_k u u^{\mathrm{T}} + \beta_k v v^{\mathrm{T}}$$

类似 DFP 算法, 可得下列递推公式:

$$B_k = B_{k-1} + \frac{y_{k-1}y_{k-1}^{\mathrm{T}}}{y_{k-1}^{\mathrm{T}}s_{k-1}} - \frac{B_{k-1}s_{k-1}s_{k-1}^{\mathrm{T}}B_{k-1}}{s_{k-1}^{\mathrm{T}}B_{k-1}s_{k-1}}$$

用 B_k 代替有步长的 Newton 法中的 Hesse 矩阵 $\nabla^2 f(x_k)$, 便得到下面的 BFGS 算法.

算法 4.5.6　BFGS 算法

步骤 1　任取初始点 x_0 和初始正定矩阵 $B_0, k := 0$.

步骤 2　如果 $\nabla f(x_k) = 0$, 停止迭代; 否则由

$$B_k d_k = -\nabla f(x_k)$$

求出 d_k. 用一维线性搜索得到步长 α_k,

$$x_{k+1} := x_k + \alpha_k d_k$$

$$s_k = x_{k+1} - x_k$$

$$y_k = \nabla f(x_{k+1}) - \nabla f(x_k)$$

步骤 3

$$B_{k+1} = B_k + \frac{y_k y_k^{\mathrm{T}}}{y_k^{\mathrm{T}}s_k} - \frac{B_k s_k s_k^{\mathrm{T}}B_k}{s_k^{\mathrm{T}}B_k s_k}$$

$k := k+1$, 转到步骤 2.

算法中的矩阵 B_k 也称为 BFGS 校正矩阵.

BFGS 算法是现在已知的最有效的拟 Newton 算法, 性能好于 DFP 算法.

注　和 DFP 算法类似, 带精确步长的 BFGS 算法产生的矩阵列是对称正定的, 其用于解无约束严格二次规划时, 也是至多 n 步终止.

问题　BFGS 方法和 DFP 方法是基于相同的关于 Hesse 矩阵 $\nabla^2 f(x_k)$ 的近似方程, 一个是用矩阵 B_k 近似代替 $\nabla^2 f(x_k)$, 另一个是用 H_k 近似代替 $\nabla^2 f(x_k)^{-1}$, 显然两种方法有密切的关系. 从算法可以看出, 如果两种算法的初始矩阵满足 $H_0 B_0 = I$, 初始点取相同的 x_0, 采用相同的一维搜索方法, 则两种方法产生的下一个迭代点

相同. 我们自然会问: 由此 DFP 校正矩阵 H_k 和 BFGS 校正矩阵 B_k 会一直有关系 $H_kB_k = I$? 这时两种方法产生的点列是相同的吗?

下面我们对 DFP 校正矩阵和 BFGS 校正矩阵之间的关系做进一步讨论.

首先容易验证下述引理成立.

引理 4.5.7　设 A 为 n 阶可逆方阵, n 维向量 u 和 v 满足 $v^{\mathrm{T}}A^{-1}u \neq -1$, 则矩阵 $A+uv^{\mathrm{T}}$ 可逆, 且有

$$(A+uv^{\mathrm{T}})^{-1} = A^{-1} - \frac{A^{-1}uv^{\mathrm{T}}A^{-1}}{1+v^{\mathrm{T}}A^{-1}u}$$

设两种算法在前 k 步产生的点列相同, 校正矩阵满足 $H_iB_i = I(i=0,1,\cdots,k)$. 不妨假定两种方法采用相同的步长搜索, 则两种方法产生的第 $k+1$ 个迭代点 x_k 也相同. 由 DFP 算法有

$$H_{k+1} = H_k + \frac{s_ks_k^{\mathrm{T}}}{s_k^{\mathrm{T}}y_k} - \frac{H_ky_ky_k^{\mathrm{T}}H_k}{y_k^{\mathrm{T}}H_ky_k}$$

由 BFGS 算法有

$$B_{k+1} = B_k + \frac{y_ky_k^{\mathrm{T}}}{y_k^{\mathrm{T}}s_k} - \frac{B_ks_ks_k^{\mathrm{T}}B_k}{s_k^{\mathrm{T}}B_ks_k}$$

记 $D_k = B_k + \dfrac{y_ky_k^{\mathrm{T}}}{y_k^{\mathrm{T}}s_k}$, 则

$$B_{k+1} = D_k - \frac{B_ks_ks_k^{\mathrm{T}}B_k}{s_k^{\mathrm{T}}B_ks_k}$$

首先考察 D_k 的逆矩阵.

令 $u = \dfrac{y_k}{y_k^{\mathrm{T}}s_k}, v = y_k$, 则 $v^{\mathrm{T}}B_k^{-1}u = \dfrac{y_k^{\mathrm{T}}B_k^{-1}y_k}{y_k^{\mathrm{T}}s_k} > 0$, 于是由引理 4.5.7 得

$$D_k^{-1} = \left(B_k + \frac{y_ky_k^{\mathrm{T}}}{y_k^{\mathrm{T}}s_k}\right)^{-1} = B_k^{-1} - \frac{B_k^{-1}y_ky_k^{\mathrm{T}}B_k^{-1}}{s_k^{\mathrm{T}}y_k + y_k^{\mathrm{T}}B_k^{-1}y_k}$$

因为

$$B_{k+1} = D_k - \frac{B_ks_ks_k^{\mathrm{T}}B_k}{s_k^{\mathrm{T}}B_ks_k}$$

令 $u = \dfrac{B_ks_k}{s_k^{\mathrm{T}}B_ks_k}, v = -B_ks_k$, 则有

$$\begin{aligned} v^{\mathrm{T}}D_k^{-1}u &= -s_k^{\mathrm{T}}B_k\left(B_k^{-1} - \frac{B_k^{-1}y_ky_k^{\mathrm{T}}B_k^{-1}}{s_k^{\mathrm{T}}y_k + y_k^{\mathrm{T}}B_k^{-1}y_k}\right)\frac{B_ks_k}{s_k^{\mathrm{T}}B_ks_k} \\ &= -1 + \frac{(s_k^{\mathrm{T}}y_k)^2}{(s_k^{\mathrm{T}}y_k + y_k^{\mathrm{T}}B_k^{-1}y_k)s_k^{\mathrm{T}}B_ks_k} \\ &> -1 \end{aligned}$$

所以由引理 4.5.7 知 B_{k+1} 可逆, 且有

$$B_{k+1}^{-1}=D_k^{-1}+\frac{D_k^{-1}B_ks_ks_k^{\mathrm{T}}B_kD_k^{-1}}{s_k^{\mathrm{T}}B_ks_k-s_k^{\mathrm{T}}B_kD_k^{-1}B_ks_k}$$

将 D_k^{-1} 的表达式代入, 经整理得

$$B_{k+1}^{-1}=\left(I-\frac{s_ks_k^{\mathrm{T}}}{s_k^{\mathrm{T}}y_k}\right)B_k^{-1}\left(I-\frac{s_ks_k^{\mathrm{T}}}{s_k^{\mathrm{T}}y_k}\right)^{\mathrm{T}}+\frac{s_ks_k^{\mathrm{T}}}{s_k^{\mathrm{T}}y_k}$$

再注意到上面 H_{k+1} 的表达式及 $H_kB_k=I$, 经整理后可得

$$B_{k+1}^{-1}=H_{k+1}+(y_k^{\mathrm{T}}H_ky_k)r_kr_k^{\mathrm{T}}$$

其中

$$r_k=\frac{s_k}{s_k^{\mathrm{T}}y_k}-\frac{H_ky_k}{y_k^{\mathrm{T}}H_ky_k}$$

可见, DFP 算法的校正矩阵 H_{k+1} 和 BFGS 算法的校正矩阵 B_{k+1} 不满足 $H_{k+1}B_{k+1}=I$.

不过, 我们有下面的结论.

定理 4.5.8 *若取相同的初始点 x_0, DFP 算法和 BFGS 算法的初始矩阵 H_0 和 B_0 满足 $H_0B_0=I$, 则精确步长的 DFP 算法和 BFGS 算法产生相同的点列.*

有兴趣的读者可以尝试证明或查阅相关文献.

从上面推导的最后一个式子可以看出, 作为 Hesse 矩阵 $(\nabla^2 f(x_k))^{-1}$ 的近似, B_k^{-1} 比 H_k 有更好的稳定性. 数值例子也确实表明了 BFGS 算法优于 DFP 算法. 另外, 和 DFP 算法一样, 既然 B_k 的形式具有很大的灵活性, 是否可以导出其他形式的拟 Newton 方法呢?

关于其他拟 Newton 法及其理论分析, 如算法的收敛性、收敛速度等, 有丰富的内容, 可以参考相关文献.

问题 在上面介绍的两种拟 Newton 法中, DFP 算法中的校正矩阵 H_{k+1} 依赖于上一个校正矩阵 H_k, BFGS 算法中的校正矩阵 B_{k+1} 依赖于上一个校正矩阵 B_k. 因此, 在这两种方法的每一步迭代都需要存储一个 n 阶的校正矩阵. 当自变量维数很高时, 需要占用较大的存储空间. 是否可以构造当前校正矩阵不依赖上一步校正矩阵的拟 Newton 法以节省存储空间? 例如, 新构造的校正矩阵只与 $x_{k+1}-x_k$, $g_{k+1}-g_k$ 或其他易求的向量有关.

确实可以提出相关的算法, 沿此思路发展出的一类算法称为“无记忆”拟 Newton 方法. 也有对拟 Newton 方程进行修改, 称为“非拟 Newton 方程”的, 由此得到“无记忆”非拟 Newton 方法, 有关的问题现在还有学者在进一步研究.

4.5.3 拟牛顿算法的全局收敛性

尽管拟牛顿法算法有比最速下降算法和牛顿算法好的数值效果，但它的收敛性分析却由于校正公式的引入而变得非常复杂. 对于一般的非线性函数，人们还不能得到拟牛顿算法的全局收敛性. 在本节给出的全局收敛性分析中，我们要求目标函数为凸的二阶连续可微函数; 而且，DFP 方法要求用精确线搜索获取步长，BFGS 方法要求用 Wolfe 步长规则获取步长.

对于 DFP 方法和 BFGS 方法，由于在精确线搜索和 Wolfe 步长规则下 H_k 的正定性得以保持，所以在以后的收敛性分析中，我们通常假定 B_k, H_k 是正定的.

下面是拟牛顿算法的全局收敛性分析所需要的假设条件.

假设 4.5.9

(1) $f:\mathbf{R}^n\to\mathbf{R}$ 在 $\mathbf{R}^n$ 上二阶连续可微;

(2) 存在 $m, M>0$，使对任意 $x\in\mathcal{L}(x_0)=\{x\in\mathbf{R}^n|f(x)\leqslant f(x_0)\}$,

$$m\|y\|^2\leqslant y^{\mathrm{T}}G(x)y\leqslant M\|y\|^2,\quad \forall y\in\mathbf{R}^n$$

其中 $G(x)=\nabla^2 f(x)$

第二个假设要求目标函数在水平集内是一致凸函数，所以目标函数在该集合内有唯一极小值点. 先给出几个引理.

引理 4.5.10 设 $f:\mathbf{R}^n\to\mathbf{R}$ 满足假设 4.5.9，则任意带线搜索的下降算法产生的迭代点列 $\{x_k\}$ 对应的下述数列

$$\frac{\|s_k\|}{\|y_k\|},\frac{\|y_k\|}{\|s_k\|},\frac{s_k^{\mathrm{T}}y_k}{\|s_k\|^2},\frac{s_k^{\mathrm{T}}y_k}{\|y_k\|^2},\frac{\|y_k\|^2}{s_k^{\mathrm{T}}y_k},\frac{\|s_k\|^2}{s_k^{\mathrm{T}}y_k}$$

都是有界的.

证明 由 Cauchy-Schwarz 不等式，$s_k^{\mathrm{T}}y_k\leqslant\|s_k\|\|y_k\|$，故只需证明 $\dfrac{\|y_k\|}{\|s_k\|}$, $\dfrac{\|s_k\|^2}{s_k^{\mathrm{T}}y_k}$ 是有界的即可.

由于

$$y_k=\int_0^1 G(x_k+\tau s_k)s_k\mathrm{d}\tau \tag{4.24}$$

所以

$$\|y_k\|\leqslant\|s_k\|\int_0^1\|G(x_k+\tau s_k)\|\mathrm{d}\tau$$

由假设条件 4.5.9 中的 (2),

$$\max_{x\in\mathcal{L}(x_0)}\|G(x)\|\leqslant M$$

因而, $\|y_k\| \leqslant M\|s_k\|$, 即 $\dfrac{\|y_k\|}{\|s_k\|} \leqslant M$.

下面再求 $\dfrac{\|s_k\|^2}{s_k^{\mathrm{T}} y_k}$ 的界, 由式 (4.24) 得

$$\int_0^1 s_k^{\mathrm{T}} G(x_k + \tau s_k) s_k \mathrm{d}\tau = s_k^{\mathrm{T}} y_k$$

再利用假设 4.5.9 中的 (2), 得

$$s_k^{\mathrm{T}} y_k \geqslant m\|s_k\|^2, \quad 即 \quad \frac{\|s_k\|^2}{s_k^{\mathrm{T}} y_k} \leqslant \frac{1}{m} \qquad \square$$

引理 4.5.11 设 $f: \mathbf{R}^n \to \mathbf{R}$ 满足假设 4.5.9, 则最优步长规则下的下降算法产生的迭代点列 $\{x_k\}$ 对应的级数 $\sum\limits_{k=0}^{\infty} \|s_k\|^2$ 和 $\sum\limits_{k=0}^{\infty} \|y_k\|^2$ 收敛.

证明 考虑函数 $\psi(\tau) = f(x_{k+1} - \tau s_k), \tau \in [0, 1]$.

由假设 4.5.9 中的 (2), 对任意 $\tau \in [0,1], \psi''(\tau) \geqslant m\|s_k\|^2$, 而精确线搜索意味着 $\psi'(0) = 0$, 利用二阶 Taylor 展开式得

$$\psi(\tau) \geqslant \psi(0) + \frac{1}{2} m\|s_k\|^2 \tau^2$$

取 $\tau = 1$, 得

$$f_k - f_{k+1} \geqslant \frac{1}{2} m\|s_k\|^2$$

对上式两边关于 k 求和, 得

$$\sum_{k=0}^{\infty} \|s_k\|^2 \leqslant 2(f(x_0) - f(x^*))/m$$

其中, $f(x^*)$ 是 $f(x)$ 的极小值. 于是, $\sum\limits_{k=0}^{\infty} \|s_k\|^2$ 收敛.

利用引理 4.5.10, 可得 $\sum\limits_{k=0}^{\infty} \|y_k\|^2$ 也收敛.

引理 4.5.12 在假设 4.5.9(2) 之下, 设 $f(x^*)$ 是 $f(x)$ 的极小值, 则对任意 $x \in \mathbf{R}^n$,

$$\|g(x)\|^2 \geqslant m[f(x) - f(x^*)]$$

证明 由于函数 $\psi(\tau) = f(x + \tau(x^* - x))$ 在水平集内是凸函数, 所以

$$f(x + \tau(x^* - x)) \geqslant f(x) + \tau(x^* - x)^{\mathrm{T}} g(x)$$

由假设 4.5.9(2), 易得 $\|g(x)\| \geqslant m\|x-x^*\|$, 从而令 $\tau=1$ 得

$$f(x)-f(x^*) \leqslant -(x^*-x)^{\mathrm{T}}g(x) \leqslant \|g(x)\| \, \|x^*-x\| \leqslant \frac{1}{m}\|g(x)\|^2$$

借助引理 4.5.12, 可以建立最优步长规则下的 DFP 方法的全局收敛性.

定理 4.5.13 设 $f(x)$ 满足假设 4.5.9, 则最有步长规则下的 DFP 方法产生的点列 $\{x_k\}$ 收敛到极小值点 x^*.

定理 4.5.13 的证明可以用反证法, 其主要过程是对 B_{k+1} 和 H_{k+1} 的迹进行讨论.

定理 4.5.14 设函数 $f(x)$ 满足假设 4.5.9, 则最优步长规则下的 DFP 方法产生的迭代点列 R-线性收敛.

R-线性收敛: 设点列 $\{x_k\}$ 收敛到最优值 x^*. 若存在 $M \in (0,\infty), q \in (0,1)$ 使得

$$\|x_k - x^*\| \leqslant Mq^k$$

我们则称 $\{x_k\}$R-线性收敛到 x^*.

下面是 BFGS 方法的全局收敛性结果.

定理 4.5.15 设 $\{B_k\}$ 是由 BFGS 校正公式产生的非奇异矩阵序列. 在假设 4.5.9 之下, Wolfe 步长规则下的 BFGS 方法产生的迭代序列收敛到 $f(x)$ 的极小值点.

定理 4.5.13~定理 4.5.15 的具体证明, 可参考文献 [8] 或 [15].

4.6 信赖域方法

4.6.1 信赖域方法的基本原理

信赖域方法是求解非线性优化问题的一类十分重要的方法, 我们先简述其想法.

在求解无约束优化问题 $\min f(x)$ 的过程中, 设 x_k 为某个迭代点, 线搜索的迭代方法是根据已有信息产生一个方向 d_k, 然后沿此方向产生一个步长 α_k, 下一个迭代点记为

$$x_{k+1} = x_k + \alpha_k d_k$$

信赖域方法采用的是与线性搜索不同的另外一种策略, 它并不是马上确定一个方向, 然后求一个步长, 而是把线性搜索迭代法中的步长乘以方向作为一个待定的量. 记 $x = x_k + s$, 通常我们利用某个模型函数 $q^{(k)}(s)$ 在 x_k 的某个邻域内近似目标函数 $f(x_k+s)$. 如果可以判定在该邻域内 $q^{(k)}(s)$ 与 $f(x_k+s)$ 比较接近, 我们就把该邻域称为 x_k 处的一个信赖域 (trust region), 在该邻域内求得的 $q^{(k)}(s)$ 的最优解记

为 s_k, 于是下一个迭代点记为 $x_{k+1}=x_k+s_k$. 对新的迭代点 x_{k+1} 采用和 x_k 处类似的方法. 如此反复, 直到求出满足一定要求的优化问题的近似解. 这就是信赖域方法的基本思想.

在信赖域内寻找改进点需要借助于某个模型函数. 一般把该函数取为二次函数, 信赖区域取为球形区域. 于是信赖域方法在迭代过程中涉及的核心问题可以写为

$$\begin{aligned} \min \quad & q^{(k)}(s)=f(x_k)+g_k^{\mathrm{T}}s+\frac{1}{2}s^{\mathrm{T}}B_ks \\ \text{s.t.} \quad & \|s\|\leqslant \varDelta_k \end{aligned} \tag{4.25}$$

其中 $s=x-x_k, g_k=\nabla f(x_k)$, B_k 为 Hesse 矩阵或其某个近似, $\varDelta_k>0$ 为信赖域半径, $\|\cdot\|$ 为某一范数, 通常我们采用 l_2 范数.

在子问题中, 目标函数 $q^{(k)}(s)$ 及 B_k 可以有各种取法. 为了有效应用信赖域策略, 需要考虑两个问题:

(1) 如何选择信赖域半径?

(2) 如何求解子问题?

在实现信赖域搜索策略时, 一般可以通过比较模型函数和目标函数的下降量来确定下一个迭代过程的信赖域半径. 记

实际下降量 $\mathrm{Ared}_k=f(x_k)-f(x_k+s_k)$;

预期下降量 $\mathrm{Pred}_k=q^{(k)}(0)-q^{(k)}(s_k)$;

下降量比值 $r_k=\dfrac{\mathrm{Ared}_k}{\mathrm{Pred}_k}$.

若 $r_k\leqslant 0$, 则 $f(x_k)\leqslant f(x_k+s_k)$. 这说明应该拒绝当前的改进量 s_k, 并且需要减小信赖域半径. 若 r_k 接近 1, 则在当前的信赖域内, 模型函数较好地近似了目标函数. 于是在下一次迭代过程中可以适当地增加信赖域半径. 下面给出无约束优化问题的一个信赖域方法.

算法 4.6.1 信赖域算法

步骤 1 给出初始点 x_0, 信赖域半径的上界 $\bar{\varDelta}, \varDelta_0\in(0,\bar{\varDelta}), \varepsilon\geqslant 0, 0<\eta_1\leqslant\eta_2<1, 0<\gamma_1<1<\gamma_2, k=0$.

步骤 2 如果 $\|g_k\|\leqslant\varepsilon$, 停止.

步骤 3 求解子问题 (4.25) 得到 s_k.

步骤 4 计算 $f(x_k+s_k)$ 和 r_k , 令

$$x_{k+1}=\begin{cases} x_k+s_k, & \text{如果 } r_k\geqslant\eta_1, \\ x_k, & \text{否则}. \end{cases}$$

步骤 5　校正信赖域半径, 令

$$\begin{array}{ll} \Delta_{k+1} \in (0, \gamma_1 \Delta_k], & r_k < \eta_1 \\ \Delta_{k+1} \in [\gamma_1 \Delta_k, \Delta_k], & r_k \in [\eta_1, \eta_2) \\ \Delta_{k+1} \in [\Delta_k, \min\{\gamma_2 \Delta_k, \bar{\Delta}\}], & r_k \geqslant \eta_2 \end{array}$$

步骤 6　产生 B_{k+1}, 校正 $q^{(k)}$, 令 $k = k + 1$, 转步骤 2.

4.6.2 信赖域方法的收敛性

我们首先给出如下假定.

假设 4.6.2　(A_0)

(1) Hesse 近似 B_k 按范数一致有界, 即 $\|B_k\| \leqslant M$, M 是某个正常数;

(2) 水平集 $L(x) = \{x | f(x) \leqslant f(x_0)\}$ 有界;

(3) 函数 $f: \mathbf{R}^n \longrightarrow \mathbf{R}$ 在水平集 $L(x)$ 上连续可微且下有界;

(4) 有某个正的常数 $\tilde{\eta}$, 使得 $\forall k$, $\|s_k\| \leqslant \tilde{\eta} \Delta_k$.

在信赖域方法的收敛性讨论中, 一般总假设子问题 (4.25) 的 (近似) 解 s_k 满足

$$q^{(k)}(0) - q^{(k)}(s_k) \geqslant \beta_1 \|g_k\| \min \left\{ \Delta_k, \frac{\|g_k\|}{\|B_k\|} \right\} \tag{4.26}$$

其中 $\beta_1 \in (0, 1]$.

下面我们表明, 模型子问题的 Cauchy 点 s_k^c, 精确解和近似解均满足式 (4.26).

对于模型子问题 (4.25), 其 Cauchy 点定义为

$$s_k^c = -\tau_k \frac{\Delta_k}{\|g_k\|} g_k \tag{4.27}$$

其中,

$$\tau_k = \begin{cases} 1, & \text{如果 } g_k^{\mathrm{T}} B_k g_k \leqslant 0 \\ \min \left\{ \dfrac{\|g_k\|^3}{\Delta_k g_k^{\mathrm{T}} B_k g_k}, 1 \right\}, & \text{否则} \end{cases} \tag{4.28}$$

引理 4.6.3　Cauchy 点满足

$$q^{(k)}(0) - q^{(k)}(s_k^c) \geqslant \frac{1}{2} \|g_k\| \min \left\{ \Delta_k, \frac{\|g_k\|}{\|B_k\|} \right\} \tag{4.29}$$

证明　在 Cauchy 点的表达式 (4.27)~(4.28) 中, τ_k 有三种可能性. 下面, 分三种情况来讨论.

先考虑 $g_k^{\mathrm{T}} B_k g_k \leqslant 0$ 的情形. 这时, 由式 (4.28) 可知 $\tau_k = 1$, 于是有

$$\begin{aligned} q^{(k)}(0) - q^{(k)}(s_k^c) &= q^{(k)}(0) - q^{(k)}\left(-\frac{\Delta_k}{\|g_k\|} g_k\right) \\ &= \Delta_k \|g_k\| - \frac{1}{2}\Delta_k^2 \frac{g_k^{\mathrm{T}} B_k g_k}{\|g_k\|^2} \\ &\geqslant \Delta_k \|g_k\| \\ &\geqslant \|g_k\| \min\left\{\Delta_k, \frac{\|g_k\|}{\|B_k\|}\right\} \end{aligned}$$

在这种情况下, 式 (4.29) 成立.

再考虑, $g_k^{\mathrm{T}} B_k g_k > 0$ 且

$$\frac{\|g_k\|^3}{\Delta_k g_k^{\mathrm{T}} B_k g_k} \leqslant 1 \tag{4.30}$$

的情形. 这时, 由式 (4.28) 知 $\tau_k = \|g_k\|^3/(\Delta_k g_k^{\mathrm{T}} B_k g_k)$, 于是有

$$\begin{aligned} q^{(k)}(0) - q^{(k)}(s_k^c) &= \frac{\|g_k\|^4}{g_k^{\mathrm{T}} B_k g_k} - \frac{1}{2} g_k^{\mathrm{T}} B_k g_k \frac{\|g_k\|^4}{(g_k^{\mathrm{T}} B_k g_k)^2} \\ &= \frac{\|g_k\|^4}{2 g_k^{\mathrm{T}} B_k g_k} \\ &\geqslant \frac{\|g_k\|^2}{2\|B_k\|} \qquad (4.31) \\ &\geqslant \frac{1}{2}\|g_k\| \min\left\{\Delta_k, \frac{\|g_k\|}{\|B_k\|}\right\} \qquad (4.32) \end{aligned}$$

在这种情形, 式 (4.29) 也成立.

最后, 考虑 $g_k^{\mathrm{T}} B_k g_k > 0$ 且

$$\frac{\|g_k\|^3}{\Delta_k g_k^{\mathrm{T}} B_k g_k} > 1 \tag{4.33}$$

的情形. 这时, 由式 (4.28) 可知 $\tau = 1$. 利用式 (4.33) 可得

$$\begin{aligned} q^{(k)}(0) - q^{(k)}(s_k^c) &= \frac{\Delta_k}{\|g_k\|}\|g_k\|^2 - \frac{1}{2}\frac{\Delta_k^2}{\|g_k\|^2} g_k^{\mathrm{T}} B_k g_k \\ &\geqslant \Delta_k \|g_k\| - \frac{1}{2}\frac{\Delta_k^2}{\|g_k\|^2}\frac{\|g_k\|^3}{\Delta_k} \\ &= \frac{1}{2}\Delta_k \|g_k\| \\ &\geqslant \frac{1}{2}\|g_k\| \min\left\{\Delta_k, \frac{\|g_k\|}{\|B_k\|}\right\} \qquad (4.34) \end{aligned}$$

在这种情形, 式 (4.29) 也成立.

综合上面三种情形的讨论, 式 (4.29) 成立. □

如果 s_k 是子问题 (4.25) 的精确解, 则显然有

$$q^{(k)}(s_k) \leqslant q^{(k)}(s_k^c) \tag{4.35}$$

从而立即得到

$$\begin{aligned} q^{(k)}(0) - q^{(k)}(s_k) &\geqslant q^{(k)}(0) - q^{(k)}(s_k^c) \\ &\geqslant \frac{1}{2}\|g_k\| \min\left\{\Delta_k, \frac{\|g_k\|}{\|B_k\|}\right\} \end{aligned} \tag{4.36}$$

如果 s_k 是子问题 (4.25) 的近似解, 满足

$$q^{(k)}(0) - q^{(k)}(s_k) \geqslant \beta_2(q^{(k)}(0) - q^{(k)}(s_k^c)) \tag{4.37}$$

其中 s_k^c 表示子问题 (4.25) 的精确解, $\beta_2 \in (0,1]$, 则也有

$$q^{(k)}(0) - q^{(k)}(s_k) \geqslant \beta_2(q^{(k)}(0) - q^{(k)}(s_k^c)) \tag{4.38}$$

从而立即得到: 近似解 s_k 满足

$$q^{(k)}(0) - q^{(k)}(s_k) \geqslant \frac{1}{2}\beta_2\|g_k\| \min\left\{\Delta_k, \frac{\|g_k\|}{\|B_k\|}\right\} \tag{4.39}$$

它表明近似解也满足式 (4.26), 其中 $\beta_1 = \dfrac{1}{2}\beta_2$. 这也告诉我们, 近似解达到的下降仅需要 Cauchy 点达到的下降的一部分, 下降性条件 (4.26) 就可以满足. 而下降性条件 (4.26) 对总体收敛性证明是十分重要的.

下面, 我们证明信赖域方法的总体收敛性结果. 为此, 先给出两个引理.

引理 4.6.4 设假设条件 A_0 成立, 则

$$|f(x_k + s_k) - q^{(k)}(s_k)| \leqslant \frac{1}{2}M\|s_k\|^2 + C(\|s_k\|)\|s_k\| \tag{4.40}$$

其中, $C(\|s_k\|)$ 随着 s_k 的减小而任意减小.

证明 由 Taylor 公式,

$$f(x_k + s_k) = f(x_k) + g_k^{\mathrm{T}} s_k + \int_0^1 [\nabla f(x_k + ts_k) - \nabla f(x_k)]^{\mathrm{T}} s_k \mathrm{d}t$$

又

$$q^{(k)}(s_k) = f(x_k) + g_k^{\mathrm{T}} s_k + \frac{1}{2} s_k^{\mathrm{T}} B_k s_k$$

于是,

$$|f(x_k+s_k)-q^{(k)}(s_k)| = \left|\frac{1}{2}s_k^{\mathrm{T}}B_ks_k - \int_0^1 [\nabla f(x_k+ts_k)-\nabla f(x_k)]^{\mathrm{T}}s_k\mathrm{d}t\right|$$
$$\leqslant \frac{1}{2}M\|s_k\|^2 + C(\|s_k\|)\|s_k\|$$

□

引理 4.6.5 设假设条件 A_0 成立. 假定 $g_k \neq 0$ 和 $\Delta_k \leqslant \tilde{\Delta}$, $\tilde{\Delta}$ 是某个小的容限, 则有 $\Delta_{k+1} \geqslant \Delta_k$.

证明 由假设条件和式 (4.39), 并设 $\|g_k\| \geqslant \varepsilon > 0$, 有

$$\begin{aligned}\mathrm{Pred}_k &= q^{(k)}(0) - q^{(k)}(s_k)\\ &\geqslant \frac{1}{2}\beta_2\|g_k\|\min\left\{\Delta_k, \frac{\|g_k\|}{\|B_k\|}\right\}\\ &\geqslant \frac{1}{2}\beta_2\varepsilon\min\left\{\Delta_k, \frac{\varepsilon}{M}\right\}\end{aligned} \tag{4.41}$$

由算法 4.6.1 可知, 并利用式 (4.40), 式 (4.41) 和假设 A_0 的 (4), 得

$$\begin{aligned}|r_k-1| &= \left|\frac{(f(x_k)-f(x_k+s_k))-(q^{(k)}(0)-q^{(k)}(s_k))}{q^{(k)}(0)-q^{(k)}(s_k)}\right|\\ &= \left|\frac{f(x_k+s_k)-q^{(k)}(s_k)}{q^{(k)}(0)-q^{(k)}(s_k)}\right|\\ &\leqslant \frac{\frac{1}{2}M\|s_k\|^2+C(\|s_k\|)\|s_k\|}{\frac{1}{2}\beta_2\varepsilon\min\{\Delta_k,\varepsilon/M\}}\\ &\leqslant \frac{\tilde{\eta}\Delta_k(M\tilde{\eta}\Delta_k+2C(\|s_k\|))}{\beta_2\varepsilon\min\{\Delta_k,\varepsilon/M\}}\end{aligned} \tag{4.42}$$

由于 $\Delta_k \leqslant \tilde{\Delta}$, 可以选择 $\tilde{\Delta}$ 足够小, 使得

$$\Delta_k \leqslant \tilde{\Delta} \leqslant \frac{\varepsilon}{M}, \quad M\tilde{\eta}\Delta_k + 2C(\|s_k\|) \leqslant (1-\eta_2)\beta_2\frac{\varepsilon}{\tilde{\eta}} \tag{4.43}$$

从而得到 $|r_k-1| \leqslant 1-\eta_2$, 这表明 $r_k > \eta_2$. 于是, 由算法 4.6.1 得到 $\Delta_{k+1} \geqslant \Delta_k$. □

定理 4.6.6 设假设条件 A_0 成立, 则由算法 4.6.1 产生的序列满足

$$\liminf_{k\to\infty}\|g_k\| = 0 \tag{4.44}$$

证明 用反证法. 假设定理不成立, 则存在 $\varepsilon > 0$ 和某个正的指标 K, 使得

$$\|g_k\| \geqslant \varepsilon, \quad \forall k \geqslant K \tag{4.45}$$

先假定存在无限多个成功迭代, 则由算法 4.6.1 和式 (4.39), 有

$$\begin{aligned}f(x_k)-f(x_{k+1})&\geqslant\eta_1[q^{(k)}(0)-q^{(k)}(s_k)]\\&\geqslant\frac{1}{2}\eta_1\beta_2\|g_k\|\min\left\{\Delta_k,\frac{\|g_k\|}{\|B_k\|}\right\}\\&\geqslant\frac{1}{2}\eta_1\beta_2\varepsilon\min\left\{\Delta_k,\frac{\varepsilon}{\beta}\right\}\end{aligned}$$

其中, $\beta=\max\{1+\|B_k\|\}$. 由于 f 有下界, 上式意味着

$$\lim_{k\to\infty}\Delta_k=0 \tag{4.46}$$

这与引理 4.6.5 的结论矛盾.

再假设只存在有限多个成功迭代, 即对于充分大的 k, 迭代都是不成功的, 信赖域收缩, 从而有 $\Delta_k\to 0$. 这也与引理 4.6.5 的结果矛盾. 于是定理得证. □

4.6.3 信赖域子问题的求解

可以看出, 信赖域方法的主要计算步骤在于求解子问题, 该问题是一个只有一个不等式约束的二次约束的二次优化问题. 这里我们介绍解信赖域子问题的折线法 (dog-leg method).

为了近似地求解子问题 (4.25), 即求 $x_{k+1}=x_k+s_k$ 满足 $\|s_k\|\leqslant\Delta_k$, 折线法利用一条折线来近似 s. 其做法是连接 Cauchy 点和 Newton 点 (即由 Newton 法产生的极小点 x_{k+1}^N), 其连线与信赖域边界的交点取为 x_{k+1}. 显然, $\|x_{k+1}-x_k\|=\Delta_k$. 当 Newton 步 s_k^N 的长度 $\|s_k^N\|\leqslant\Delta_k$ 时, x_{k+1} 就取为 Newton 点 x_{k+1}^N.

对二次模型

$$q^{(k)}(x_k-\alpha g_k)=f(x_k)-\alpha\|g_k\|_2^2+\frac{1}{2}\alpha^2g_k^{\mathrm T}G_kg_k \tag{4.47}$$

精确线性搜索因子 α_k 的表达式为

$$\alpha_k=\frac{\|g_k\|_2^2}{g_k^{\mathrm T}G_kg_k} \tag{4.48}$$

Cauchy 步为

$$s_k^c=-\alpha_kg_k=-\frac{g_k^{\mathrm T}g_k}{g_k^{\mathrm T}G_kg_k}g_k \tag{4.49}$$

如果 $\|s_k^c\|_2=\|\alpha_kg_k\|_2\geqslant\Delta_k$, 取

$$s_k=-\frac{\Delta_k}{\|g_k\|_2}g_k \tag{4.50}$$

这时,

$$x_{k+1} = x_k - \frac{\Delta_k}{\|g_k\|_2} g_k \tag{4.51}$$

如果 $\|s_k^c\|_2 = \|\alpha_k g_k\|_2 < \Delta_k$, 我们再计算 Newton 步 s_k^N,

$$s_k^N = -G_k^{-1} g_k \tag{4.52}$$

如果 $\|s_x^N\|_2 \leqslant \Delta_k$, 则取

$$s_k = s_k^N = -G_k^{-1} g_k \tag{4.53}$$

否则, 取

$$s_k = s_k^c + \lambda(s_k^N - s_k^c) \tag{4.54}$$

其中, λ 的值由解方程

$$\|s_k^c + \lambda(s_k^N - s_k^c)\| = \Delta_k \tag{4.55}$$

得到.

综上所述, 我们得到

$$x_{k+1} = \begin{cases} x_k - \dfrac{\Delta_k}{\|g_k\|_2} g_k, & \|s_k^c\| \geqslant \Delta_k \\ x_k + s_k^c + \lambda(s_k^N - s_k^c), & \|s_k^c\| < \Delta_k \text{ 且 } \|s_k^N\| > \Delta_k \\ x_k - G_k^{-1} g_k, & \|s_k^c\| < \Delta_k \text{ 且 } \|s_k^N\| \leqslant \Delta_k \end{cases} \tag{4.56}$$

可以证明, 上述折线方法满足

(1) 从点 x_k 到 Cauchy 点, 到 Newton 点 x_{k+1}^N 的距离单调增加;

(2) 从 Cauchy 点到 Newton 点 x_{k+1}^N, 模型函数值单调减少.

如果让信赖域迭代中产生的点适当偏向 Newton 方向, 则算法的效率会得到进一步改善. 具体地, 把 Cauchy 点和 Newton 方向上的 $\hat{N}$ 点连接起来, 并将这条连线与信赖域边界的交点取为 x_{k+1}, 把这部分线段称为双折线. 在双折线情形, 式 (4.56) 成为

$$x_{k+1} = \begin{cases} x_k - \dfrac{\Delta_k}{\|g_k\|_2} g_k, & \|s_k^c\| \geqslant \Delta_k \\ x_k + s_k^c + \lambda(s_k^{\hat{N}} - s_k^c), & \|s_k^c\| < \Delta_k \text{ 且 } \|s_k^{\hat{N}}\| > \Delta_k \\ x_k - G_k^{-1} g_k, & \|s_k^c\| < \Delta_k \text{ 且 } \|s_k^{\hat{N}}\| \leqslant \Delta_k \end{cases} \tag{4.57}$$

其中

$$s_k^{\hat{N}} = \eta s_k^N, \quad \eta \in (\gamma, 1), \quad \gamma = \frac{\|g_k\|_2^4}{(g_k^{\mathrm{T}} G_k g_k)(g_k^{\mathrm{T}} G_k^{-1} g_k)} \tag{4.58}$$

如果 $\eta = 1$, 式 (4.57) 就是 Powell 单折线法 (4.56). 一般地, 取 $\eta = 0.8\gamma + 0.2$. 上述折线法也满足

(1) 从点 x_k 到 Cauchy 点, 到 $x_{k+1}^{\hat{N}}$ 的距离单调增加;

(2) 从 Cauchy 点到点 $x_{k+1}^{\hat{N}}$, 模型单数值单调减少.

在产生 Cauchy 点和 $\hat{N}$ 点后, 所求的新点 $x_{k+1}(\lambda)$ 由式 (4.57) 产生, 选择 λ 使得

$$\|s_k^c + \lambda(\eta s_k^N - s_k^c)\|_2^2 = \Delta_k^2 \tag{4.59}$$

如果所得到的 $x_{k+1}(\lambda)$ 满足下降性要求

$$f(x_{k+1}(\lambda)) \leqslant f(x_k) + \rho g_k^{\mathrm{T}}(x_{k+1}(\lambda) - x_k), \quad \rho \in \left(0, \frac{1}{2}\right) \tag{4.60}$$

则接受 $x_{k+1}(\lambda)$ 为新点 x_{k+1}, 并根据信赖域算法 4.6.1 步骤 5 校正信赖域半径; 如果 $x_{k+1}(\lambda)$ 不满足式 (4.60), 则令 $x_{k+1} = x_k$, 并缩小信赖域半径.

在折线法中, 可以考虑将 Newton 点改为拟 Newton 点或不定情形改进的 Newton 点, 从而可以得到折线法的若干其他变形.

注 信赖域策略不仅能用于无约束优化问题, 也可以用于约束优化问题. 近些年也有在信赖域方法中加入过滤 (filter) 技术的. 关于信赖域方法更多的知识可以查阅有关文献.

4.7 应用 MATLAB 求解无约束优化问题举例

这里我们给出两个例子, 一个是一元函数的求极小问题, 另一个是多元函数求极小问题.

例 4.7.1 求 $\min \mathrm{e}^{-x} + x^2$.

解 第一步, 利用文件编辑器编写一个 M 文件, 如文件名为 fun, 那 M 文件为

$$\text{function } f = \text{fun}(x)$$

$$f = \exp(-x) + x^2$$

程序中 function $f = \text{fun}(x)$, 表示将此 M 文件定义为名为 fun 的函数.

第二步, 在命令窗口中调用无约束优化程序 fmin:

```
x = 1

x=fmin ('fun',x)
```

回车后马上得到最优解x=

0.3517

如果马上键入fun(x) 回车, 便得到最优值ans=

0.8272

例 4.7.2　求 $\min\limits_{x\in\mathbf{R}^2} \mathrm{e}^{x_1}(4x_1^2+2x_2^2+4x_1x_2+2x_2+1)$.

解　第一步, 定义函数fun

```
function f=fun(x)
f=exp(x(1))*(4* x(1)^2 + 2* x(2)^2 + 4* x(1)*x(2) + 2* x(2)+1)
```

在命令窗口键入

```
x0=[-1, 1];
options =[ ];
[x, options]= fminu ('fun', x0, options)
```

回车后即可得到解：0.5000 −1.000.

具体执行时, 也可以不建立 M 文件, 而直接把函数表达式写入调用函数 fminu 的语句中. 如在命令窗口给出初始值 x_0 后,

```
options=[ ];
[x, options]=fminu('exp(x(1))*(4* x(1)^2 + 2* x(2)^2 + 4* x(1)*x(2) +
2* x(2)+1)', x0, options)
```

回车后得到同样的结果.

习　题　四

1. 用黄金分割法极小化 $\varphi(t)=\mathrm{e}^{-t}+\mathrm{e}^{t}$, 区间可取为 $[-1,1]$.

2. 在 $x^0=-1.2$ 附近,

   (1) 确定一个包含函数
   $$f(x)=3x^4-4x^3-12x^2$$
   的局部极小点的区间 $[a,b]$;

   (2) 计算出区间 $[a,b]$ 内的两个黄金分割点, 并根据黄金分割法, 计算出一个相对于极小化问题 $\min\limits_{x\in\mathbf{R}} f(x)$ 的新的改进点.

3. 用 Goldstein 准则求 $\varphi(t)=-2t^3+21t^2-60t+50$ 在 t_0 处的一个步长. 取 $t_0=0.5, \rho=0.1$.

4. 分别用 0.618 法求函数 $f(x)=(\sin x)^6\tan(1-x)\mathrm{e}^{30x}$ 在区间 $[0,1]$ 上的极大值.

5. 求出函数
   $$f(x)=\frac{x_1+x_2}{3+x_1^2+x_2^2+x_1x_2}$$
   的极小点.

6. 取初始点 $x^0=(0,0)^{\mathrm{T}}$, 并且设定精确误差 $\varepsilon=0.01$, 试利用最速下降法求解下面的优化问题：
   $$\min_{x\in\mathbf{R}^2}\quad x_1^2-2x_1x_2+4x_2^2+x_1-3x_2$$

7. 已知 Rosenbrock 函数:

$$f(x) = 100(x_2 - x_1^2)^2 + (1 - x_1)^2$$

求 $\nabla f(x), \nabla^2 f(x)$, 说明 $x^* = (1,1)^{\mathrm{T}}$ 是这个函数的唯一局部极小点, 并且 $\nabla^2 f(x)$ 在这个点是正定的.

8. 已知函数 $f(x) = 8x_1 + 12x_2 + x_1^2 - 2x_2^2$, 说明其只有一个不动点, 且这个点既不是最小值点, 也不是最大值点, 而是这个函数的鞍点. 画出 f 的轮廓线.

9. a 是给定的 n 维向量, A 是给定的 n 阶对称矩阵. 计算 $f_1(x) = a^{\mathrm{T}}Ax, f_2(x) = x^{\mathrm{T}}Ax$ 的梯度和 Hesse 阵.

10. 考虑极小化问题

$$\min_{x\in\mathbf{R}^n} \quad f(x) = \frac{1}{2}x^{\mathrm{T}}Ax + b^{\mathrm{T}}x$$

其中 $A \in \mathbf{R}^{n\times n}$ 是对称正定矩阵, $b \in \mathbf{R}^n$. 记函数 $g(x) \triangleq \nabla f(x) = Ax + b$. 设从 x^k 点出发, 利用精确搜索的最速下降法求出改进点 x^{k+1}, 证明:

(1) 最速下降法的迭代公式形如

$$x^{k+1} = x^k - \frac{(g^k)^{\mathrm{T}}g^k}{(g^k)^{\mathrm{T}}Ag^k}g^k$$

其中 $g^k = g(x^k)$.

(2) 一步迭代引起目标函数的下降量为

$$f(x^k) - f(x^{k+1}) = \frac{(g^k)^{\mathrm{T}}g^k}{2(g^k)^{\mathrm{T}}Ag^k}$$

(3) 若记 $f(x)$ 的极小点为 x^*, 并且定义函数

$$E(x) \triangleq (x - x^*)^{\mathrm{T}}A(x - x^*)/2$$

则

$$E(x^{k+1}) = \left\{1 - \frac{((g^k)^{\mathrm{T}}g^k)^2}{((g^k)^{\mathrm{T}}Ag^k)((g^k)^{\mathrm{T}}A^{-1}g^k)}\right\}E(x^k)$$

11. 设函数 $f: \mathbf{R}^2 \to \mathbf{R}, f(x) = \|x\|^2$. 证明序列 $x_k = \left(1 + \frac{1}{2^k}\right)\begin{pmatrix}\cos k \\ \sin k\end{pmatrix}$ 满足 $f(x_{k+1}) < f(x_k), k = 0,1,2,\cdots$, 并且单位圆 $\{x|\ \|x\|^2 = 1\}$ 上的每一点都是序列 x_k 的一个极限点. 提示: 每一个 $\theta \in [0, 2\pi]$ 都是序列 $\xi_k = k(\mathrm{mod}2\pi) = k - 2\pi\left[\frac{k}{2\pi}\right]$ 的一个极限点. 算子 $[\cdot]$ 表示四舍五入到下一个整数.

12. 利用 Newton 法求解极小化问题

$$\min_{x\in\mathbf{R}} \quad 3x^4 - 4x^3 - 12x^2$$

(1) 若取初始点 $x^0 = -1.2$, 试写出前三次迭代过程;

(2) 你能求出该问题的 (局部、全局) 最优解吗?

(3) 以 $x^0 = -1.2$ 为初始点的 Newton 法生成的迭代点列收敛到哪个局部极小点?

13. 利用 Newton 法求解极小化问题

$$\min_{x\in\mathbf{R}} \quad f(x) = 0.5[(x+1)^3 + x^2]^2 - 3$$

你能找到几个极小点?

14. 用最速下降法、Newton 法和阻尼 Newton 法解下列问题:

$$\min \quad x_1^2 + 2x_2^2$$

15. 运用 Backtracking 线性搜索, 写出最速下降法和 Newton 法程序, 并运用你写的程序对 Rosenbrock 函数作最小化估计. 先选择初始点 $x_0 = (1.2, 1.2)^{\mathrm{T}}$, 再选择较难的初始点 $x_0 = (-1.2, 1)^{\mathrm{T}}$.

16. 用 Newton 法求解

$$\min \quad \frac{1}{2}x^{\mathrm{T}}Ax + b^{\mathrm{T}}x + c$$

其中 A 为对称正定矩阵.

17. 证明定理 4.3.3.

18. 证明定理 4.3.5.

19. 利用共轭梯度法求解极小化问题

$$\min_{x\in\mathbf{R}^2} \quad f(x) = x_1^2 + x_2^2 - 4x_1 - 5x_2 - x_1x_2 - 5$$

20. 编程实现 FR 共轭梯度法, 取 G 为希尔伯特矩阵, $b = (1, 1, \cdots, 1)^{\mathrm{T}}$ 及初始点为 $x_0 = 0$. 取维数 $n = 5, 8, 12, 20$ 并记录每次使误差小于 10^{-6} 的迭代次数.

21. (1) 证明当 f 是强凸函数时, 对任一向量 x_k, x_{k+1}, 满足 $s_k^{\mathrm{T}}y_k > 0$.

(2) 试给出单变量函数 $g(x)$, 满足 $g(0) = -1, g(1) = -\dfrac{1}{4}$, 并且 (1) 中不等式不成立. 其中: $s_k = x_{k+1} - x_k, y_k = \nabla f(x_{k+1}) - \nabla f(x_k)$, 且 $B_{k+1}s_k = y_k$, B_{k+1} 为正定矩阵.

22. 用 DFP 方法求解

$$\min \quad \frac{3}{2}x_1^2 + \frac{1}{2}x_2^2 - x_1x_2 - 2x_1$$

可任取初始点, 如 $x_0 = (-2, 4)^{\mathrm{T}}$, 初始矩阵取单位阵.

23. 分别用 Newton 法和拟 Newton 法极小化 Rosenbrock 函数

$$f(x) = 100(x_2 - x_1^2)^2 + (1 - x_1)^2$$

可取 $x_0 = (-1.2, 1)^{\mathrm{T}}$. 已知该函数的极小点 $x^* = (1, 1)^{\mathrm{T}}$.

24. 上机编写 DFP 算法程序并计算

$$\min \quad (x_1-2)^4+(x_1-2)^2x_2^2+(x_2+1)^2$$

25. 对无约束优化问题 $\min f(x)$, 记 $s_{k-1}=x_k-x_{k-1}, y_{k-1}=\nabla f_k-\nabla f_{k-1}$. 证明校正公式

$$D_k=D_{k-1}+(s_{k-1}-D_{k-1}y_{k-1})(s_{k-1}-D_{k-1}y_{k-1})^{\mathrm{T}}/(s_{k-1}-D_{k-1}y_{k-1})^{\mathrm{T}}y_{k-1}$$

满足拟 Newton 方程. 将该公式构成的拟 Newton 法应用到

$$\min \quad \frac{1}{2}x^{\mathrm{T}}Ax+b^{\mathrm{T}}x+c$$

这里 A 对称正定, 若 $s_0,\cdots,s_{n-1}$ 线性无关, 则 $D_n=A^{-1}$.

26. 在 DFP 校正公式

$$H_{k+1}=H_k+\frac{s_k s_k^{\mathrm{T}}}{s_k^{\mathrm{T}}y_k}-\frac{H_k y_k y_k^{\mathrm{T}}H_k}{y_k^{\mathrm{T}}H_k y_k}$$

中, 记

$$A_k=\frac{s_k s_k^{\mathrm{T}}}{s_k^{\mathrm{T}}y_k}, \quad B_k=-\frac{H_k y_k y_k^{\mathrm{T}}H_k}{y_k^{\mathrm{T}}H_k y_k}$$

设初始矩阵 H_0 对称正定, $\nabla f(x_k)\neq 0(k=0,1,\cdots,n-1)$. 证明当算法用于求解

$$\min \quad \frac{1}{2}x^{\mathrm{T}}Ax+b^{\mathrm{T}}x+c$$

时, 有

$$\sum_{k=0}^{n-1}A_k=A^{-1}, \quad \sum_{k=0}^{n-1}B_k=-H_0$$

这里 A 对称正定.

27. 证明逆的秩一校正公式 (Sherman-Morrison 公式): 设 $A\in\mathbf{R}^{n\times n}$ 非奇异, $u,v\in\mathbf{R}^n$ 是任意向量, 若 $1+v^{\mathrm{T}}A^{-1}u\neq 0$, 则 $A+uv^{\mathrm{T}}$ 非奇异, 且其逆矩阵可以表示为

$$(A+uv^{\mathrm{T}})^{-1}=A^{-1}-\frac{A^{-1}uv^{\mathrm{T}}A^{-1}}{1+v^{\mathrm{T}}A^{-1}u}$$

28. 证明带精确步长的 BFGS 算法产生的矩阵列是对称正定的, 其用于解无约束严格二次规划时, 至多 n 步终止.

29. 分别用共轭梯度法和拟 Newton 法极小化 Powell 奇异函数

$$f(x)=(x_1+10x_2)^2+5(x_3-x_4)^2+(x_2-2x_3)^4+10(x_1-x_4)^4$$

可取 $x_0=(3,-1,0,1)^{\mathrm{T}}$. 已知该函数的极小点 $x^*=(0,0,0,0)^{\mathrm{T}}$.

30. 函数 $f(x)=10(x_2-x_1^2)^2+(1-x_1)^2$, 画出二次模型 $q^{(k)}(s)=f(x)+\nabla f(x)^{\mathrm{T}}s+\frac{1}{2}s^{\mathrm{T}}Bs$ 在 $x=(0,-1)$ 点的轮廓线, 其中 B 是 $f(x)$ 的 Hesse 阵. 画出

$$\begin{aligned}\min \quad & q^{(k)}(s)=f(x)+\nabla f(x)^{\mathrm{T}}s+\frac{1}{2}s^{\mathrm{T}}Bs\\ \text{s.t.} \quad & \|x\|\leqslant \Delta\end{aligned}$$

的解集. 其中信赖域半径从 $\Delta=0$ 到 $\Delta=2$. 对 $x=(0,0.5)$ 重复上述过程.

31. 编程实现解信赖域子问题的折线法 (dog-leg method), 其中 B_k 为 Hesse 阵, 并解决 f 为 Rosenbrock 函数时的情形.

32. 已知 Cauchy-Schwarz 不等式: 对任意向量 u 和 v, 有

$$|u^{\mathrm{T}}v| \leqslant (u^{\mathrm{T}}u)(v^{\mathrm{T}}v)$$

当且仅当 u 和 v 平行时取等号. 当 B 为正定矩阵时, 运用 Cauchy-Schwarz 不等式证明

$$\gamma \triangleq \frac{\|g\|^4}{(g^{\mathrm{T}}Gg)(g^{\mathrm{T}}G^{-1}g)} \leqslant 1$$

当且仅当 g 和 Gg(或$G^{-1}g$) 平行时取等号.

附录 1　无约束优化问题的一些测试函数

1. Rosenbrock 函数

$$f(x) = 100(x_2 - x_1^2)^2 + (1 - x_1)^2$$

2. 广义 Rosenbrock 函数

$$f(x) = \sum_{i=1}^{n-1}[100(x_{i+1} - x_i^2)^2 + (1 - x_i)^2]$$

3. Wood 函数

$$\begin{aligned} f(x) = {} & 100(x_1^2 - x_2)^2 + (x_1 - 1)^2 + (x_3 - 1)^2 + 90(x_3^2 - x_4)^2 \\ & + 10.1[(x_2 - 1)^2 + (x_4 - 1)^2] + 19.8(x_2 - 1)(x_4 - 1) \end{aligned}$$

4. Powell 奇异函数

$$f(x) = (x_1 + 10x_2)^2 + 5(x_3 - x_4)^2 + (x_2 - 2x_3)^4 + 10(x_1 - x_4)^4$$

5. 立方体函数

$$f(x) = 100(x_2 - x_1^3)^2 + (1 - x_1)^2$$

6. 三角函数

$$f(x) = \sum_{i=1}^{n}\left[n + i(1 - \cos x_i) - \sin x_i - \sum_{j=1}^{n}\cos x_j\right]^2$$

7. 螺旋形凹谷函数

$$f(x) = 100\left[\left(x_3 - 10\theta\right)^2 + \left(\sqrt{x_1^2 + x_2^2} - 1\right)^2\right] + x_3^2$$

其中 θ 满足

$$2\pi\theta = \begin{cases} \arctan(x_1/x_2), & x_1 > 0 \\ \pi + \arctan(x_2/x_1), & x_1 < 0 \end{cases}$$

上述函数的整体最小值均为 0.

第 5 章　约束最优化方法

本章讨论约束最优化问题, 它的一般形式如下

$$\begin{aligned} \min \quad & f(x) \\ \text{s.t.} \quad & c_i(x) = 0, \quad i = 1, 2, \cdots, m \\ & c_j(x) \geqslant 0, \quad j = m+1, 2, \cdots, p \end{aligned} \tag{5.1}$$

其中 f, c_i, c_j 是 $\mathbf{R}^n \to \mathbf{R}$ 的连续函数, 且一般都假定是二阶连续可微的.

在第 1 章我们已经定义, 如式 (5.1) 中所有函数都是线性的, 则称该约束优化问题为线性规划问题, 否则称为非线性约束最优化问题. 求解一般非线性约束优化问题比求解无约束优化问题和线性规划问题都要复杂许多. 我们知道, 线性规划问题的最优解总可以在可行域的顶点中找到, 而顶点的个数有限, 这个事实是单纯形法的基本出发点. 容易举例说明, 非线性约束优化问题的解既可能在可行域的边界上达到, 也可能在可行域内部达到, 即使约束函数都是线性的. 另外, 第 4 章介绍的解无约束优化问题的方法一般也不可直接用于非线性约束优化问题的求解, 因为若一个迭代点在可行域的边界上, 由无约束优化方法求得的下降方向未必是该点的可行方向, 因为约束条件是独立于目标函数的.

本章首先介绍约束优化问题的 Lagrange 对偶函数及对偶问题, 之后讨论解的最优性条件, 然后介绍几种求解一般约束优化问题的解法, 并对非线性约束优化的最简单的情形 —— 二次规划, 介绍了一种有效的解法.

5.1　Lagrange 对偶问题及有关性质

5.1.1　Lagrange 对偶函数

对一般的约束优化问题 (5.1), 我们定义下列问题

$$L(x, \lambda, \mu) = f(x) - \sum_{i=1}^{m} \mu_i c_i(x) - \sum_{i=m+1}^{p} \lambda_i c_i(x)$$

为其 Lagrange 函数, μ_i 和 λ_i 分别称为对应于 $c_i(x)$ $(i = 1, \cdots, m)$ 和 $c_i(x)$ $(i = m+1, \cdots, p)$ 的 Lagrange 乘子.

我们定义下列问题

$$g(\lambda,\mu)=\inf_x\left\{L(x,\lambda,\mu)=f(x)-\sum_{i=1}^{m}\mu_i c_i(x)-\sum_{i=m+1}^{p}\lambda_i c_i(x)\right\}$$

为 Lagrange 对偶函数.

问题 (5.1) 的最优值记为 p^*, 当 $\lambda\geqslant 0$ 时, Lagrange 对偶函数是 p^* 的下界, 也就是有

$$g(\lambda,\mu)\leqslant p^*,\quad \forall\lambda\geqslant 0,\quad \mu$$

这是因为对可行点 x 及 $\lambda\geqslant 0,\mu$, 有

$$\sum_{i=1}^{m}\mu_i c_i(x)+\sum_{i=m+1}^{p}\lambda_i c_i(x)\geqslant 0$$

从而有

$$L(x,\lambda,\mu)=f(x)-\sum_{i=1}^{m}\mu_i c_i(x)-\sum_{i=m+1}^{p}\lambda_i c_i(x)\leqslant f(x)$$

两边关于 x 同时取下确界便得到 $g(\lambda,M)\leqslant p^*$.

下面举几个具体问题的 Lagrange 函数的例子.

例 5.1.1

$$\begin{aligned}\min\quad & x^{\mathrm{T}}x\\ \text{s.t.}\quad & Ax=b\end{aligned}$$

这里 $A\in\mathbf{R}^{p\times n}$.

这个问题的 Lagrange 函数为

$$L(x,\mu)=x^{\mathrm{T}}x-\mu(Ax-b)$$

Lagrange 对偶函数为 $g(\mu)=\inf\limits_x L(x,\mu)$. 显然 $L(x,\mu)$ 关于 x 是凸函数, 令 $\nabla_x L(x,\mu)=0$, 得到

$$\nabla_x L(x,\mu)=2x-A^{\mathrm{T}}\mu=0$$

于是有 $x=\dfrac{1}{2}A^{\mathrm{T}}\mu$. 将其代入 $L(x,\mu)=x^{\mathrm{T}}x-\mu(Ax-b)$ 得到

$$g(\mu)=L\left(\frac{1}{2}A^{\mathrm{T}}\mu,\mu\right)=-\frac{1}{4}\mu^{\mathrm{T}}AA^{\mathrm{T}}\mu+b^{\mathrm{T}}\mu$$

下面考虑线性规划标准型的 Lagrange 对偶函数.

例 5.1.2

$$
\begin{aligned}
\min \quad & c^{\mathrm{T}} x \\
\text{s.t.} \quad & Ax = b \\
& x \geqslant 0
\end{aligned}
$$

这里 $A \in \mathbf{R}^{p\times n}$.

这时 Lagrange 函数为

$$
L(x,\lambda,\mu) = c^{\mathrm{T}}x - \sum_{i=1}^{n} \lambda_i x_i - \mu^{\mathrm{T}}(Ax-b) = b^{\mathrm{T}}\mu + (c - A^{\mathrm{T}}\mu - \lambda)^{\mathrm{T}} x
$$

对偶函数为

$$
g(\lambda,\mu) = \inf_x L(x,\lambda,\mu) = b^{\mathrm{T}}\mu + \inf_x (c - A^{\mathrm{T}}\mu - \lambda)^{\mathrm{T}} x
$$

由此得

$$
g(\lambda,\mu) = \begin{cases} b^{\mathrm{T}}\mu, & A^{\mathrm{T}}\mu - \lambda + c = 0 \\ -\infty, & \text{其他} \end{cases}
$$

可见, 当 $\lambda \geqslant 0, -A^{\mathrm{T}}\mu - \lambda + c = 0$ 时, $b^{\mathrm{T}}\mu$ 为原问题提供了一个有意义的下界.

上面两个例子, 原问题都是凸优化问题, 下面考虑的问题是一个非凸优化问题.

例 5.1.3

$$
\begin{aligned}
\min \quad & x^{\mathrm{T}} W x \\
\text{s.t.} \quad & x_i^2 = 1, \quad i = 1, \cdots, n
\end{aligned}
$$

这里 W 是 n 阶实对称矩阵.

这个问题的可行点有 2^n 个, 通过枚举法可以求得问题的最优解. 但当 n 很大时, 枚举法显然是不可取的. 这里暂不讨论这个问题的求解. Lagrange 函数为

$$
L(x,\mu) = x^{\mathrm{T}} W x - \sum_{i=1}^{n} \mu_i (x_i^2 - 1)
$$

Lagrange 对偶函数为

$$
\begin{aligned}
g(\mu) &= \inf_x \left\{ x^{\mathrm{T}} W x - \sum_{i=1}^{n} \mu_i (x_i^2 - 1) \right\} \\
&= \begin{cases} e^{\mathrm{T}}\mu, & W + \operatorname{diag}(\mu) \succeq 0 \\ -\infty, & \text{其他} \end{cases}
\end{aligned}
$$

这里 $\mathrm{diag}(\mu)$ 表示向量 μ 的对角化矩阵, e 为全 1 向量.

记 $\lambda_{\min}(W)$ 为 W 的最小特征值, 如果取 $\mu_i \equiv -\lambda_{\min}(W)$, 则有

$$W + \mathrm{diag}(\mu) = W - \lambda_{\min}(W)I \succeq 0$$

这样, $e^{\mathrm{T}}\mu = n\lambda_{\min}(W)$ 就是原问题的一个下界.

5.1.2 Lagrange 对偶问题

从 5.1.1 小节可以看出, Lagrange 函数为原问题最优值提供了下界, 如果我们希望由此得到最优的下界, 便得到 Lagrange 对偶问题 (或简称对偶问题) 如下:

$$\begin{aligned} \max \quad & g(\lambda, \mu) \\ \text{s.t.} \quad & \lambda \geqslant 0 \end{aligned}$$

在例 5.1.2 中, 我们给出了线性规划标准型问题的对偶函数, 由此可以写出 Lagrange 对偶问题如下

$$\begin{aligned} \max \quad & g(\lambda, \mu) = \begin{cases} b^{\mathrm{T}}\mu, & -A^{\mathrm{T}}\mu - \lambda + c = 0 \\ -\infty, & \text{其他} \end{cases} \\ \text{s.t.} \quad & \lambda \geqslant 0 \end{aligned}$$

当 $-A^{\mathrm{T}}\mu - \lambda + c = 0$ 时, g 是有限的, 所以我们得到对偶问题如下:

$$\begin{aligned} \max \quad & b^{\mathrm{T}}\mu \\ \text{s.t.} \quad & -A^{\mathrm{T}}\mu - \lambda + c = 0 \\ & \lambda \geqslant 0 \end{aligned}$$

这等价于

$$\begin{aligned} \max \quad & b^{\mathrm{T}}\mu \\ \text{s.t.} \quad & A^{\mathrm{T}}\mu \leqslant c \end{aligned}$$

可以注意到, 这个对偶问题和第 2 章中定义的线性规划标准型问题的对偶问题是一致的. 所以, 利用 Lagrange 对偶函数定义的对偶问题具有一般性.

由于 Lagrange 对偶函数对所有 Lagrange 乘子都是 p^* 的下界, 所以对偶问题的最优值 d^* 也是 p^* 的下界, 即 $d^* \leqslant p^*$. 这个结果称为对偶问题的弱对偶性结果或定理. 一个自然的问题是: 什么条件下会有 $d^* = p^*$? 如果这个结果成立, 我们就可以说强对偶性结果成立. 在线性规划的情形, 已经知道强对偶性结果成立. 下面我们要证明, 在更一般的条件下, 强对偶性结果成立.

定理 5.1.1 考虑约束优化问题 $\min f(x), \text{s.t. } c_i(x) \leqslant 0, i=1,\cdots,m, Ax=b$. 假定 $f(x), c_i(x),\ i=1,\cdots,m$ 是凸函数, A 是 $p\times n$ 矩阵且为行满秩的, Slater 条件成立, 即有可行点 $\bar{x}$ 满足 $c_i(\bar{x})<0,\ i=1,\cdots,m,\ A\bar{x}=b$, 则这时有 $p^*=d^*$.

证明 定义两个集合如下.

$$A=\{(u,v,t)|\exists x, c_i(x)\leqslant u_i, i=1,\cdots,m, Ax-b=v_i, f(x)\leqslant t\}$$

$$B=\{(0,0,s)\in \mathbf{R}^m\times\mathbf{R}^p\times\mathbf{R}|s<p^*\}$$

容易验证这两个集合是凸的, 且交集为空. 若交集不空, 设有 $(u,v,t)\in A\cap B$. 既然 $(u,v,t)\in B$, 所以有 $u=0, v=0$ 和 $t<p^*$. 又因为 $(u,v,t)\in A$, 所以存在 x 使得

$$c_i(x)\leqslant 0,\quad i=1,\cdots,m,\quad Ax-b=0,\quad f(x)\leqslant t<p^*$$

这与 p^* 是最优值矛盾. 既然 A,B 的交集为空, 由凸集分离定理知道, 存在 $(\bar{\lambda},\bar{\nu},\mu)\neq 0$ 和 α 使得

$$\bar{\lambda}^{\mathrm{T}}u+\bar{\nu}^{\mathrm{T}}v+\mu t\geqslant\alpha,\quad \forall(u,v,t)\in A$$

$$\bar{\lambda}^{\mathrm{T}}u+\bar{\nu}^{\mathrm{T}}v+\mu t\leqslant\alpha,\quad \forall(u,v,t)\in B$$

从第一式可以推出 $\bar{\lambda}\geqslant 0$ 和 $\mu\geqslant 0$. 从第二式可以推出, 对满足 $t<p^*$ 的 t, 有 $\mu t\leqslant\alpha$, 于是有 $\mu p^*\leqslant\alpha$. 这样便有

$$\sum_{i=1}^{m}\bar{\lambda}_i^{\mathrm{T}}c_i(x)+\bar{\nu}^{\mathrm{T}}(Ax-b)+\mu f(x)\geqslant\alpha\geqslant\mu p^*$$

假定 $\mu>0$, 上式两边除以 μ, 得到

$$L(x,\bar{\lambda}/\mu,\bar{\nu}/\mu)\geqslant p^*$$

记 $\lambda=\bar{\lambda}/\mu, \nu=\bar{\nu}/\mu$, 上式对 x 取极小得 $g(\lambda,\nu)\geqslant p^*$. 又由弱对偶性结果知, $g(\lambda,\nu)\leqslant p^*$. 所以我们有 $g(\lambda,\nu)=p^*$, 于是得 $d^*=p^*$.

如果 $\mu=0$, 由式 (5.1) 得

$$\sum_{i=1}^{m}\bar{\lambda}_i^{\mathrm{T}}c_i(x)+\bar{\nu}^{\mathrm{T}}(Ax-b)\geqslant 0$$

取 x 为 $\bar{x}$, 注意到 $\bar{x}$ 满足 Slater 条件, 得 $\bar{\lambda}=0$. 因为 $(\bar{\lambda},\bar{\nu},\mu)\neq 0$, 且 $\bar{\lambda}=0,\mu=0$, 所以 $\bar{\nu}\neq 0$. 由上一个不等式得 $\bar{\nu}^{\mathrm{T}}(Ax-b)\geqslant 0$. 因为 $\bar{x}$ 满足 $\bar{\nu}^{\mathrm{T}}(A\bar{x}-b)=0$, 如果 $A^{\mathrm{T}}\bar{\nu}\neq 0$, 则有 x 使得 $\bar{\nu}^{\mathrm{T}}(A\bar{x}-b)<0$, 矛盾! 所以 $A^{\mathrm{T}}\bar{\nu}=0$. 因为 A 是行满秩的, 所以得 $\bar{\nu}=0$. 矛盾.

这说明了不会出现 $\mu = 0$ 的情况. 这就证明了定理结论成立.

推论 5.1.2 当线性规划标准型问题有解时, 强对偶结论成立.

因为对第 2 章中的线性规划标准型, 上面定理假定的条件满足. 所以推论成立.

5.2 最优性条件

定义 5.2.1 设 $f(x)$ 为定义在 $\mathbf{R}^n$ 上的连续函数, $\bar{x} \in \mathbf{R}^n$. 若对于方向 s, 存在 $\delta > 0$, 使

$$f(\bar{x} + \alpha s) < f(\bar{x}), \quad \forall \alpha \in (0, \delta)$$

则称 s 为 $f(x)$ 在 $\bar{x}$ 处的下降方向. 以 $D(\bar{x})$ 表示 $f(x)$ 在 $\bar{x}$ 处下降方向的全体.

问题 下降方向与 δ 有关系吗?

定理 5.2.2 设 $f(x)$ 在 $\bar{x}$ 处连续可微. 若 s 满足 $\nabla f(\bar{x})^{\mathrm{T}} s < 0$, 则 s 是 $f(x)$ 在 $\bar{x}$ 处的一个下降方向.

证明 因为 $f(x)$ 在 $\bar{x}$ 处连续可微, 所以

$$f(\bar{x} + \alpha s) = f(\bar{x}) + \alpha \nabla f(\bar{x})^{\mathrm{T}} s + o(\alpha)$$

既然 $\nabla f(\bar{x})^{\mathrm{T}} s < 0$, 则当 $\alpha > 0$ 充分小时, 有

$$\alpha \nabla f(\bar{x})^{\mathrm{T}} s + o(\alpha) < 0$$

即有 $\delta > 0$, 当 $\alpha \in (0, \delta)$ 时, 有

$$f(\bar{x} + \alpha s) < f(\bar{x})$$ □

定理 5.2.2 中 s 的全体记为 $\mathrm{LD}(\bar{x})$. 可见 $\mathrm{LD}(x) \subseteq D(x)$.

定义 5.2.3 设 $\bar{x} \in F$ 为一可行点, $0 \neq s \in \mathbf{R}^n$. 若存在 $\delta > 0$, 对任意 $\alpha \in (0, \delta]$, $\bar{x} + \alpha s \in F$, 则称 s 为 $\bar{x}$ 处的一个可行方向. 记 $\bar{x}$ 处可行方向全体为 $\mathrm{FD}(\bar{x})$.

定义 5.2.4 设 $\bar{x} \in F$ 为一可行点, 可行域 F 由 (5.1) 中的约束条件确定. 若 $s \neq 0$ 满足下列条件:

$$\begin{aligned} s^{\mathrm{T}} \nabla c_i(\bar{x}) &= 0, \quad i = 1, \cdots, m \\ s^{\mathrm{T}} \nabla c_i(\bar{x}) &\geqslant 0, \quad i \in I(\bar{x}) \end{aligned}$$

则称 s 是可行域 F 在 $\bar{x}$ 处的约束线性化后的可行方向, 其中 $I(x) = \{i : c_i(\bar{x}) = 0, i = m+1, \cdots, p\}$. 记这样的可行方向全体为 $\mathrm{LFD}(\bar{x})$.

对 $\bar{x} \in F, 0 \neq s \in \mathbf{R}^n$, 若存在向量序列 $\{s^k\}$ 和正数序列 δ_k, 使得 $\{\bar{x}+\delta_k s^k\} \subseteq F$, 且 $s^k \to s, \delta_k \to 0$, 则称 s 为 F 在 $\bar{x}$ 处的一个序列化可行方向. F 在 $\bar{x}$ 的序列化可行方向全体记为 $\mathrm{SFD}(\bar{x})$.

注　若一个集合 C 满足: 对任何 $x \in C$ 及任意正数 t, 都有 $tx \in C$, 则该集合称为锥 (cone); 如果还有 C 中任两个元素之和还在 C 中, 则该锥称为凸锥. 容易看出, 上面定义的四个集合 $D(\bar{x}), \mathrm{FD}(\bar{x}), \mathrm{LFD}(\bar{x})$ 和 $\mathrm{SFD}(\bar{x})$ 都是锥.

定理 5.2.5　设所有约束函数在 $\bar{x} \in F$ 处连续可微, 则下列包含关系成立:

$$\mathrm{FD}(\bar{x}) \subseteq \mathrm{SFD}(\bar{x}) \subseteq \mathrm{LFD}(\bar{x})$$

证明　$\forall s \in \mathrm{FD}(\bar{x})$, 由可行方向的定义知, 存在 $\delta > 0$, 使得 $\forall \alpha \in (0, \delta)$, 有 $\bar{x}+\alpha s \in F$. 令 $s^k = s, \delta_k = \delta/2^k \ (k=1,2,\cdots)$, 则 $s^k \to s, \delta_k \to 0$ 且 $\{\bar{x}+\delta_k s^k\} \subseteq F$, 所以 $s \in \mathrm{SFD}(\bar{x})$.

$\forall s \in \mathrm{SFD}(\bar{x})$, 由定义存在向量序列 $\{s^k\}$ 和正数序列 δ_k, 使得 $\{\bar{x}+\delta_k s^k\} \subseteq F$. 由 Taylor 展开有

$$0 \leqslant c_i(\bar{x}+\delta_k s^k) = c_i(\bar{x}) + \delta_k (s^k)^{\mathrm{T}} \nabla c_i(\bar{x}) + o(\|\delta_k s^k\|), \quad i \in I(\bar{x})$$

$$0 = c_i(\bar{x}+\delta_k s^k) = c_i(\bar{x}) + \delta_k (s^k)^{\mathrm{T}} \nabla c_i(\bar{x}) + o(\|\delta_k s^k\|), \quad i = 1, 2, \cdots.$$

以上两式两边同除以 δ_k 并令 $k \to +\infty$, 则得到

$$s^{\mathrm{T}} \nabla c_i(\bar{x}) = 0, \quad i = 1, \cdots, m$$

$$s^{\mathrm{T}} \nabla c_i(\bar{x}) \geqslant 0, \quad i \in I(\bar{x})$$

即 $s \in \mathrm{LFD}(\bar{x})$. □

定理 5.2.6　设 x^* 是问题 (5.1) 的一个局部最优解, $f(x), c_i(x),\ i = 1, \cdots, p$ 连续可微, 则有

$$\mathrm{SFD}(x^*) \cap \mathrm{LD}(x^*) = \varnothing$$

证明　设 $s \in \mathrm{SFD}(x^*)$, 由定义知存在向量序列 $\{s^k\}$ 和正数序列 δ_k, 使得 $\{x^*+\delta_k s^k\} \subseteq F$, 且 $s^k \to s, \delta_k \to 0$. 因为 x^* 是局部极小点, 所以对充分大的 k, 有

$$f(x^*+\delta_k s^k) \geqslant f(x^*)$$

由此得 $(f(x^*+\delta_k s^k) - f(x^*))/\delta_k \geqslant 0$. 令 $k \to +\infty$, 有 $s^{\mathrm{T}} \nabla f(x^*) \geqslant 0$. 所以 $\mathrm{SFD}(x^*) \cap \mathrm{LD}(x^*) = \varnothing$. □

推论 5.2.7　在定理 5.2.6 条件下, $\mathrm{FD}(x^*) \cap \mathrm{LD}(x^*) = \varnothing$.

由定理 5.2.5 和定理 5.2.6 知道推论 5.2.7 成立.

定理 5.2.8 设所有约束函数 $c_i(x), i=1,\cdots,p$, 在可行点 $\bar{x}$ 处连续可微, 则有: 如果 $c_i(x), i=1,\cdots,p$ 都是线性函数; 或者 $\nabla c_i(\bar{x}), i=1,\cdots,m, i\in I(\bar{x})$ 线性无关, 则 $\mathrm{FD}(\bar{x})=\mathrm{LED}(\bar{x})$ 成立.

证明 当 $c_i(x), i=1,\cdots,p$ 都是线性函数时, 记 $c_i(x)=c_i^{\mathrm{T}}x+b_i$. 对任一 $s\in\mathrm{LFD}(\bar{x})$, 由定义可得

$$
\begin{aligned}
&s^{\mathrm{T}}c_i=0, \quad i=1,\cdots,m\\
&s^{\mathrm{T}}c_i\geqslant 0, \quad i\in I(\bar{x})
\end{aligned}
$$

对任意 $\alpha>0, i=1,\cdots,m$, 有

$$
c_i(\bar{x}+\alpha s)=c_i^{\mathrm{T}}(\bar{x}+\alpha s)+b_i=c_i^{\mathrm{T}}\bar{x}+b_i=c_i(\bar{x})=0
$$

对 $i\in I(\bar{x})$,

$$
c_i(\bar{x}+\alpha s)=c_i^{\mathrm{T}}\bar{x}+b_i+\alpha s^{\mathrm{T}}c_i\geqslant 0
$$

当 $i\bar{\in}I(\bar{x})$ 时, $c_i(\bar{x})>0$. 由 $c_i(x)$ 的连续性, 当 $\alpha>0$ 充分小时, 有 $c_i(\bar{x}+\alpha s)\geqslant 0$. 所以有 $s\in\mathrm{FD}(\bar{x})$. 于是 $\mathrm{LFD}(\bar{x})\subseteq\mathrm{FD}(\bar{x})$. 结合定理 5.2.5 得 $\mathrm{LFD}(\bar{x})=\mathrm{FD}(\bar{x})$.

对 $c_i(x)$ 是非线性函数的情形, 证明主要是用到隐函数定理. 这里略去证明. □

定理 5.2.9 设 $x^*\in F$ 是问题 (5.1) 的一个局部最优解, $f(x), c_i(x), i=1,\cdots,p$, 在 x^* 的一个邻域内连续可微. 若有

$$
\mathrm{SFD}(x^*)=\mathrm{LFD}(x^*)
$$

则存在向量 $\lambda^*=(\lambda_1^*,\cdots,\lambda_p^*)^{\mathrm{T}}$ 满足

$$
\begin{aligned}
&\nabla f(x^*)-\sum_{i=1}^{p}\lambda_i^*\nabla c_i(x^*)=0\\
&\lambda_i^*\geqslant 0, \quad i=m+1,\cdots,p\\
&\lambda_i^*c_i(x^*)=0, \quad i=m+1,\cdots,p
\end{aligned}
\tag{5.2}
$$

这里 $\lambda_i^*(i=1,\cdots,p)$ 称为 Lagrange 乘子.

证明 由定理 5.2.6 知 $\mathrm{LFD}(x^*)\bigcap\mathrm{LD}(x^*)=\varnothing$, 这表明系统

$$
\begin{cases}
\nabla f(x^*)^{\mathrm{T}}s<0\\
\nabla c_i(x^*)^{\mathrm{T}}s=0, \quad i=1,\cdots,m\\
\nabla c_i(x^*)^{\mathrm{T}}s\geqslant 0, \quad i\in I(x^*)
\end{cases}
$$

无解, 即系统

$$\begin{cases} -\nabla f(x^*)^{\mathrm{T}} s > 0 \\ -\nabla c_i(x^*)^{\mathrm{T}} s \leqslant 0, \quad i=1,\cdots,m \\ \ \ \nabla c_i(x^*)^{\mathrm{T}} s \leqslant 0, \quad i=1,\cdots,m \\ -\nabla c_i(x^*)^{\mathrm{T}} s \leqslant 0, \quad i \in I(x^*) \end{cases}$$

无解. 记

$$A = \begin{pmatrix} -\nabla c_i(x^*)^{\mathrm{T}}[1:m] \\ \nabla c_i(x^*)^{\mathrm{T}}[1:m] \\ -\nabla c_i(x^*)^{\mathrm{T}}[I(x^*)] \end{pmatrix}$$

这里 $\nabla c_i(x^*)^{\mathrm{T}}[1:m]$ 表示 $\nabla c_i(x^*)^{\mathrm{T}}$ $(i=1,\cdots,m)$ 组成的矩阵, 其第 i 行为 $\nabla c_i(x^*)^{\mathrm{T}}$; $\nabla c_i(x^*)^{\mathrm{T}}[I(x^*)]$ 表示 $\nabla c_i(x^*)^{\mathrm{T}}$ 组成的矩阵, 其中 $i \in I(x^*)$, 那么系统

$$As \leqslant 0, \quad -\nabla f(x^*)^{\mathrm{T}} s > 0$$

无解. 由 Farkas 引理, 存在 $y = (y^{(1)} \quad y^{(2)} \quad y^{(3)})^{\mathrm{T}} \geqslant 0$, $A^{\mathrm{T}} y = -\nabla f(x^*)$, 这里 $y^{(1)}, y^{(2)} \in \mathbf{R}^m, y^{(3)} \in \mathbf{R}^{|I(x^*)|}$, $|I(x^*)|$ 表示集合 $I(x^*)$ 中元素个数. 将上式具体写出

$$-\nabla f(x^*) = -\sum_{i=1}^{m} (y_i^{(1)} - y_i^{(2)}) \cdot \nabla c_i(x^*) - \sum_{i \in I(x^*)} y_i^{(3)} \cdot \nabla c_i(x^*)$$

令 $\lambda_i^* = \begin{cases} y_i^{(1)} - y_i^{(2)}, & i=1,\cdots,m, \\ y_i^{(3)}, & i \in I(x^*), \\ 0, & i \in \{m+1,\cdots,p\} \setminus I(x^*), \end{cases}$ 则有

$$\nabla f(x^*) = \sum_{i=1}^{p} \lambda_i^* \cdot \nabla c_i(x^*)$$

且

$$\lambda_i^* \geqslant 0, \quad i=m+1,\cdots,p$$
$$\lambda_i^* \cdot c_i(x^*) = 0, \quad i=m+1,\cdots,p$$

□

定理 5.2.9 中的条件 (5.2) 被称为 Kuhn-Tucher 条件 (或 Krush-Kuhn-Tucker 条件), 简称 KT 条件 (或 KKT 条件). 它是最优化理论中最主要的理论结果之一, 可以看成是数学分析中等式约束极值问题的 Lagrange 乘子定理的推广. 定理中的 KT 条件是局部最优解的必要条件, 在一定条件下也是充分条件. 这样, 通过一个问题的 KT 条件求解优化问题, 便成了约束优化问题算法设计的一条重要途径.

问题 什么时候有 $\mathrm{SFD}(x^*)=\mathrm{LFD}(x^*)$? 是否可能对任意局部最小点 x, 都有 $\mathrm{SFD}(x)=\mathrm{LFD}(x)$?

反例 考虑如下优化问题

$$\begin{aligned}\min\quad & x_1\\ \text{s.t.}\quad & x_1^3-x_2\geqslant 0\\ & x_2\geqslant 0\end{aligned}$$

容易看出, $x^*=(0,0)^{\mathrm T}$ 是该问题的整体最优解, 但在 x^* 处, $\mathrm{SFD}(x^*)\neq\mathrm{LFD}(x^*)$. 进一步, 这时 KT 条件不成立.

例 5.2.1 写出下列优化问题的 KT 条件:

(1)
$$\begin{aligned}\min\quad & f(x)\\ \text{s.t.}\quad & g_i(x)\leqslant 0,\quad i=1,\cdots,l\\ & x\geqslant 0\end{aligned}$$

(2)
$$\begin{aligned}\min\quad & c^{\mathrm T}x\\ \text{s.t.}\quad & Ax=b\\ & x\geqslant 0\end{aligned}$$

解 (1) 该问题可写为

$$\begin{aligned}\min\quad & f(x)\\ \text{s.t.}\quad & -g_i(x)\geqslant 0,\quad i=1,\cdots,l\\ & x_i\geqslant 0,\quad i=1,\cdots,n\end{aligned}$$

其中, 约束函数 x_i 的梯度可具体写出 $\nabla x_i=e_i, i=1,\cdots,n$. 于是由条件 (5.2) 可写出 KT 条件为

$$\nabla f(x)+\sum_{i=1}^{l}\lambda_i\nabla g_i(x)-\sum_{i=1}^{n}\delta_i e_i=0$$

$$\lambda_i\geqslant 0,\quad g_i(x)\leqslant 0,\quad \lambda_i g_i(x)=0,\quad i=1,\cdots,l$$

$$\delta_i\geqslant 0,\quad x_i\geqslant 0,\quad \delta_i x_i=0,\quad i=1,\cdots,n$$

(2) 该问题可写为

$$\begin{aligned}\min\quad & c^{\mathrm T}x\\ \text{s.t.}\quad & a_i^{\mathrm T}x-b_i=0,\quad i=1,\cdots,m\\ & x_i\geqslant 0,\quad i=1,\cdots,n\end{aligned}$$

其中 $a_i^{\mathrm T}$ 表示矩阵 A 的第 i 行, $i=1,\cdots,m$.

于是由条件 (5.2) 可写出 KT 条件为

$$c-\sum_{i=1}^{m}\lambda_i a_i-\sum_{i=1}^{n}\delta_i e_i=0$$

$$a_i^{\mathrm{T}}x-b_i=0,\quad i=1,\cdots,m$$

$$\delta_i\geqslant 0,\quad x_i\geqslant 0,\quad \delta_i x_i=0,\quad i=1,\cdots,n$$

记 $\lambda=(\lambda_1,\cdots,\lambda_m)^{\mathrm{T}},\delta=(\delta_1,\cdots,\delta_n)^{\mathrm{T}}$, 则上述 KT 条件又可以简写为

$$c-A^{\mathrm{T}}\lambda-\delta=0,\quad \delta^{\mathrm{T}}x=0,\quad \delta\geqslant 0,\quad x\geqslant 0,\quad Ax-b=0$$

下面定理表明, KT 条件在一定条件下也是问题 (5.1) 解的充分条件.

定理 5.2.10 若 $f(x),-c_i(x),i=m+1,m+2,\cdots,p$ 是连续可微的凸函数, $c_j(x),j=1,2,\cdots,m$ 是线性函数. 若 x^* 满足 KT 条件, 则 x^* 是问题 (5.1) 的整体最优解.

证明 因为 $f(x)$ 是凸函数, 所以

$$f(x)\geqslant f(x^*)+\nabla f(x^*)^{\mathrm{T}}(x-x^*),\quad \forall x\in\mathbf{R}^n$$

又因为 x^* 是问题 (5.1) 的 KT 点, 所以存在 $\lambda_i^*\geqslant 0,i\in I(x^*),\mu_i^*,i=1,\cdots,m$, 使

$$\nabla f(x^*)-\sum_{i\in I(x^*)}\lambda_i^*\nabla c_i(x^*)-\sum_{i=1}^{m}\mu_i^*\nabla c_i(x^*)=0$$

故

$$\nabla f(x^*)^{\mathrm{T}}(x-x^*)=\sum_{i\in I(x^*)}\lambda_i^*\nabla c_i(x^*)^{\mathrm{T}}(x-x^*)+\sum_{i=1}^{m}\mu_i^*\nabla c_i(x^*)^{\mathrm{T}}(x-x^*)$$

于是有

$$f(x)\geqslant f(x^*)+\sum_{i\in I(x^*)}\lambda_i^*\nabla c_i(x^*)^{\mathrm{T}}(x-x^*)+\sum_{i=1}^{m}\mu_i^*\nabla c_i(x^*)^{\mathrm{T}}(x-x^*)\tag{5.3}$$

对任一可行点 $x,-c_i(x)\leqslant 0,i=m+1,m+2,\cdots,p$, 因为 $-c_i(x)$ 是凸函数, 所以有

$$-c_i(x)\geqslant -c_i(x^*)-\nabla c_i(x^*)^{\mathrm{T}}(x-x^*)$$

对 $i\in I(x^*),c_i(x^*)=0$, 所以由上式得

$$\nabla c_i(x^*)^{\mathrm{T}}(x-x^*)\geqslant c_i(x)\geqslant 0,\quad i\in I(x^*)$$

又因为 $c_j(x), j=1,2,\cdots,m$ 是线性函数, 所以对可行点 x,

$$0=c_j(x)=c_j(x^*)+\nabla c_j(x^*)^{\mathrm{T}}(x-x^*)=\nabla c_j(x^*)^{\mathrm{T}}(x-x^*),\quad j=1,2,\cdots,n$$

注意到 $\lambda_i^*\geqslant 0, i\in I(x^*)$, 由式 (5.3) 得

$$f(x)\geqslant f(x^*)$$

即 x^* 是问题 (5.1) 的整体最优解. □

这样, KT 条件也为约束优化问题的求解提供了一条途径.

例 5.2.2 用 KT 条件解下列问题:

$$\begin{aligned}\min\quad & (x_1-1)^2+(x_2-2)^2\\ \text{s.t.}\quad & x_1+x_2-2\leqslant 0\\ & -x_1\leqslant 0\\ & -x_2\leqslant 0\\ & -x_1+x_2-1=0\end{aligned}$$

解 因为 $\nabla[(x_1-1)^2+(x_2-2)^2]=\begin{pmatrix}2(x_1-1)\\2(x_2-2)\end{pmatrix}$, $\nabla(x_1+x_2-2)=\begin{pmatrix}1\\1\end{pmatrix}$, $\nabla(-x_1)=\begin{pmatrix}-1\\0\end{pmatrix}$, $\nabla(-x_2)=\begin{pmatrix}0\\-1\end{pmatrix}$, $\nabla(-x_1+x_2-1)=\begin{pmatrix}-1\\1\end{pmatrix}$.

由条件 (5.2) 可以写出该问题的 KT 条件如下

$$\begin{cases}2(x_1-1)+\lambda_1-\lambda_2-\mu=0\\ 2(x_2-2)+\lambda_1-\lambda_3+\mu=0\\ \lambda_1(x_1+x_2)-2=0\\ \lambda_2x_1=0\\ \lambda_3x_2=0\\ \lambda_1,\lambda_2,\lambda_3\geqslant 0\end{cases}$$

另外, 因为 x 还必须是可行点, 从而需

$$\begin{cases}x_1+x_2-2\leqslant 0\\ -x_1+x_2-1=0\\ x_1,x_2\geqslant 0\end{cases}$$

(1) 设 $x_1\neq 0, x_2\neq 0, \lambda_1=0$, 则由互补松弛条件得 $\lambda_2=\lambda_3=0$. 由 KT 条件前两式得

$$\begin{cases}2(x_1-1)-\mu=0\\ 2(x_2-2)+\mu=0\end{cases}\Rightarrow x_1+x_2-3=0$$

再由可行性条件有 $-x_1+x_2-1=0$, 联立上一式得 $x_2=2, x_1=1$. 但该点不满足 $x_1+x_2-2\leqslant 0$, 故该点不是 KT 点.

(2) 设 $\lambda_1\neq 0$. 由互补松弛条件得

$$x_1+x_2-2=0$$

再由 $-x_1+x_2-1=0$, 联立二者得 $x_2=\frac{3}{2}, x_1=\frac{1}{2}$. 再由互补松弛条件得 $\lambda_2=\lambda_3=0$, 将其代入 KT 条件前两式得

$$\begin{cases} 2\left(\frac{1}{2}-1\right)+\lambda_1-\mu=0 \\ 2\left(\frac{3}{2}-2\right)+\lambda_1+\mu=0 \end{cases}$$

由此二式解得 $\lambda_1=1, \mu=0$. 所以 $x^*=\begin{pmatrix} \frac{1}{2} \\ \frac{3}{2} \end{pmatrix}, \lambda^*=\begin{pmatrix} 1 \\ 0 \\ 0 \end{pmatrix}, \mu^*=0$ 满足 KT 条件.

易见 $f(x)$ 是凸函数, 约束为线性的, 从而由定理 5.2.10 知, $x^*=\begin{pmatrix} \frac{1}{2} \\ \frac{3}{2} \end{pmatrix}$ 是问题的整体最优解.

问题　上述问题是二次约束优化问题, 可以看出, 用 KT 条件求解似乎不是一条有效的途径, 主要是互补松弛条件给用这种方法的求解带来了困难, 特别是不等式约束多的时候. 有没有改进的更有效的办法?

实际上, 确实有通过 KT 条件求解约束优化问题的有效方法. 其想法是, KT 条件的等式部分组成了一个非线性方程组, 在每一互补条件的右边加一适当的扰动项, 以便该方程组可由求解非线性方程组的方法, 如 Newton 法, 求解扰动的互补问题, 然后逐渐缩小扰动项. 对一般的互补问题, 这种方法得到了系统的发展, 如参阅文献 [19].

5.3　罚函数法

一种重要的求解问题 (5.1) 的方法是通过解一系列无约束优化问题以得到原问题近似解的罚函数法.

先考虑等式约束优化问题

$$\begin{aligned} \min \quad & f(x) \\ \text{s.t.} \quad & c_i(x)=0, \quad i=1,2,\cdots,m \end{aligned} \tag{5.4}$$

定义下列函数

$$Q(x,\mu)=f(x)+\frac{1}{2\mu}\sum_{i=1}^{m}c_i^2(x)$$

这里 $\mu>0$ 是参数, $Q(x,\mu)$ 称为二次罚函数, $\frac{1}{2\mu}\sum_{i=1}^{m}c_i^2(x)$ 称为惩罚项.

对于无约束优化问题

$$\min_x \quad Q(x,\mu) \tag{5.5}$$

若 x 是不可行点, 则当 $\mu\to 0^+$ 时, 惩罚项 $\frac{1}{2\mu}\sum_{i=1}^{m}c_i^2(x)\to+\infty$.

可见, 当 $\mu\to 0^+$ 时, 违反约束条件大的不可行点逐渐失去作为无约束优化问题解的资格; 或者说, 问题 (5.5) 的解应随着 $\mu\to 0^+$ 逐渐逼近问题 (5.4) 的可行域.

下面看一个例子.

例 5.3.1 考虑等式约束优化问题

$$\begin{aligned} \min \quad & x^2 \\ \text{s.t.} \quad & x-1=0 \end{aligned}$$

这时二次罚函数 $Q(x,\mu)=x^2+\frac{1}{2\mu}(x-1)^2$, 显然该罚函数是凸函数.

令 $Q'_x(x,\mu)=0$, 则 $2x+\frac{1}{\mu}(x-1)=0, x(\mu)=\frac{1}{2\mu+1}$.

可见, 当 $\mu\to 0^+$ 时, $\frac{1}{2\mu+1}\to 1$, 极限点 $x=1$ 是最优点.

对于一般的约束优化问题 (5.1)

$$\begin{aligned} \min \quad & f(x) \\ \text{s.t.} \quad & c_i(x)=0, \quad i=1,2,\cdots,m \\ & c_j(x)\geqslant 0, \quad j=m+1,m+2,\cdots,p \end{aligned}$$

记 $[c_i(x)]^-=\min\{c_i(x),0\}$, 则 $c_i(x)\geqslant 0$ 等价于

$$[c_i(x)]^-=0, \quad i=m+1,\cdots,p$$

于是问题 (5.1) 等价于下列等式约束优化问题

$$\begin{aligned} \min \quad & f(x) \\ \text{s.t.} \quad & c_j(x)=0, \quad j=1,2,\cdots,m \\ & [c_i(x)]^-=0, \quad i=m+1,m+2,\cdots,p \end{aligned}$$

类似地, 定义

$$Q(x,\mu)=f(x)+\frac{1}{2\mu}\left(\sum_{i=m+1}^{p}([c_i(x)]^-)^2+\sum_{j=1}^{m}c_j^2(x)\right)$$

二次罚函数法就是通过解一系列无约束优化问题

$$\min_x \quad Q(x,\mu)$$

去求得问题 (5.1) 的近似解.

算法 5.3.1　二次罚函数法

步骤 1　给定 $\mu_1>0$, 初始点 x_0, $k=0$.

步骤 2　以 x_k 为初始点, 求解

$$\min_x \quad Q(x,\mu_{k+1})$$

记求得的解为 x_{k+1}.

步骤 3　如果 x_{k+1} 是解, 则停止迭代; 否则 $k:=k+1$, 取 $\mu_{k+1}\in(0,\mu_k)$, 转到步骤 2.

定理 5.3.2　设在算法 5.3.1 中, 步骤 2 中求得的 x_{k+1} 是 $\min_x Q(x,\mu_{k+1})$ 的整体极小点. 令 $\mu_k\to 0^+$, 则 $\{x_k\}$ 的任一聚点都是问题 (5.1) 的解.

证明　记 $F=\{x|c_i(x)\leqslant 0, i=m+1,m+2,\cdots,p; c_j(x)=0, j=1,2,\cdots,m\}$.

设 $\bar{x}$ 是问题 (5.1) 的整体极小点, 即

$$f(\bar{x})\leqslant f(x),\quad \forall x\in F$$

因为 x_{k+1} 是步骤 2 中求得的整体极小解, 所以 $Q(x_{k+1},\mu_{k+1})\leqslant Q(\bar{x},\mu_{k+1})$, 即

$$f(x_{k+1})+\frac{1}{2\mu_{k+1}}\left(\sum_{i=m+1}^{p}([c_i(x_{k+1})]^-)^2+\sum_{j=1}^{m}c_j^2(x_{k+1})\right)$$

$$\leqslant f(\bar{x})+\frac{1}{2\mu_{k+1}}\left(\sum_{i=m+1}^{p}([c_i(\bar{x})]^-)^2+\sum_{j=1}^{m}c_j^2(\bar{x})\right)=f(\bar{x})$$

故

$$\sum_{i=m+1}^{p}([c_i(x_{k+1})]^-)^2+\sum_{j=1}^{m}c_j^2(x_{k+1})\leqslant 2\mu_{k+1}(f(\bar{x})-f(x_{k+1}))$$

设 x^* 是 $\{x_{k+1}\}$ 的一个聚点, 则有 $x_{k_i+1} \to x^*$. 在上面最后一个不等式中取 $k = k_i \to +\infty$, 由 $f(x)$ 和 $c_i(x), i = 1, 2, \cdots, p$ 的连续性及 $\mu_k \to 0^+$, 则有

$$\sum_{i=m+1}^{p} ([c_i(x^*)]^-)^2 + \sum_{j=1}^{m} c_j^2(x^*) = 0$$

所以, x^* 是问题 (5.1) 的可行解. 又显然 $f(x_{k+1}) \leqslant f(\bar{x})$. 故有

$$f(x^*) \leqslant f(\bar{x})$$

从而 x^* 是问题 (5.1) 的整体极小解. □

问题 在上述罚函数法中, 有一个过于苛刻的要求, 就是在步骤 2 中要求求得辅助问题的精确整体极小解, 这一般是做不到的. 可否用某种无约束优化方法只求得该辅助问题的第一个或前几个近似解?

5.4 障碍罚函数法

罚函数法求得的近似解一般只是近似满足约束条件, 对有些实际问题这是不允许的. 障碍函数法通过在目标函数上引入一个关于约束的障碍项, 使得当迭代点由内部接近可行域的边界时, 障碍项趋于无穷大, 迫使迭代点返回可行域内部, 从而保证迭代点保持严格可行.

考虑不等式约束优化问题

$$\begin{aligned} \min \quad & f(x) \\ \text{s.t.} \quad & c_i(x) \leqslant 0, \quad i = 1, 2, \cdots, p \end{aligned} \tag{5.6}$$

常用障碍函数为

$$P(x, \mu) = f(x) - \mu \sum_{i=1}^{p} \ln(-c_i(x))$$

和

$$P(x, \mu) = f(x) - \mu \sum_{i=1}^{p} \frac{1}{c_i(x)}$$

障碍函数法通过解一系列无约束优化问题

$$\min_{x \in F} \quad P(x, \mu) \tag{5.7}$$

而求得问题 (5.6) 的近似解.

例 5.4.1 考虑不等式约束优化问题

$$\begin{aligned} \min \quad & x_1 - 2x_2 \\ \text{s.t.} \quad & 1 + x_1 - x_2^2 \geqslant 0 \\ & x_2 \geqslant 0 \end{aligned}$$

构造无约束对数障碍函数优化问题

$$\min_x P(x,\mu) = (x_1 - 2x_2) - \mu(\ln(1 + x_1 - x_2^2) + \ln(x_2))$$

令 $\nabla_x P(x,\mu) = 0$, 得

$$\begin{cases} 1 - \dfrac{\mu}{1 + x_1 - x_2^2} = 0 \\ -2 + \dfrac{2\mu x_2}{1 + x_1 - x_2^2} - \dfrac{\mu}{x_2} = 0 \end{cases}$$

解得

$$\begin{cases} x_1(\mu) = \dfrac{\sqrt{1+2\mu} + 3\mu - 1}{2} \\ x_2(\mu) = \dfrac{\sqrt{1+2\mu} + 1}{2} \end{cases}$$

令 $\mu \to 0$, 有 $x_1(\mu) \to 0,\ \ x_2(\mu) \to 1$. 容易验证, $(0\ \ 1)^{\mathrm{T}}$ 是问题的解.

算法 5.4.1 对数函数障碍函数法

步骤 1 给定 $\mu_1 > 0$, 初始点 $x_0, k := 0$.

步骤 2 以 x_k 为初始点, 解

$$\min_x \quad P(x, \mu_{k+1})$$

设最优解为 x_{k+1}.

步骤 3 如果 x_{k+1} 是问题 (5.6) 的解, 停止迭代; 否则 $k := k+1$. 取 $\mu_{k+1} \in (0, \mu_k)$, 转到步骤 2.

定理 5.4.2 设函数 $f(x)$ 在可行域 $F = \{x | c_i(x) \leqslant 0, i = 1, 2, \cdots, p\}$ 中有下界, 算法 5.4.1 若不是有限步终止, $\mu_k \to 0^+ (k \to \infty)$, 则必有

$$\lim_{k\to\infty} \mu_k \cdot \sum_{i=1}^{p} \ln(-c_i(x_k)) = 0$$

$$\lim_{k\to\infty} f(x_k) = \inf_{x \in \mathrm{int}(F)} f(x)$$

且 $\{x_k\}$ 的任何聚点都是问题 (5.6) 的解. 这里 $\mathrm{int}(F) = \{x | c_i(x) < 0, i = 1, 2, \cdots, p\}$ 不空.

证明 $\forall \eta > 0$, 由下确界定义, 有 $x_\eta \in \mathrm{int}(F)$ 使

$$f(x_\eta) < \inf_{x\in \mathrm{int}(F)} f(x) + \frac{\eta}{2}$$

因为算法不是有限步终止, $\mu_k \to 0^+$, 所以有正常数 $\bar{k}$, 使

$$\mu_k \left(\sum_{i=1}^{p} \ln(-c_i(x_\eta)) \right) < \frac{\eta}{2}, \quad \forall k \geqslant \bar{k}$$

由 x_k 的定义,

$$\begin{aligned} f(x_k) - \mu_k \sum_{i=1}^{p} \ln(-c_i(x_k)) \leqslant f(x_\eta) - \mu_k \sum_{i=1}^{p} \ln(-c_i(x_\eta)) \\ \leqslant \inf_{x\in \mathrm{int}(F)} f(x) + \frac{\eta}{2} - \mu_k \sum_{i=1}^{p} \ln(-c_i(x_\eta)) \\ \leqslant \inf_{x\in \mathrm{int}(F)} f(x) + \frac{\eta}{2} + \frac{\eta}{2} \\ \leqslant \inf_{x\in \mathrm{int}(F)} f(x) + \eta \end{aligned}$$

由 x_k 的定义知它是可行点, 于是有

$$-\mu_k \sum_{i=1}^{p} \ln(-c_i(x_k)) \leqslant \inf_{x\in \mathrm{int}(F)} f(x) - f(x_k) + \eta \leqslant \eta$$

由算法知

$$f(x_k) - \mu_k \sum_{i=1}^{p} \ln(-c_i(x_k)) \leqslant f(x_{k+1}) - \mu_k \sum_{i=1}^{p} \ln(-c_i(x_{k+1}))$$
$$f(x_{k+1}) - \mu_{k+1} \sum_{i=1}^{p} \ln(-c_i(x_{k+1})) \leqslant f(x_k) - \mu_{k+1} \sum_{i=1}^{p} \ln(-c_i(x_k))$$

以上两式相加得

$$(\mu_k - \mu_{k+1}) \sum_{i=1}^{p} \ln(-c_i(x_{k+1})) \leqslant (\mu_k - \mu_{k+1}) \sum_{i=1}^{p} \ln(-c_i(x_k))$$

因为 $\mu_k > \mu_{k+1}$, 所以有

$$\sum_{i=1}^{p} \ln(-c_i(x_{k+1})) \leqslant \sum_{i=1}^{p} \ln(-c_i(x_k))$$

可见 $\left\{\sum_{i=1}^{p}\ln(-c_i(x_k))\right\}$ 是单调减小的. 于是有

$$-\mu_k\sum_{i=1}^{p}\ln(-c_i(x_1))\leqslant-\mu_k\sum_{i=1}^{p}\ln(-c_i(x_k))\leqslant\eta$$

由 η 的任意性知,

$$\lim_{k\to\infty}\mu_k\sum_{i=1}^{p}\ln(-c_i(x_k))=0$$

再由

$$f(x_k)-\mu_k\sum_{i=1}^{p}\ln(-c_i(x_k))\leqslant f(x_\eta)-\mu_k\sum_{i=1}^{p}\ln(-c_i(x_\eta))$$

令 $k\to+\infty$, 得

$$\limsup_{k\to+\infty}f(x_k)\leqslant f(x_\eta)\leqslant\inf_{x\in\text{int}(F)}f(x)+\eta$$

又因为 $f(x_k)\geqslant\inf_{x\in\text{int}(F)}f(x)$, 所以

$$\lim\inf_{k\to\infty}f(x_k)=\limsup_{k\to\infty}f(x_k)=\inf_{x\in\text{int}(F)}f(x)$$

由此即得

$$\lim_{k\to\infty}f(x_k)=\inf_{x\in\text{int}(F)}f(x)$$ □

注 将障碍项 $-\sum_{i=1}^{p}\ln(-c_i(x))$ 换成 $-\sum_{i=1}^{p}\frac{1}{c_i(x)}$, 定理 5.4.2 仍然成立.

可以看出, 障碍函数法的一个前提条件是可行区域有内点. 因此, 它不适用于处理等式约束. 如果约束部分有不等式也有等式, 则可以仅将不等式部分用障碍函数法处理, 等式部分保留, 这就得到仅含等式约束的约束优化问题, 用它去近似原问题; 或将等式约束部分也用罚函数法处理, 形成无约束优化问题, 用它去近似原问题.

5.5 二次规划

二次规划 QP 是最简单的一类非线性约束优化问题. 一般 QP 可写为如下形式:

$$\begin{aligned}\min\quad&\frac{1}{2}x^{\mathrm{T}}Gx+d^{\mathrm{T}}x\\ \text{s.t.}\quad&a_i^{\mathrm{T}}x=b_i,\quad i\in E\\ &a_i^{\mathrm{T}}x\geqslant b,\quad i\in I\end{aligned}\tag{5.8}$$

E, I 分别为指标集, G 为 n 阶对称阵.

二次规划不仅本身有广泛的实际应用, 而且在求解一般的非线性优化问题时, 常需解一系列二次规划子问题. 求解一般约束优化问题的方法当然可以用来求解作为特殊情形的二次规划问题, 但由于二次规划的特殊形式, 研究专门用于解 QP 的算法以便更有效地求解 QP 是很有必要的.

下面是两个二次规划问题的例子.

例 5.5.1 二次规划模型.

某工厂生产甲乙两个牌子的产品, 假定生产的产品都可以卖出. 按照市场经济规律, 甲的价格会随其销量 x_1 的增加而降低, 乙的销量 x_2 的增长也会使甲的价格下降. 若假设甲的价格为 p_1, 且有如下关系 $p_1 = b_1 - a_{11}x_1 - a_{12}x_2$, $a_{11}, a_{12} > 0$, $a_{11} > a_{12}$; 类似地, 乙的价格遵循同样的规律, 设其价格为 p_2, 且有 $p_2 = b_2 - a_{21}x_1 - a_{22}x_2$, $a_{21}, a_{22} > 0$, $a_{22} > a_{21}$. 假设两种牌子的产量之和不超过 100, 且甲的产量不超过乙的产量的 2 倍, 甲和乙的每单位生产成本分别为 q_1, q_2. 求一种生产方案使得该厂的总赢利最大.

建立该问题的数学模型: 设甲乙两种产品各生产 x_1, x_2, 则生产甲获得的利润为 $(p_1 - q_1)x_1$, 生产乙产品获得的利润为 $(p_2 - q_2)x_2$. 于是总利润为

$$(p_1 - q_1)x_1(p_2 - q_2)x_2 = (b_1 - a_{11}x_1 - a_{12}x_2 - q_1)x_1 + (b_2 - a_{21}x_1 - a_{22}x_2 - q_2)x_2$$

根据生产条件可以得到约束条件是 $x_1 + x_2 \leqslant 100, x_1 \leqslant 2x_2$. 于是得到该问题的数学模型如下

$$\begin{aligned}
\min \quad & (b_1 - a_{11}x_1 - a_{12}x_2 - q_1)x_1 + (b_2 - a_{21}x_1 - a_{22}x_2 - q_2)x_2 \\
\text{s.t.} \quad & x_1 + x_2 \leqslant 100 \\
& x_1 \leqslant 2x_2 \\
& x_1, x_2 \geqslant 0
\end{aligned}$$

可见该问题是一个二次优化问题. 实际上, 如果这里的产品量有整数的限制, 如多少个、多少台、多少辆等, 这个问题便是一个整数二次规划问题.

例 5.5.2 证券投资模型 (Markowitz 投资模型).

在 20 世纪 50 年代, 美国经济学家 Markowitz 对证券投资组合问题提出了著名的 Markowitz 投资组合模型. 该问题可简述为: 设一个投资者计划同时在多种证券上投资, 那么该如何选择各种证券的投资比例, 以便收益最大, 而风险最小?

Markowitz 的主要贡献在于他把收益与风险这两个原本有些含糊的不确定的概念明确为具体的数学概念. 设投资者在 n 支证券上投资, 第 i 种证券的收益率为

r_i, 通常假设 r_i 是符合正态分布的随机变量, $i=1,\cdots,n$. Markowitz 建议以方差 $\sigma_i^2 = E[(r_i - E[r_i])^2]$ 来度量第 i 支证券的风险大小, 即方差越大风险越大.

设投资者把一个单位的资金投入到这 n 支证券上, 第 i 支证券投资量为 x_i, $i = 1,\cdots,n$, 于是投资收益为

$$R = \sum_{i=1}^{n} r_i x_i$$

因为 R 是随机变量, 显然用 R 的期望值作为收益的度量是合适的, 于是收益可记为 $E[R] = E\left[\sum_{i=1}^{n} r_i x_i\right] = \sum_{i=1}^{n} E[r_i]x_i$. 整个投资的方差用来表述整个投资的风险, 于是整个投资的风险为

$$E[(R-E[R])^2] = \sum_{i=1}^{n}\sum_{j=1}^{n} E[(r_i - E[r_i])(r_j - E[r_j])]x_i x_j = x^{\mathrm{T}}Gx$$

这里矩阵 G 的元素为 $G_{ij} = E[(r_i - E[r_i])(r_j - E[r_j])]$.

容易证明, 协方差矩阵 G 是半正定的. 通过引入风险参数 k, 可以得到下面的 Markowitz 证券组合投资模型

$$\begin{aligned}\max \quad & \mu^{\mathrm{T}}x - kx^{\mathrm{T}}Gx \\ \text{s.t.} \quad & \sum_{i=1}^{n} x_i = 1 \\ & x \geqslant 0\end{aligned}$$

这里 $\mu = (E[r_1],\cdots,E[r_n])^{\mathrm{T}}$, 风险参数 k 依赖于投资者对风险的承受程度.

可见, 该模型是一个凸二次规划问题.

下面讨论二次规划问题的解法, 我们先介绍等式约束二次规划问题的解法, 然后介绍一般凸二次规划的一种解法.

5.5.1 等式约束二次规划问题

等式约束的 QP 问题为

$$\begin{aligned}\min \quad & \frac{1}{2}x^{\mathrm{T}}Gx + g^{\mathrm{T}}x \\ \text{s.t.} \quad & A^{\mathrm{T}}x = b\end{aligned} \tag{5.9}$$

设 A 是 $n \times m$ 矩阵, A 列满秩, 也即 A^{T} 行满秩, 秩为 m. 下面介绍求解 (5.9) 的两种方法.

1. **直接消元法**

设 $A^{\mathrm{T}}=(A_B^{\mathrm{T}},A_N^{\mathrm{T}}),A_B^{\mathrm{T}}$ 是非奇异的 m 阶阵；相应地, 将 x,G,g 划分如下

$$x=\begin{pmatrix}x_B\\x_N\end{pmatrix},\quad G=\begin{pmatrix}G_{BB}&G_{BN}\\G_{NB}&G_{NN}\end{pmatrix},\quad g=\begin{pmatrix}g_B\\g_N\end{pmatrix}$$

于是等式约束 $A^{\mathrm{T}}x=b$ 可等价写为 $A_B^{\mathrm{T}}x_B+A_N^{\mathrm{T}}x_N=b$, 即

$$x_B=A_B^{-\mathrm{T}}(b-A_N^{\mathrm{T}}x_N) \tag{5.10}$$

将式 (5.10) 代入目标函数 $q(x)=\dfrac{1}{2}x^{\mathrm{T}}Gx+g^{\mathrm{T}}x$ 中, 整理得

$$q(x)=\frac{1}{2}x_N^{\mathrm{T}}\widehat{G}x_N+\widehat{g}^{\mathrm{T}}x_N+\widehat{c}$$

其中

$$\begin{aligned}\widehat{G}&=G_{NN}-G_{NB}A_B^{-\mathrm{T}}A_N^{\mathrm{T}}-A_NA_B^{-1}G_{BN}+A_NA_B^{-1}G_{BB}A_B^{-\mathrm{T}}A_N^{\mathrm{T}}\\ \widehat{g}&=g_N-A_NA_B^{-\mathrm{T}}g_B+(G_{NB}-A_NA_B^{-1}G_BB)A_B^{-1}b\\ \widehat{c}&=\frac{1}{2}b^{\mathrm{T}}A_B^{-1}G_{BB}A_B^{-\mathrm{T}}b+g_B^{\mathrm{T}}A_B^{-\mathrm{T}}b\end{aligned}$$

于是问题 (5.9) 变为无约束 QP:

$$\min\quad \frac{1}{2}x_N^{\mathrm{T}}\widehat{G}x_N+\widehat{g}^{\mathrm{T}}x_N+\widehat{c} \tag{5.11}$$

下面分情况讨论.

(1) $\widehat{G}$ 正定, 则问题 (5.11) 的解为

$$x_N^*=-\widehat{G}^{-1}\widehat{g}$$

代入 x_B 的表达式 (5.10), 得 x_B^*. 由此得问题 (5.9) 的解为

$$x^*=\begin{pmatrix}A_B^{-\mathrm{T}}b+A_B^{-\mathrm{T}}A_N^{\mathrm{T}}\widehat{G}^{-1}\widehat{g}\\-\widehat{G}^{-1}\widehat{g}\end{pmatrix}$$

(2) $\widehat{G}$ 半正定, 因为问题 (5.11) 等价于 $\widehat{G}x_N+\widehat{g}=0$. 所以当 $\widehat{g}\in R(\widehat{G})$ 时, 问题 (5.11) 有解, 否则问题 (5.11) 无解.

(3) $\widehat{G}$ 有负特征值, 则问题 (5.11) 无下界, 从而原问题无解.

2. Lagrange 方法

Lagrange 方法就是通过求解等式约束 QP 的 KT 条件的一种方法. 由 KT 条件知, x 是问题 (5.9) 解的必要条件为, 存在 λ 使

$$\begin{cases} Gx+g-A\lambda=0 \\ A^{\mathrm{T}}x=b \end{cases} \iff \begin{pmatrix} G & -A \\ -A^{\mathrm{T}} & 0 \end{pmatrix}\begin{pmatrix} x \\ \lambda \end{pmatrix} = -\begin{pmatrix} g \\ b \end{pmatrix} \tag{5.12}$$

定理 5.5.1　设 Z 是 A^{T} 的零空间的基组成的矩阵, 即 Z 的列组成子空间: $\{p: A^{\mathrm{T}}p=0\}$ 的一组基. 设 A 是列满秩的, 如 $Z^{\mathrm{T}}GZ$ 正定, 则式 (5.12) 存在唯一解 (x^*,λ^*), 且 x^* 是原问题的唯一解.

证明　先证明第一个结论. 只需证明 $\begin{pmatrix} G & -A \\ -A^{\mathrm{T}} & 0 \end{pmatrix}$ 非奇异即可表明式 (5.12) 解的唯一性.

若不然, 即有非零向量 $\begin{pmatrix} p \\ v \end{pmatrix} \neq 0$, 使

$$\begin{pmatrix} G & -A \\ -A^{\mathrm{T}} & 0 \end{pmatrix}\begin{pmatrix} p \\ v \end{pmatrix} = 0$$

即 $Gp-Av=0, A^{\mathrm{T}}p=0$. 于是

$$p^{\mathrm{T}}Gp = p^{\mathrm{T}}Av = (A^{\mathrm{T}}p)^{\mathrm{T}}v = 0$$

而由 $A^{\mathrm{T}}p=0$ 及 Z 的定义知, 存在 $u \in \mathbf{R}^{n-m}$, 使

$$p = Zu$$

于是

$$u^{\mathrm{T}}Z^{\mathrm{T}}GZu = 0$$

因为 $Z^{\mathrm{T}}GZ$ 正定, 所以

$$u=0 \Rightarrow p=0 \Rightarrow Av=0$$

因为 A 列满秩, 所以 $v=0$. 这与 $(p,v)\neq 0$ 矛盾! 所以 $\begin{pmatrix} G & -A \\ -A^{\mathrm{T}} & 0 \end{pmatrix}$ 非奇异, 从而式 (5.12) 有唯一解.

下证第二个结论. 设 (x^*,λ^*) 是式 (5.12) 的解, 要证明 x^* 是原问题的唯一整体最优解. 设 x 是问题 (5.9) 的任一可行解, 则 $A^{\mathrm{T}}x=b$.

因为 $A^{\mathrm{T}}x^*=b$, 所以 $A^{\mathrm{T}}(x^*-x)=0$. 记 $d=x^*-x$, 于是有

$$\begin{aligned} q(x) &= \frac{1}{2}x^{\mathrm{T}}Gx + g^{\mathrm{T}}x \\ &= \frac{1}{2}(x^*-d)^{\mathrm{T}}G(x^*-d) + g^{\mathrm{T}}(x^*-d) \\ &= q(x^*) + \frac{1}{2}d^{\mathrm{T}}Gd - d^{\mathrm{T}}Gx^* - g^{\mathrm{T}}d \end{aligned}$$

因为 (x^*,λ^*) 满足

$$\begin{pmatrix} G & -A \\ -A^{\mathrm{T}} & 0 \end{pmatrix}\begin{pmatrix} x \\ \lambda \end{pmatrix} = -\begin{pmatrix} g \\ b \end{pmatrix}$$

所以

$$Gx^* = -g + A\lambda^*$$

于是

$$d^{\mathrm{T}}Gx^* = d^{\mathrm{T}}(-g + A\lambda^*) = -d^{\mathrm{T}}g + 0 = -d^{\mathrm{T}}g$$

所以

$$q(x) = \frac{1}{2}d^{\mathrm{T}}Gd + q(x^*)$$

因为 $A^{\mathrm{T}}d = 0$, 而 Z 的列组成 $\{x : A^{\mathrm{T}}x = 0\}$ 的一组基. 于是有 u, 使得

$$d = Zu$$

于是 $d^{\mathrm{T}}Gd = u^{\mathrm{T}}Z^{\mathrm{T}}GZu$, 因为 $Z^{\mathrm{T}}GZ$ 正定, 则当 $x \neq x^*$, 即 $d \neq 0$ 时, $u \neq 0$, 从而

$$d^{\mathrm{T}}Gd = u^{\mathrm{T}}(Z^{\mathrm{T}}GZ)u > 0$$

这样

$$q(x) > q(x^*)$$

所以 x^* 是问题 (5.9) 的唯一整体最优解. □

第二个结论的另外一种证法. 设 $\bar{x}$ 是问题 (5.9) 的一个解, 由 KT 条件, 存在 $\bar{\lambda}$ 使得 $(\bar{x},\bar{\lambda})$ 是式 (5.12) 的解, 由于式 (5.12) 的解是唯一的, 于是得 $\bar{x} = x^*$. 这表明了 x^* 是问题 (5.9) 的唯一解.

问题 这后一种证法很简洁, 但需要一个前提条件, 就是需要假定问题 (5.9) 有解. 如何证明这一假定在定理条件下是成立的?

例 5.5.3 用 Lagrange 方法解下列 QP:

$$\begin{aligned} \min \quad & 3x_1^2 + 2x_1x_2 + x_1x_3 + 2.5x_2^2 + 2x_2x_3 + 2x_3^2 - 8x_1 - 3x_2 - 3x_3 \\ \text{s.t.} \quad & x_1 + x_3 = 3 \\ & x_2 + x_3 = 0 \end{aligned}$$

解 记 $G = \begin{pmatrix} 6 & 2 & 1 \\ 2 & 5 & 2 \\ 1 & 2 & 4 \end{pmatrix}, g = \begin{pmatrix} -8 \\ -3 \\ -3 \end{pmatrix}, A^{\mathrm{T}} = \begin{pmatrix} 1 & 0 & 1 \\ 0 & 1 & 1 \end{pmatrix}, b = \begin{pmatrix} 3 \\ 0 \end{pmatrix}$,

则问题可简写为

$$\begin{aligned} \min \quad & \frac{1}{2}x^{\mathrm{T}}Gx + g^{\mathrm{T}}x \\ \text{s.t.} \quad & A^{\mathrm{T}}x = b \end{aligned}$$

写出 KT 条件:

$$\begin{pmatrix} G & -A \\ -A^{\mathrm{T}} & 0 \end{pmatrix}\begin{pmatrix} x \\ \lambda \end{pmatrix} = \begin{pmatrix} 6 & 2 & 1 & -1 & 0 \\ 2 & 5 & 2 & 0 & -1 \\ 1 & 2 & 4 & -1 & -1 \\ -1 & 0 & -1 & 0 & 0 \\ 0 & -1 & -1 & 0 & 0 \end{pmatrix}\begin{pmatrix} x_1 \\ x_2 \\ x_3 \\ \lambda_1 \\ \lambda_2 \end{pmatrix} = -\begin{pmatrix} -8 \\ -3 \\ -3 \\ 3 \\ 0 \end{pmatrix} = \begin{pmatrix} 8 \\ 3 \\ 3 \\ -3 \\ 0 \end{pmatrix}$$

解该线性方程组得

$$x^* = \begin{pmatrix} 2 \\ -1 \\ 1 \end{pmatrix}, \quad \lambda^* = \begin{pmatrix} 3 \\ -2 \end{pmatrix}$$

这时 A^{T} 的零空间 $\{p : A^{\mathrm{T}}p = 0\}$ 的一个基阵为

$$Z = (-1 \quad -1 \quad 1)^{\mathrm{T}}$$

易见 $Z^{\mathrm{T}}GZ > 0$, 于是由定理 5.5.1 知 (x^*, λ^*) 是式 (5.12) 的唯一解, x^* 是原问题的唯一解.

例 5.5.4 由直接消元法求解例 5.5.3.

解 $A^{\mathrm{T}} = \begin{pmatrix} 1 & 0 & 1 \\ 0 & 1 & 1 \end{pmatrix}$, 取 $A_B^{\mathrm{T}} = \begin{pmatrix} 1 & 0 \\ 0 & 1 \end{pmatrix} = I$, $A_N^{\mathrm{T}} = \begin{pmatrix} 1 \\ 1 \end{pmatrix}$, 于是由式 (5.10) 可得

$$\begin{cases} x_1 = 3 - x_3 \\ x_2 = -x_3 \end{cases} \tag{5.13}$$

将其代入目标函数得

$$3(3 - x_3)^2 + 2(3 - x_3)(-x_3) + (3 - x_3)x_3 + 2.5x_3^2 + 2(-x_3^2) + 2x_3^2 - 8(3 - x_3)$$

令其导数为 0, 得 $x_3 = 1$. 代入方程解 (5.13) 得 $x_1 = 2$, $x_2 = -1$. 于是求得问题的解.

5.5.2 凸二次规划的有效集方法

一般凸二次规划问题是指二次规划问题中的目标函数是凸函数, 也就是其中矩阵 Q 是半正定的. 本小节介绍这类问题的一种解法.

考虑一般凸二次规划问题:

$$\begin{aligned}
\min \quad & \frac{1}{2}x^{\mathrm{T}}Gx + d^{\mathrm{T}}x \\
\text{s.t.} \quad & a_i^{\mathrm{T}}x - b_i \geqslant 0, \quad i \in I \\
& a_i^{\mathrm{T}}x - b_i = 0, \quad i \in E
\end{aligned} \tag{5.14}$$

这里 G 是对称半正定阵.

设 x 是问题的一个可行点, 记 $A(x) = \{i \in I \cup E | a_i^{\mathrm{T}}x = b_i\}$.

设 x^* 是问题 (5.14) 的一个解, 则由 KT 条件, 存在 $\lambda_i \geqslant 0, i \in I \cap A(x^*)$ 和 $\lambda_i, i \in E$, 使

$$Gx^* + d - \sum_{i \in A(x^*)} \lambda_i^* a_i = 0$$

$$a_i^{\mathrm{T}}x^* = b_i, \quad i \in A(x^*)$$

$$a_i^{\mathrm{T}}x^* > b_i, \quad \forall i \in I \setminus A(x^*)$$

如 $A(x^*)$ 已知, 解下面等式二次约束问题:

$$\begin{aligned}
\min \quad & \frac{1}{2}x^{\mathrm{T}}Gx + d^{\mathrm{T}}x \\
\text{s.t.} \quad & a_i^{\mathrm{T}}x = b_i, \quad i \in A(x^*)
\end{aligned}$$

若其解 $\bar{x}$ 是原问题 (5.14) 的可行解, 且相应的 Lagrange 乘子 $\bar{\lambda}$ 满足

$$\bar{\lambda}_i \geqslant 0, \quad i \in I \cap A(x^*)$$

这时 $\bar{\lambda}$ 是问题 (5.14) 的 Lagrange 乘子, 即满足

$$G\bar{x} + d - \sum_{i \in A(x^*)} \bar{\lambda}_i a_i = 0$$

于是有 $A(\bar{x}) \supseteq A(x^*)$, 从而 $\bar{x}$ 为原问题的解；否则去掉某个约束, 重复以上步骤.

有效集法的思想: 通过解一系列等式约束 QP 问题得到问题 (5.14) 的解.

问题 x^* 未知, 从而 $A(x^*)$ 未知. 可否从一可行点 x_k 开始, 此时 $A(x_k)$ 可知, 以 $A(x_k)$ 代替上面的 $A(x^*)$, 得可解的等式约束优化问题, 然后产生新的迭代点 x_{k+1}. 依此类推.

假设 以下假定对任一可行点 x_k, $a_i(i \in A(x_k))$ 线性无关.

分析 设 x_k 是当前可行迭代点, 记 $p = x - x_k, g_k = Gx_k + d$, 则

$$\begin{aligned} q(x) &= \frac{1}{2}x^{\mathrm{T}}Gx + d^{\mathrm{T}}x \\ &= \frac{1}{2}(x_k+p)^{\mathrm{T}}G(x_k+p) + d^{\mathrm{T}}(x_k+p) \\ &= \frac{1}{2}p^{\mathrm{T}}Gp + g_k^{\mathrm{T}}p + c \end{aligned}$$

这里 $c = \frac{1}{2}x_k^{\mathrm{T}}Gx_k + d^{\mathrm{T}}x_k$.

对任一满足 $a_i^{\mathrm{T}}x = b_i,\ i \in A(x_k)$ 的 x, 注意到 $a_i^{\mathrm{T}}x_k = b_i,\ i \in A(x_k)$, 所以 $a_i^{\mathrm{T}} \cdot p = 0,\ i \in A(x_k)$.

设 p_k 是下面等式 QP 问题

$$\begin{aligned} \min \quad & \frac{1}{2}p^{\mathrm{T}}Gp + g_k^{\mathrm{T}}p \\ \text{s.t.} \quad & a_i^{\mathrm{T}}p = 0, \quad i \in A(x_k) \end{aligned} \tag{5.15}$$

的解. 记此问题的 Lagrange 乘子为 $\lambda_k^j\ (j \in A(x_k))$.

(1) 若 $p_k = 0$, 则由 KT 条件得

$$g_k - \sum_{j \in A(x_k)} \lambda_k^j \cdot a_j = 0$$

即

$$Gx_k + d - \sum_{j \in A(x_k)} \lambda_k^j \cdot a_j = 0$$

所以 x_k 是

$$\begin{aligned} \min \quad & \frac{1}{2}x^{\mathrm{T}}Gx + d^{\mathrm{T}}x \\ \text{s.t.} \quad & a_i^{\mathrm{T}}x = b_i, \quad i \in A(x_k) \end{aligned}$$

的 KT 点. 如 $\lambda_k^j \geqslant 0 (j \in A(x_k) \cap I)$, 则 x_k 是问题 (5.14) 的 KT 点, 从而 x_k 是其解; 否则取 j_k 满足

$$\lambda_k^{j_k} = \min\{\lambda_k^j | \lambda_k^j < 0, i \in A(x_k) \cap I\}$$

令 $A(x_k) := A(x_k) \setminus \{j_k\}$, 重新求解问题 (5.15).

(2) 若 $p_k \neq 0$, 且 $x_k + p_k$ 满足问题 (5.15), 则令 $x_{k+1} = x_k + p_k$; 否则记 $x_{k+1} = x_k + \alpha_k p_k$, 这里 α_k 定义为

$$\alpha_k = \min\left\{1, \min\left\{\frac{b_i - a_i^{\mathrm{T}}x_k}{a_i^{\mathrm{T}}p_k}\right\} \middle| i \notin A(x_k), a_i^{\mathrm{T}}p_k < 0\right\} \tag{5.16}$$

α_k 如此取法的原因：首先 $x_k + p_k$ 应是满足 $a_i^{\mathrm{T}} x = b_i,\ i \in A(x_k)$ 的；其次，$a_i^{\mathrm{T}}(x_k + \alpha_k p_k) \geqslant b_i,\ i \notin A(x_k)$. 于是 $\alpha_k \cdot a_i^T p_k \geqslant b_i - a_i^T x_k$ ；当 $a_i^{\mathrm{T}} p_k < 0$ 时，$\alpha_k \leqslant \dfrac{b_i - a_i^T x_k}{a_i^{\mathrm{T}} p_k}$.

对 x_{k+1}, 计算 $A(x_{k+1})$, 然后置 $x_k := x_{k+1}$, 解问题 (5.15).

算法 5.5.2 凸二次规划的有效集法

步骤 1 给出初始可行点 x_0, 求出 $A(x_0); k := 0$.

步骤 2 解问题 (5.15) 得 p_k.

步骤 3 如 $p_k = 0$, 由

$$Gx_k + d = \sum_{i \in A(x_k)} \lambda_i a_i$$

求出 Lagrange 乘子 λ_k. 如 $\lambda_k^j \geqslant 0, j \in A(x_k) \cap I$, 停止迭代；否则求

$$j = \arg \min_{j \in A(x_k) \cap I} \{\lambda_k^j\}$$

$x_{k+1} := x_k, A(x_{k+1}) := A(x_k) \setminus \{j\}$, 转到步骤 4.

步骤 4 若 $p_k \neq 0$, 由式 (5.16) 求得 $\alpha_k, x_{k+1} = x_k + \alpha_k p_k$, 求 $A(x_{k+1})$.

步骤 5 $k := k + 1$, 转到步骤 1.

当二次规划问题有解时, 该算法有限步可得问题的解. 这里略去证明.

例 5.5.5 对凸二次优化问题

$$\begin{aligned}
\min \quad & x_1^2 + x_2^2 - 6x_1 - 4x_2 \\
\text{s.t.} \quad & x_1 + x_2 \leqslant 3 \\
& x_1, x_2 \geqslant 0
\end{aligned}$$

先用图解法求解, 再用有效集法求解.

解 (1) 原问题等价于如下问题：

$$\begin{aligned}
\min \quad & (x_1 - 3)^2 + (x_2 - 2)^2 - 13 \\
\text{s.t.} \quad & x_1 + x_2 \leqslant 3 \\
& x_1, x_2 \geqslant 0
\end{aligned}$$

设 $r^2 = (x_1 - 3)^2 + (x_2 - 2)^2$, 这个方程表示以 $x^* = \begin{pmatrix} 3 \\ 2 \end{pmatrix}$ 为圆心, r 为半径的圆. 作图法就是要求当这个圆与多面体 $\left\{ \begin{pmatrix} x_1 \\ x_2 \end{pmatrix} \middle| x_1 + x_2 \leqslant 3, x_1, x_2 \geqslant 0 \right\}$ 相切时, 切点的坐标 (图 5.1).

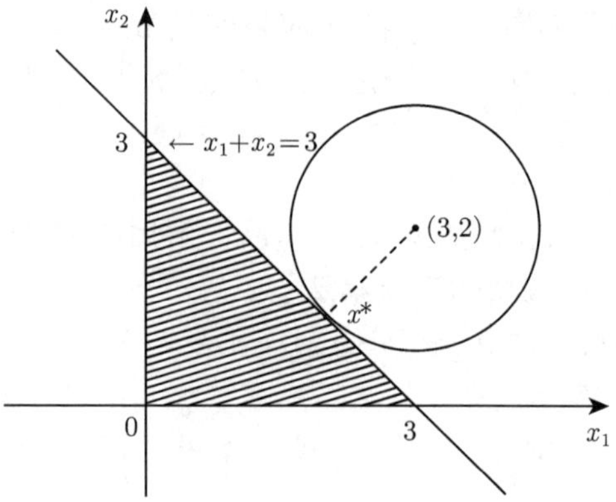

图 5.1

作图 5.1 易知问题最优解 $x^*=\begin{pmatrix}2\\1\end{pmatrix}$.

(2) 用有效约束集法求解. 这时 $G=\begin{pmatrix}2&0\\0&2\end{pmatrix}, d=\begin{pmatrix}-6\\-4\end{pmatrix}$.

取 $x^{(0)}=\begin{pmatrix}0\\0\end{pmatrix}$, 则 $A(x^{(0)})=\{2,3\}$, 所以 $g_0=Gx^{(0)}+d=d$. 于是问题 (5.15) 这时为

$$\begin{array}{ll}\min & p_1^2+p_2^2-6p_1-4p_2\\ \text{s.t.} & p_1=0,\quad p_2=0\end{array}$$

容易看出唯一解为 $p^{(0)}=(0\quad 0)^{\mathrm{T}}$. 由步骤 2 求 Lagrange 乘子

$$\begin{pmatrix}2&0\\0&2\end{pmatrix}x^{(0)}+\begin{pmatrix}-6\\-4\end{pmatrix}=\lambda_2\begin{pmatrix}1\\0\end{pmatrix}+\lambda_3\begin{pmatrix}0\\1\end{pmatrix}$$

解得 $\lambda_2=-6,\lambda_3=-4$.

可见这时步骤 2 中的 $j=2$, 置

$$x^1:=\begin{pmatrix}0\\0\end{pmatrix},\quad A(x^{(1)}):=A(x^{(0)})\setminus\{2\}=\{3\}$$

求解

$$\begin{array}{ll}\min & p_1^2+p_2^2-6p_1-4p_2\\ \text{s.t.} & p_2=0\end{array}$$

求得问题的解为 $p^{(1)}=(3,0)^{\mathrm{T}}\neq 0$. 由式 (5.16) 得

$$\alpha_1=\min\left\{1,\min\left\{\frac{-3}{-3}\right\}\right\}=1$$

所以

$$x^{(2)} = x^{(1)} + 1 \cdot \begin{pmatrix} 3 \\ 0 \end{pmatrix} = \begin{pmatrix} 3 \\ 0 \end{pmatrix}$$

求得 $A(x^{(2)}) = \{1, 3\}$. 这时问题 (5.15) 为

$$\begin{aligned} \min \quad & p_1^2 + p_2^2 + (Gx^{(2)} + d)p \\ \text{s.t.} \quad & p_1 + p_2 = 0 \\ & p_2 = 0 \end{aligned}$$

即

$$\begin{aligned} \min \quad & p_1^2 + p_2^2 - 4p_2 \\ \text{s.t.} \quad & p_1 + p_2 = 0 \\ & p_2 = 0 \end{aligned}$$

易解得 $p^{(2)} = (0,0)^{\mathrm{T}}$. 由步骤 2, 求解

$$Gx^{(2)} + d = \lambda_1 \begin{pmatrix} 1 \\ 1 \end{pmatrix} + \lambda_3 \begin{pmatrix} 0 \\ 1 \end{pmatrix}$$

即

$$\begin{pmatrix} 2 & 0 \\ 0 & 2 \end{pmatrix} \begin{pmatrix} 3 \\ 0 \end{pmatrix} + \begin{pmatrix} -6 \\ -4 \end{pmatrix} = \begin{pmatrix} \lambda_1 \\ \lambda_1 + \lambda_3 \end{pmatrix}$$

解得 $\lambda_1 = 0, \lambda_3 = -4$.

由步骤 2, 这时 $j = 3$. 于是 $x^{(3)} := \begin{pmatrix} 3 \\ 0 \end{pmatrix}, A(x^{(3)}) := \{1\}$. 这时问题 (5.15) 为

$$\begin{aligned} \min \quad & p_1^2 + p_2^2 - 4p_2 \\ \text{s.t.} \quad & p_1 + p_2 = 0 \end{aligned}$$

解之得 $p^{(3)} = \begin{pmatrix} -1 \\ 1 \end{pmatrix}$. 由式 (5.16) 求得

$$\alpha_3 = \min \left\{ 1, \min \left\{ \frac{-1}{-1} \right\} \right\} = 1$$

所以

$$x^{(4)} = \begin{pmatrix} 3 \\ 0 \end{pmatrix} + \begin{pmatrix} -1 \\ 1 \end{pmatrix} = \begin{pmatrix} 2 \\ 1 \end{pmatrix}$$

于是 $A(x^{(4)}) = \{1\}$,

$$Gx^{(4)} + d = \begin{pmatrix} 2 & 0 \\ 0 & 2 \end{pmatrix} \begin{pmatrix} 2 \\ 1 \end{pmatrix} + \begin{pmatrix} -6 \\ -4 \end{pmatrix} = \begin{pmatrix} 4 \\ 2 \end{pmatrix} + \begin{pmatrix} -6 \\ -4 \end{pmatrix} = \begin{pmatrix} -2 \\ -2 \end{pmatrix}$$

这时问题 (5.15) 为

$$\begin{aligned} \min \quad & p_1^2 + p_2^2 - 2p_1 - 2p_2 \\ \text{s.t.} \quad & p_1 + p_2 = 0 \end{aligned}$$

解得 $p^{(4)} = (0,0)^{\mathrm{T}}$. 再由步骤 2 得

$$\begin{pmatrix} -2 \\ -2 \end{pmatrix} = \lambda \begin{pmatrix} -1 \\ -1 \end{pmatrix}$$

解得 $\lambda = 2 \geqslant 0$. 于是由步骤 2 知, $\begin{pmatrix} 2 \\ 1 \end{pmatrix}$ 是解.

5.6　序列二次规划方法 (SQP)

本节我们讨论求解一般约束优化问题的方法. 先介绍等式约束优化问题的解法, 然后讨论带有不等式约束的优化问题的解法.

5.6.1　求等式约束优化问题的 Lagrange-Newton 方法

考虑等式约束优化问题

$$\begin{aligned} & \min f(x) \\ & \text{s.t.} \ \ c_i(x) = 0, \quad i = 1, 2, \cdots, m \end{aligned} \tag{5.17}$$

设 $f(x), c_i(x)(i = 1, 2, \cdots, m)$ 都是 $\mathbf{R}^n$ 中二次连续可微函数. 因为 x 是问题 (5.17) 的 KT 点的充要条件是存在 $\lambda_1, \cdots, \lambda_m$ 使得

$$\begin{cases} \nabla f(x) - \sum\limits_{i=1}^{m} \lambda_i \cdot \nabla c_i(x) = 0 \\ c_i(x) = 0, \quad i = 1, 2, \cdots, m \end{cases}$$

如记 $L(x,\lambda) = f(x) - \sum\limits_{i=1}^{m} \lambda_i \cdot c_i(x)$, 则 x 是 KT 点等价于 $\nabla L(x,\lambda) = 0$.

要解 $\nabla L(x,\lambda) = 0$, 设 (x_k, λ_k) 是该非线性方程组的当前迭代点, 将 $\nabla L(x,\lambda)$ 在 (x_k, λ_k) 处一阶展开, 得

$$\nabla L(x,\lambda) \approx \nabla L(x_k, \lambda_k) + \nabla^2 L(x_k, \lambda_k) \begin{pmatrix} x - x_k \\ \lambda - \lambda_k \end{pmatrix}$$

记 $\mathrm{d}x = x - x_k, \mathrm{d}\lambda = \lambda - \lambda_k$, 令

$$\nabla L(x_k, \lambda_k) + \nabla^2 L(x_k, \lambda_k) \begin{pmatrix} \mathrm{d}x \\ \mathrm{d}\lambda \end{pmatrix} = 0 \tag{5.18}$$

设方程 (5.18) 有解, 记为 $\begin{pmatrix}(\mathrm{d}x)_k\\(\mathrm{d}\lambda)_k\end{pmatrix}$, 则有

$$\nabla L(x_k,\lambda_k)+\nabla^2 L(x_k,\lambda_k)\begin{pmatrix}(\mathrm{d}x)_k\\(\mathrm{d}\lambda)_k\end{pmatrix}=0$$

因为

$$\nabla L(x,\lambda)=\begin{pmatrix}\nabla f(x)-\sum_{i=1}^{m}\lambda_i\cdot\nabla c_i(x)\\-c(x)\end{pmatrix}$$

所以

$$\nabla^2 L(x,\lambda)=\begin{pmatrix}\nabla^2 f(x)-\sum_{i=1}^{m}\lambda_i\cdot\nabla^2 c_i(x) & -\nabla c(x)^{\mathrm{T}}\\-\nabla c(x) & 0\end{pmatrix}$$

这里

$$c(x)=\begin{pmatrix}c_1\\\vdots\\c_m\end{pmatrix},\quad \nabla c(x)^{\mathrm{T}}=(\nabla c_1,\cdots,\nabla c_m)$$

记

$$A(x)=\nabla c(x)^{\mathrm{T}},\quad W(x,\lambda)=\nabla^2 f(x)-\sum_{i=1}^{m}\lambda_i\cdot\nabla^2 c_i(x)$$

这里 $\lambda=(\lambda_1,\cdots,\lambda_m)^{\mathrm{T}}$, 则 $\begin{pmatrix}(\mathrm{d}x)_k\\(\mathrm{d}\lambda)_k\end{pmatrix}$ 满足

$$\begin{pmatrix}W(x_k,\lambda_k) & -A(x_k)\\-A(x_k)^{\mathrm{T}} & 0\end{pmatrix}\begin{pmatrix}(\mathrm{d}x)_k\\(\mathrm{d}\lambda)_k\end{pmatrix}=-\begin{pmatrix}\nabla f(x_k)-A(x_k)\lambda_k\\-c(x_k)\end{pmatrix}\tag{5.19}$$

问题 方程 (5.19) 的解 $\begin{pmatrix}(\mathrm{d}x)_k\\(\mathrm{d}\lambda)_k\end{pmatrix}$ 有何性质, 怎样用于求解下一个迭代点?

定义价值函数 (merit function)

$$P(x,\lambda)=\|\nabla f(x)-\nabla c^{\mathrm{T}}(x)\lambda\|_2^2+\|c(x)\|_2^2$$

容易验证下列性质:

性质 5.6.1 方程 (5.19) 的解 $\begin{pmatrix}(\mathrm{d}x)_k\\(\mathrm{d}\lambda)_k\end{pmatrix}$ 满足

$$\begin{pmatrix}(\mathrm{d}x)_k\\(\mathrm{d}\lambda)_k\end{pmatrix}^{\mathrm{T}}\nabla P(x_k,\lambda_k)=-2P(x_k,\lambda_k)$$

于是, $\begin{pmatrix}(\mathrm{d}x)_k\\(\mathrm{d}\lambda)_k\end{pmatrix}$ 可作为 $P(x,\lambda)$ 在 (x_k,λ_k) 处的下降方向. 可以看出, 若有 $(\bar{x},\bar{\lambda})$ 使得价值函数 $P(x,\lambda)=0$, 则 $(\bar{x},\bar{\lambda})$ 是方程 (5.18) 的一个 KT 点. 注意到, 若方程 (5.18) 有 KT 点, 则它是无约束优化问题 $\min P(x,\lambda)$ 的解.

由此可得下列 Lagrange-Newton 法 (L-N 法):

算法 5.6.2 Lagrange-Newton 方法

步骤 1 给出 $x_1,\lambda_1,\beta\in(0,1),\varepsilon\geqslant 0,k:=1$.

步骤 2 计算 $P(x_k,\lambda_k)$, 如 $P(x_k,\lambda_k)\leqslant\varepsilon$, 停止迭代; 否则解方程 (5.19), 得 $\begin{pmatrix}(\mathrm{d}x)_k\\(\mathrm{d}\lambda)_k\end{pmatrix};\alpha:=1$.

步骤 3 如

$$P(x_k+\alpha(\mathrm{d}x)_k,\lambda_k+\alpha(\mathrm{d}\lambda)_k)\leqslant(1-\beta\alpha)P(x_k,\lambda_k) \tag{5.20}$$

则到步骤 4; 否则 $\alpha:=\dfrac{\alpha}{4}$, 转步骤 3.

步骤 4 $x_{k+1}=x_k+\alpha(\mathrm{d}x)_k,\lambda_{k+1}=\lambda_k+\alpha(\mathrm{d}\lambda)_k,k:=k+1$, 转步骤 2.

注 既然 $\begin{pmatrix}(\mathrm{d}x)_k\\(\mathrm{d}\lambda)_k\end{pmatrix}$ 是 $P(x,\lambda)$ 在 (x_k,λ_k) 处的下降方向, 步骤 3 中不等式有限步后必然成立.

定理 5.6.3 设 $\varepsilon=0$, 如果算法 5.6.2 不有限步终止, 且产生的点列 (x_k,λ_k) 满足 $\begin{pmatrix}W(x_k,\lambda_k) & -A(x_k)\\-A(x_k)^{\mathrm{T}} & 0\end{pmatrix}^{-1}$ 一致有界, 则 $\{(x_k,\lambda_k)\}$ 的任何聚点都是 $P(x,\lambda)=0$ 的解.

证明 用反证法证明. 设 $(\bar{x},\bar{\lambda})$ 是 $\{(x_k,\lambda_k)\}$ 的一个聚点, 且 $P(\bar{x},\bar{\lambda})>0$, 则存在无穷集合 $K_0\subseteq\{1,2,\cdots\}$, 使得

$$\lim_{k\in K_0,k\to\infty}(x_k,\lambda_k)=(\bar{x},\bar{\lambda})$$

由线性搜索条件 (5.20), 有

$$P(x_{k+1},\lambda_{k+1})\leqslant(1-\beta\alpha_k)P(x_k,\lambda_k)$$

由步骤 3 可知,

$$\lim_{k\in K_0,k\to\infty}\alpha_k=0$$

由算法可得

$$P(x_k+4\cdot\alpha_k\cdot(\mathrm{d}x)_k,\lambda_k+4\alpha_k\cdot(\mathrm{d}\lambda)_k)>(1-\beta\cdot 4\alpha_k)\cdot P(x_k,\lambda_k) \tag{5.21}$$

记 $(\bar{\mathrm{d}x}, \bar{\mathrm{d}\lambda})$ 为

$$\begin{pmatrix} W(\bar{x},\bar{\lambda}) & -A(\bar{x}) \\ -A(\bar{x})^{\mathrm{T}} & 0 \end{pmatrix} \begin{pmatrix} \mathrm{d}x \\ \mathrm{d}\lambda \end{pmatrix} = -\begin{pmatrix} \nabla f(\bar{x}) - A(\bar{x})\bar{\lambda} \\ -c(\bar{x}) \end{pmatrix}$$

的解. 因为 $\alpha_k \to 0 (k \in K_0)$, 所以有

$$\lim_{k\in K_0, k\to\infty} \frac{P(\bar{x} + 4\alpha_k \cdot \bar{\mathrm{d}x}, \bar{\lambda} + 4\alpha_k \cdot \bar{\mathrm{d}\lambda}) - P(\bar{x},\bar{\lambda})}{4\alpha_k} = -2 \cdot P(\bar{x},\bar{\lambda}) < -P(\bar{x},\bar{\lambda})$$

由 $(x_k, \lambda_k) \to (\bar{x},\bar{\lambda})(k \in K_0)$ 及 $\begin{pmatrix} W(x_k,\lambda_k) & -A(x_k) \\ -A(x_k)^{\mathrm{T}} & 0 \end{pmatrix}^{-1}$ 的一致有界性可得

$$((\mathrm{d}x)_k, (\mathrm{d}\lambda)_k) \to (\bar{\mathrm{d}x}, \bar{\mathrm{d}\lambda})$$

于是, 当 $(k \in K_0)$ 充分大时, 有

$$\frac{P(x_k + 4\alpha_k \cdot (\mathrm{d}x)_k, \lambda_k + 4\alpha_k \cdot (\mathrm{d}\lambda)_k) - P(x_k,\lambda_k)}{4\alpha_k} \leqslant -P(x_k,\lambda_k)$$

又因为 $\beta < 1$, 所以这与式 (5.21) 矛盾. 这就证明了定理. □

定理 5.6.4 *在定理 5.6.3 的条件下, $\{x_k\}$ 的任一聚点都是 (5.17) 的 KT 点.*

定理 5.6.4 的证明留作练习. 进一步观察可以看出, 方程 (5.19) 可以写成

$$\begin{cases} W(x_k,\lambda_k)(\mathrm{d}x)_k + \nabla f(x_k) = A(x_k)(\lambda_k + \mathrm{d}(\lambda)_k) \\ c(x_k) + A(x_k)^{\mathrm{T}}(\mathrm{d}x)_k = 0 \end{cases}$$

所以 $(\mathrm{d}x)_k$ 是二次规划问题

$$\begin{aligned} \min \quad & \nabla f(x_k)^{\mathrm{T}} d + \frac{1}{2} d^{\mathrm{T}} W(x_k,\lambda_k) d \\ \text{s.t.} \quad & c(x_k) + A(x_k)^{\mathrm{T}} d = 0 \end{aligned} \tag{5.22}$$

的 KT 点, $(\lambda_k + (\mathrm{d}\lambda)_k)$ 是相应的 Lagrange 乘子. 于是, L-N 方法可理解为逐步求解问题 (5.22). 设 (x_k, λ_k) 已知, $(\mathrm{d}x)_k$ 是问题 (5.22) 的解, $\bar{\lambda}_k$ 是其 Lagrange 乘子, 则下一次迭代记为

$$x_{k+1} = x_k + \alpha_k \cdot (\mathrm{d}x)_k, \quad \lambda_{k+1} = \lambda_k + \alpha_k \cdot (\bar{\lambda}_k - \lambda_k)$$

α_k 是第 k 步步长.

问题 $W(x_k,\lambda_k)$ 中含有 $f(x)$ 的 Hesse 矩阵, 可否像拟 Newton 法那样, 用一个近似易求的矩阵代替 $W(x_k,\lambda_k)$? 上述解法可否推广到解一般约束优化问题?

5.6.2 Wilson-Han-Powell 方法

对于一般约束优化问题

$$\begin{aligned} \min \quad & f(x) \\ \text{s.t.} \quad & c_i(x) = 0, \quad i = 1, 2, \cdots, m \\ & c_i(x) \geqslant 0, \quad i = m+1, \cdots, p \end{aligned} \tag{5.23}$$

类似问题 (5.22), 定义下列问题

$$\begin{aligned} \min \quad & \nabla f(x_k)^{\mathrm{T}} d + \frac{1}{2} d^{\mathrm{T}} B_k d \\ \text{s.t.} \quad & c_i(x_k) + \nabla c_i(x_k)^{\mathrm{T}} d = 0, \quad i = 1, 2, \cdots, m \\ & c_i(x_k) + \nabla c_i(x_k)^{\mathrm{T}} d \geqslant 0, \quad i = m+1, \cdots, p \end{aligned} \tag{5.24}$$

这里 B_k 是 Lagrange 函数 $L(x, \lambda)$ 的 Hesse 阵在 (x_k, λ_k) 处的近似. 记问题 (5.24) 的解为 d_k, 相应的 Lagrange 乘子为 $\bar{\lambda}_k$, 则有

$$\begin{gathered} g_k + B_k d_k = \sum_{i=1}^{p} \nabla c_i(x_k)(\bar{\lambda}_k)_i \\ (\bar{\lambda}_k)_i \geqslant 0, \quad i = m+1, \cdots, p \\ (\bar{\lambda}_k)_i(c_i(x_k) + \nabla c_i(x_k)^{\mathrm{T}} d_k) = 0, \quad i = m+1, \cdots, p \end{gathered}$$

引理 5.6.5 设 d_k 是问题 (5.24) 的 KT 点, λ_k 是相应的 Lagrange 乘子, 则对于 L_1 罚函数

$$P(x, \sigma) = f(x) + \sigma \cdot \|c^{(-)}(x)\|_1$$

有

$$P'_\alpha(x_k + \alpha d_k, \sigma)|_{\alpha=0} \leqslant -d_k^{\mathrm{T}} B_k d_k - \sigma \|c^{(-)}(x_k)\|_1 + (\bar{\lambda}_k)^{\mathrm{T}} \cdot c(x_k)$$

如果 $d_k^{\mathrm{T}} B_k d_k > 0$ 且 $\sigma \geqslant \|\bar{\lambda}_k\|_\infty$, 则 d_k 是罚函数 $P(x, \sigma)$ 在 x_k 处的下降方向. 这里 $c^{(-)}(x) = (c_1^{(-)}(x), \cdots, c_p^{(-)}(x))^{\mathrm{T}}$ 满足

$$\begin{aligned} c_i^{(-)}(x) &= c_i(x), \quad i = 1, 2, \cdots, m, \\ c_i^{(-)}(x) &= \min\{0, c_i(x)\}, \quad i = m+1, \cdots, p \end{aligned}$$

证明 易知 $\|(c+A^{\mathrm{T}}d)^{(-)}\|_1$ 关于 d 是凸的, 则有

$$
\begin{aligned}
&P'_{\alpha}(x_k+\alpha d_k,\sigma)|_{\alpha=0}\\
=&\lim_{\alpha\to 0^+}\frac{P(x_k+\alpha d_k,\sigma)-P(x_k,\sigma)}{\alpha}\\
=&g_k^{\mathrm{T}}d_k+\lim_{\alpha\to 0^+}\sigma\frac{\|[c(x_k)+\alpha\cdot A(x_k)^{\mathrm{T}}\cdot d_k]^{(-)}\|_1-\|c^{(-)}(x_k)\|_1}{\alpha}\\
=&g_k^{\mathrm{T}}d_k-\sigma\cdot\|c^{(-)}(x_k)\|_1
\end{aligned}
$$

由 $g_k+B_kd_k=\sum\limits_{i=1}^{p}\nabla c_i(x_k)(\bar{\lambda_k})_i$ 知结论成立. □

下面是求解一般约束优化问题的序列二次规划方法 (SQP).

算法 5.6.6 序列二次规划方法

步骤 1 给出 $x_1,\sigma>0,\delta>0,B_1,\varepsilon\geqslant 0,k:=1$.

步骤 2 解问题 (5.24), 得解 d_k. 如 $\|d_k\|\leqslant\varepsilon$, 停止迭代; 否则求 $\alpha_k\in[0,\delta]$ 满足

$$P(x_k+\alpha_kd_k,\sigma)\leqslant\min_{0\leqslant\alpha\leqslant\delta}P(x_k+\alpha d_k,\sigma)+\varepsilon_k$$

步骤 3 $x_{k+1}=x_k+\alpha_kd_k$; 计算 $B_{k+1},k:=k+1$, 转到步骤 2.

在上述算法中, $\{\varepsilon_k\}$ 是一非负序列且满足

$$\sum_{k=1}^{\infty}\varepsilon_k<+\infty.$$

定理 5.6.7 设 $f(x),c_i(x)$ 连续可微, 存在常数 $m,M>0$ 使得

$$m\cdot\|d\|^2\leqslant d^{\mathrm{T}}B_kd\leqslant M\cdot\|d\|^2$$

对所有 $\{k\}$ 成立. 如 $\|\bar{\lambda}_k\|_{\infty}\leqslant\sigma$ 对所有 $\{k\}$ 均成立, 则算法 5.6.6 产生的点列 $\{x_k\}$ 的任一聚点都是问题 (5.23) 的解.

证明 如不然, 则有 $\{x_k\}$ 的子列收敛于 $\bar{x}$ 且 $\bar{x}$ 不是问题 (5.23) 的 KT 点. 记

$$\lim_{k\in K_0,k\to\infty}x_k=\bar{x}$$

这里 $K_0\subseteq\{1,2,\cdots\}$ 是一无限集合. 由定理条件可假定

$$\lim_{k\in K_0,k\to\infty}\bar{\lambda}_k=\bar{\lambda},\qquad\lim_{k\in K_0,k\to\infty}B_k=\bar{B}$$

如果

$$\lim_{k\in K_0,k\to\infty}\|d_k\|=0$$

则由问题 (5.24) 的 KT 条件得

$$g_k + B_k \cdot d_k = A(x_k) \cdot \bar{\lambda}_k$$

由此导出

$$g(\bar{x}) = A(\bar{x}) \cdot \bar{\lambda}$$

这与 $\bar{x}$ 不是 KT 点矛盾. 于是可设

$$\|d_k\| \geqslant \eta > 0, \quad \forall k \in K_0$$

η 是常数. 由引理 5.6.5 和上式得

$$P'_\alpha(x_k + \alpha d_k, \sigma)|_{\alpha=0} \leqslant -d_k^{\mathrm{T}} B_k d_k \leqslant -m\eta \cdot \|d_k\|, \quad \forall k \in K_0$$

由此可得

$$\min_{0 \leqslant \alpha \leqslant \delta} P(x_k + \alpha d_k, \sigma) \leqslant P(x_k, \sigma) - \bar{\eta}$$

$\bar{\eta} > 0$ 是常数. 由算法步骤 2 可得

$$P(x_{k+1}, \sigma) \leqslant P(x_k, \sigma) - \bar{\eta} + \varepsilon_k, \quad \forall k \in K_0$$

于是有

$$\begin{aligned}\sum_{k \in K_0} \bar{\eta} &\leqslant \sum_{k \in K_0} [P(x_k, \sigma) - P(x_{k+1}, \sigma)] + \sum_{k \in K_0} \varepsilon_k \\ &\leqslant \sum_{k=1}^{\infty} [P(x_k, \sigma) - P(x_{k+1}, \sigma)] + \sum_{k=1}^{\infty} \varepsilon_k\end{aligned}$$

$$\begin{aligned}(\text{对} k \bar{\in} K_0, P(x_{k+1}, \sigma) &\leqslant \min P(x_k + \alpha d_k, \sigma) + \varepsilon_k \\ &\leqslant P(x_k, \sigma) + \varepsilon_k \Rightarrow \varepsilon_k + P(x_k, \sigma) - P(x_{k+1}, \sigma) \geqslant 0)\end{aligned}$$

由于

$$\lim_{k \in K_0, k \to \infty} P(x_k, \sigma) = P(\bar{x}, \sigma)$$

所以得

$$\sum_{k \in K_0} \bar{\eta} \leqslant P(x_1, \sigma) - P(\bar{x}, \sigma) + \sum_{k \in K_0} \varepsilon_k < +\infty$$

这与 K_0 是无限指标集矛盾. 所以 $\bar{x}$ 是问题 (5.23) 的 KT 点. □

5.6.3 SQP 方法的全局收敛性

不妨记原问题为

$$\begin{aligned} \min \quad & f(x) \\ \text{s.t.} \quad & c_i(x) = 0, \quad i \in \mathcal{E} \\ & c_i(x) \geqslant 0, \quad i \in \mathcal{I} \end{aligned}$$

子规划问题 $Q(x_k, B_k)$ 为

$$\begin{aligned} \min \quad & f_k + \nabla f(x_k)^{\mathrm{T}} d + \frac{1}{2} d^{\mathrm{T}} B_k d \\ \text{s.t.} \quad & c_i(x_k) + \nabla c_i(x_k)^{\mathrm{T}} d = 0, \quad i \in \mathcal{E} \\ & c_i(x_k) + \nabla c_i(x_k)^{\mathrm{T}} d \geqslant 0, \quad i \in \mathcal{I} \end{aligned}$$

我们对算法 5.6.6 进一步细化.

首先应该考虑如何校正 B_k. 一般来说, 若要求算法 5.6.6 仅具有全局收敛性, 则要求 $\{B_k\}$ 是正定矩阵序列即可.

其次应考虑二次子规划 $Q(x_k, B_k)$ 的可行性和解的存在性. 显然, 若 x_k 是原问题的一个可行点, 则子规划的可行域非空 ($d = 0$是一可行解). 此时, 若 B_k 为正定阵, 则子规划有唯一解. 但该方法并不能保证迭代点总是原问题的可行点, 从而导致子问题 $Q(x_k, B_k)$ 的可行域可能是空的, 所以需要解决相容性问题.

最后应考虑选取什么样的函数作为确定步长 α_k 的依据, 从而建立算法的全局收敛性.

下面分别对这三个问题进行讨论.

1. **矩阵 B_k 的修正**

令

$$L(x, \lambda) = f(x) - \sum_{i \in \mathcal{E} \cup \mathcal{I}} \lambda_i c_i(x)$$

其中, $\lambda_i, i \in \mathcal{E} \cup \mathcal{I}$ 为二次子规划 $Q(x, B)$ 的最优 Lagrange 乘子. 一般地, 我们用类似于无约束优化问题的拟牛顿算法中 BFGS 公式来校正 B_k:

$$B_{k+1} = B_k + \frac{\gamma_k \gamma_k^{\mathrm{T}}}{\gamma_k^{\mathrm{T}} s_k} - \frac{B_k s_k s_k^{\mathrm{T}} B_k^{\mathrm{T}}}{s_k^{\mathrm{T}} B_k s_k}$$

其中, $s_k = x_{k+1} - x_k, \gamma_k = \nabla_x L(x_{k+1}, \lambda_{k+1}) - \nabla_x L(x_k, \lambda_{k+1})$.

根据上述公式更新矩阵 B_k 时, 一旦 $s_k^T \gamma_k > 0$ 不成立, B_{k+1} 的正定性就无法保证. 虽然 $s_k^{\mathrm{T}} \gamma_k > 0$ 对于无约束优化问题的拟牛顿算法在最优步长规则和 Wolfe

步长规则下是成立的, 但对于约束优化问题会出现不成立的情况. 因此, Powell 建议用如下的校正公式修正:

$$B_{k+1} = B_k + \frac{\eta_k \eta_k^{\mathrm{T}}}{s_k^{\mathrm{T}} \eta_k} - \frac{B_k s_k (B_k s_k)^{\mathrm{T}}}{s_k^{\mathrm{T}} B_k s_k}$$

其中, $\eta_k = \theta_k \gamma_k + (1 - \theta_k) B_k s_k$, 这里

$$\theta_k = \begin{cases} 1 & 若 s_k^{\mathrm{T}} \gamma_k \geqslant 0.2 s_k^{\mathrm{T}} B_k s_k \\ \dfrac{0.8 s_k^{\mathrm{T}} B_k s_k}{s_k^{\mathrm{T}} B_k s_k - s_k^{\mathrm{T}} \gamma_k} & 否则 \end{cases}$$

易知 $s_k^{\mathrm{T}} \eta_k \geqslant 0.2 s_k^{\mathrm{T}} B_k s_k$. 从而当 B_k 正定时, B_{k+1} 保持正定.

2. 子规划的相容性

在 SQP 方法的每一迭代步, 我们需要求解一个二次规划子问题 $Q(x_k, B_k)$. 但若当前迭代点 x_k 不是原问题的可行点, 则该二次规划子问题的可行域可能是空集, 从而导致算法不能继续进行. 为此, Powell 建议在求解二次规划子问题之前先计算下面的线性规划问题

$$\begin{aligned} \max \quad & \xi \\ \text{s.t.} \quad & \xi c_i(x) + \nabla c_i(x)^{\mathrm{T}} d = 0, \quad i \in \mathcal{E} \\ & \xi c_i(x) + \nabla c_i(x)^{\mathrm{T}} d \geqslant 0, \quad i \in \mathcal{I}_1(x) \\ & c_i(x) + \nabla c_i(x)^{\mathrm{T}} d \geqslant 0, \quad i \in \mathcal{I}_2(x) \\ & 0 \leqslant \xi \leqslant 1 \end{aligned} \tag{5.25}$$

其中,

$$\mathcal{I}_1(x) = \{i \in \mathcal{I} | c_i(x) < 0\}, \quad \mathcal{I}_2(x) = \{i \in \mathcal{I} | c_i(x) \geqslant 0\}$$

因 $\xi = 0, d = 0$ 总是 (5.25) 的可行解, 故它必存在最优解.

设上述二次规划问题的最优值为 $\bar{\xi}$. 显然, $\bar{\xi} \in [0, 1]$.

若 $\bar{\xi} = 1$, 则子规划是相容的. 当然反过来也是成立的. 若 $\bar{\xi} > 0$ 且比较靠近 1, 可以将 $Q(x, B)$ 的约束用问题 (5.25) 中 $\bar{\xi}$ 的约束来代替, 然后求解修正后的二次规划子问题. 若 $\bar{\xi} = 0$ 或 $\bar{\xi}$ 很小, 则需要改变初始点重新开始.

3. 价值函数与步长的确定

对上述子规划问题产生的搜索方向 d_k, 无论步长怎么选择, 很难保证新的迭代点为原问题的可行点. 为此, 我们需要引进一种新的价值函数来确定步长. 考虑到一方面希望目标函数值下降, 同时又希望迭代点接近可行, 所以 Han 建议用绝对精确罚函数

$$P(x, \pi) = f(x) + \sum_{i \in \mathcal{E}} \pi_i |c_i(x)| + \sum_{i \in \mathcal{I}} \pi_i \max\{0, -c_i(x)\}$$

作为价值函数, 其中, $\pi_i(i\in\mathcal{E}\cup\mathcal{I})$ 要求为充分大的正数. 然而 π 太大会使迭代步长变小而影响收敛速度, 因此 Powell 给出一种自动调整 π 的方法, 以保证 $P(x,\pi)$ 沿方向 d 局部下降: 对所有的 $i\in\mathcal{E}\cup\mathcal{I}$, 令

$$\pi_i^k=\begin{cases}|\lambda_i^0| & k=0\\ \max\{|\lambda_i^k|,\dfrac{1}{2}(\pi_i^{k-1}+|\lambda_i^k|)\} & k\geqslant 1\end{cases}$$

其中, λ^k 是子规划问题 $Q(x_k,B_k)$ 的最优 Lagrange 乘子. 易知 $|\lambda_i^k|\leqslant\pi_i^k$.

利用后面的定理可知, d_k 为 $P(x,\pi)$ 在 x_k 点的下降方向, 因而存在 $\alpha_k>0$ 使

$$P(x_k+\alpha_k d_k,\pi)<P(x_k,\pi)$$

为分析 SQP 方法的全局收敛性, 先看价值函数 $P(x,\pi)$ 的有关性质.

引理 5.6.8 设 $h_i(x)(i\in\mathcal{I})$ 为连续可微函数, 记 $\Phi(x)=\max_{x\in\mathcal{I}}\{h_i(x)\}$, 则对任意 $d\in\mathbf{R}^n$, 方向导数 $\Phi'(x;d)$ 存在, 且

$$\Phi'(x;d)=\max_{i\in\mathcal{I}(x)}\{\nabla h_i(x)^{\mathrm{T}}d\}$$

其中, $\mathcal{I}(x)=\{i|\ h_i(x)=\Phi(x),i\in\mathcal{I}\}$.

证明 对任意 $x,d\in\mathbf{R}^n$ 和 $t>0$,

$$\frac{\Phi(x+td)-\Phi(x)}{t}=\max_{i\in\mathcal{I}}\frac{h_i(x+td)-\Phi(x)}{t}$$

对 $i\notin\mathcal{I}(x)$,

$$\lim_{t\to 0}\frac{h_i(x+td)-\Phi(x)}{t}=-\infty$$

对 $i\in\mathcal{I}(x)$,

$$\lim_{t\to 0}\frac{h_i(x+td)-\Phi(x)}{t}=\lim_{t\to 0}\frac{h_i(x+td)-h_i(x)}{t}=\nabla h_i(x)^{\mathrm{T}}d$$

综合前面的式子, 得到要证明的结论.

由此引理和 $|c_i(x)|=\max\{c_i(x),-c_i(x)\}$ 知, $P(x,\pi)$ 沿每一个方向均有方向导数存在. 特别地, 我们有如下结论.

定理 5.6.9 设 $f(x)$ 和 $c_i(x)(i\in\mathcal{E}\cup\mathcal{I})$ 连续可微, B 为正定矩阵. 若 (d,λ) 为子规划 $Q(x,B)$ 的一个 K-T 对, 且 $d\neq 0$ 和 $|\lambda_i|\leqslant\pi_i,i\in\mathcal{E}\cup\mathcal{I}$, 则 $P'(x,\pi;d)<0$.

证明 定义指标集

$$\mathcal{E}^<\triangleq\{i\in\mathcal{E}|c_i(x)<0\},\quad \mathcal{I}^<\triangleq\{i\in\mathcal{I}|c_i(x)<0\}$$

$$\mathcal{E}^=\triangleq\{i\in\mathcal{E}|c_i(x)=0\},\quad \mathcal{I}^=\triangleq\{i\in\mathcal{I}|c_i(x)=0\}$$

$$\mathcal{E}^{>} \triangleq \{i \in \mathcal{E} | c_i(x) > 0\}, \quad \mathcal{I}^{>} \triangleq \{i \in \mathcal{I} | c_i(x) > 0\}$$

由引理 5.6.8 知

$$\begin{aligned} P'(x,\pi;d) = &\nabla f(x)^{\mathrm{T}} d - \sum_{i \in \mathcal{E}^{<}} \pi_i \nabla c_i(x)^{\mathrm{T}} d + \sum_{i \in \mathcal{E}^{=}} \pi_i |\nabla c_i(x)^{\mathrm{T}} d| \\ &+ \sum_{i \in \mathcal{E}^{>}} \pi_i \nabla c_i(x)^{\mathrm{T}} d - \sum_{i \in \mathcal{I}^{<}} \pi_i \nabla c_i(x)^{\mathrm{T}} d \\ &+ \sum_{i \in \mathcal{I}^{=}} \pi_i \max\{0, -\nabla c_i(x)^{\mathrm{T}} d\} \end{aligned}$$

由子问题 $Q(x,B)$ 的 KKT 条件,

$$\nabla f(x) + Bd - \sum_{i \in \mathcal{E} \cup \mathcal{I}} \lambda_i \nabla c_i(x) = 0$$

可推出

$$\begin{aligned} P'(x,\pi;d) = &-d^{\mathrm{T}} Bd + \sum_{i \in \mathcal{E}^{<}} (\lambda_i - \pi_i) \nabla c_i(x)^{\mathrm{T}} d \\ &+ \sum_{i \in \mathcal{E}^{=}} [\lambda_i \nabla c_i(x)^{\mathrm{T}} d + \pi_i |\nabla c_i(x)^{\mathrm{T}} d|] \\ &+ \sum_{i \in \mathcal{E}^{>}} (\lambda_i + \pi_i) \nabla c_i(x)^{\mathrm{T}} d + \sum_{i \in \mathcal{I}^{<}} (\lambda_i - \pi_i) \nabla c_i(x)^{\mathrm{T}} d \\ &+ \sum_{i \in \mathcal{I}^{=}} [\lambda_i \nabla c_i(x)^{\mathrm{T}} d + \pi_i \max\{0, -\nabla c_i(x)^{\mathrm{T}} d\}] \\ &+ \sum_{i \in \mathcal{I}^{>}} \lambda_i \nabla c_i(x)^{\mathrm{T}} d \end{aligned}$$

下面, 利用 d 为子规划 $Q(x,B)$ 的解和题设来分析 $P'(x,\pi;d)$ 的右端各项:

当 $i \in \mathcal{E}^{<}$ 时, $\nabla c_i(x)^{\mathrm{T}} d = -c_i(x) > 0$, 故 $(\lambda_i - \pi_i)\nabla c_i(x)^{\mathrm{T}} d \leqslant 0$.

当 $i \in \mathcal{E}^{=}$ 时, $\nabla c_i(x)^{\mathrm{T}} d = -c_i(x) = 0$.

当 $i \in \mathcal{E}^{>}$ 时, $\nabla c_i(x)^{\mathrm{T}} d = -c_i(x) < 0$, 故 $(\lambda_i + \pi_i)\nabla c_i(x)^{\mathrm{T}} d \leqslant 0$.

当 $i \in \mathcal{I}^{<}$ 时, $\nabla c_i(x)^{\mathrm{T}} d \geqslant -c_i(x) > 0$, 故 $(\lambda_i - \pi_i)\nabla c_i(x)^{\mathrm{T}} d \leqslant 0$.

当 $i \in \mathcal{I}^{=}$ 时, $\nabla c_i(x)^{\mathrm{T}} d \geqslant -c_i(x) = 0$, 故 $\max\{0, -\nabla c_i(x)^{\mathrm{T}} d\} = 0$. 对该情形, $\lambda_i(c_i(x) + \nabla c_i(x)^{\mathrm{T}} d) = 0$, 故 $\lambda_i \nabla c_i(x)^{\mathrm{T}} d = -\lambda_i c_i(x) = 0$.

当 $i \in \mathcal{I}^{>}$ 时, $\lambda_i \nabla c_i(x)^{\mathrm{T}} d = -\lambda_i c_i(x) \leqslant 0$

综合上述各式, 便有

$$P'(x,\pi;d) \leqslant -d^{\mathrm{T}} Bd < 0$$

定理 5.6.9 说明子问题 $Q(x,B)$ 的解 d 为 $P(x,\pi)$ 在 x 点的下降方向, 线搜索过程自然是可执行的. Powell 要求 α_k 满足 Armijo 步长规则, 而 Han 应用下述步长规则: 步长 α_k 满足

$$P(x_k+\alpha_k d_k,\pi^k)\leqslant \min_{0\leqslant\alpha\leqslant\delta} P(x_k+\alpha d_k,\pi^k)+\varepsilon_k$$

其中, $\sum\limits_{k=1}^{\infty}\varepsilon_k<+\infty$, δ 为给定的正数. 由此, Han 给出了相应算法的全局收敛性, 即定理 5.6.7.

注 上面给出的只是序列二次规划方法的一个初步介绍, 更多的讨论和分析可参阅相关书籍, 可参考文献 [8] 中相关内容.

5.7 应用 MATLAB 求解约束优化问题举例

例 5.7.1 解下列二次规划问题

$$\begin{aligned}\min\quad & x_1^2+x_2^2+6x_1\\ \text{s.t.}\quad & 4-2x_1-x_2\leqslant 0\\ & x_1\geqslant 0,\quad x_2\geqslant 0\end{aligned}$$

解 MATLAB 优化工具箱中的求解二次规划问题的函数为 $qp(H,C,A,b)$, 它对应如下形式的二次规划问题

$$\begin{aligned}\min\quad & \frac{1}{2}x^{\mathrm T}Hx+c^{\mathrm T}x\\ \text{s.t.}\quad & Ax\leqslant b\end{aligned}$$

于是先把上述问题化为标准形式, 这时问题的矩阵形式为

$$\begin{aligned}\min\quad & \frac{1}{2}(x_1,x_2)\begin{pmatrix}2&0\\0&2\end{pmatrix}\begin{pmatrix}x_1\\x_2\end{pmatrix}+\begin{pmatrix}6\\0\end{pmatrix}^{\mathrm T}\begin{pmatrix}x_1\\x_2\end{pmatrix}\\ \text{s.t.}\quad & \begin{pmatrix}-2&-1\\-1&0\\0&-1\end{pmatrix}\begin{pmatrix}x_1\\x_2\end{pmatrix}\leqslant\begin{pmatrix}-4\\0\\0\end{pmatrix}\end{aligned}$$

于是, 该问题中 $H=\begin{pmatrix}2&0\\0&2\end{pmatrix}, C=\begin{pmatrix}6\\0\end{pmatrix}, A=\begin{pmatrix}-2&-1\\-1&0\\0&-1\end{pmatrix}, b=\begin{pmatrix}-4\\0\\0\end{pmatrix}$.

这样, 在命令窗口中给 H,C,A,b 赋值

```
H = [2,0; 0,2 ];
C = [6,0]';
A = [-2, -1 ; -1,0; 0,-1];
b =[-4,0,0]';
```

再调用程序qp

```
x= qp(H,C,A,b)
```

回车即可求得最优解:

```
x =
```

1.0 2.0

和最优值

```
ans =
```

11.0

例 5.7.2 解下列约束优化问题

$$\begin{aligned} \min \quad & e^{x_1}(4x_1^2+2x_2^2+4x_1x_2+2x_2+1) \\ \text{s.t.} \quad & 1.5+x_1x_2-x_1-x_2\leqslant 0 \\ & -x_1x_2-10\leqslant 0 \end{aligned}$$

解 先建立一个M文件fun, 将函数信息输入:

$$\texttt{function}\ [f,g]=\texttt{fun}(x)$$
$$\texttt{f}=\exp(x(1))\times(4\times -x(1)^2+2\times x(2)^2+4\times x(1)x(2)+2\times x(2)+1);$$
$$g(1)=1.5+x(1)\times x(2)-x(1)-x(2);$$
$$g(2)=-x(1)\times x(2)-10;$$

这时在命令窗口调用求解约束优化问题的程序constr, 即可得到最优解:

```
x0 = [-1, 1];
options = [  ];
[x, options] = constr (' fun', x0, options);
```

回车即可得到最优解和最优值.

若要调用使用函数梯度的算法, 还需要建立一个存储梯度函数表达式的文件, 如该文件名为grad, 这时调用程序语句写为

$$[x,\texttt{options}]=\texttt{constr}('\texttt{fun}',x_0,\texttt{options},'\texttt{grad}');$$

习 题 五

1. 解下面二次规划问题, 并且作图解释几何意义.

$$\begin{aligned} \max \quad & f(x) = 2x_1 + 3x_2 + 4x_1^2 + 2x_1x_2 + x_2^2 \\ \text{s.t.} \quad & x_1 - x_2 \geqslant 0 \\ & x_1 + x_2 \leqslant 4 \\ & x_1 \leqslant 3 \end{aligned}$$

2. 考虑问题:

$$\begin{aligned} \min \quad & \frac{1}{1+x^2} \\ \text{s.t.} \quad & x \geqslant 1 \end{aligned}$$

写出 $P(x;\mu)$.

3. 考虑问题

$$\begin{aligned} \min \quad & x \\ \text{s.t.} \quad & x^2 \geqslant 0 \\ & x + 1 \geqslant 0 \end{aligned}$$

写出 $P(x;\mu)$, 寻找局部极小点.

4. 对约束最优化问题

$$\begin{aligned} \min \quad & -x_1 + x_2 \\ \text{s.t.} \quad & x_1 + 2x_2 \leqslant 2 \\ & x_1 \geqslant 0, \quad x_2 \geqslant 0 \end{aligned}$$

(1) 求出点 $x^{(1)} = (0,0)^{\mathrm{T}}, x^{(2)} = (0,1)^{\mathrm{T}}, x^{(3)} = \left(1, \frac{1}{2}\right)^{\mathrm{T}}$ 处的可行方向集.

(2) 在这些点是否存在可行的下降方向? 若有, 请给出该点的一个可行下降方向. 这几个点中有最优解吗? 为什么?

5. 考虑问题

$$\begin{aligned} \min \quad & x_2 + x_3 \\ \text{s.t.} \quad & x_1 + x_2 + x_3 = 1 \\ & x_1^2 + x_2^2 + x_3^2 = 1 \end{aligned}$$

证明点 $x' = (1,0,0)^{\mathrm{T}}, x'' = \left(-\frac{1}{3}, \frac{2}{3}, \frac{2}{3}\right)^{\mathrm{T}}$ 满足 KT 点条件, 并且计算相应的 Lagrange 乘子.

6. 考虑如下约束优化问题:

$$\begin{aligned} \min \quad & x_1 + x_2 \\ \text{s.t.} \quad & x_1^2 + x_2^2 - 2 \leqslant 0 \end{aligned}$$

(1) 列出该问题的 KKT 条件, 并求出 KKT 点 x^*;

(2) 在 KKT 点 x^* 处, 验证线性化可行方向集与序列化可行方向集是一样的, 即

$$\mathrm{LFD}(x^*, S) = \mathrm{SFD}(x^*, S)$$

其中 S 为约束优化问题的可行域;

(3) 试证明 x^* 是一个严格的全局最小点.

7. 写出下列优化问题的 KT 条件:

(1) $\max\ b^{\mathrm{T}}v$ s.t. $A^{\mathrm{T}}v \leqslant c$ (2) $\min\ \dfrac{1}{2}x^{\mathrm{T}}Hx + d^{\mathrm{T}}x$ s.t. $Ax \leqslant b$

8. 解下列问题:

$$\begin{aligned}\min\quad & f(x, y) = x^2 + y^2 + 3xy + 6x + 19y \\ \text{s.t.}\quad & 3y + x = 5\end{aligned}$$

9. 考虑问题:

$$\begin{aligned}\max\quad & x_2 \\ \text{s.t.}\quad & (3 - x_1)^3 - (x_2 - 2) \geqslant 0 \\ & 3x_1 + x_2 \geqslant 9\end{aligned}$$

(i) 写出KT条件, 并求解; (ii) 图解该问题; (iii) 增加约束条件 $2x_1 - 3x_2 \geqslant 0$, 再作(i), (ii).

10. 考虑问题:

$$\begin{aligned}\min\quad & (x_2 + 100)^2 + 0.01x_1^2 \\ \text{s.t.}\quad & x_2 - \cos x_1 \geqslant 0\end{aligned}$$

局部解的个数是有限的还是无限的? 运用 KT 条件证明你的结论.

11. 用 KT 方法求解下列二次规划问题:

$$\begin{aligned}\min\quad & x_1^2 + x_2^2 \\ \text{s.t.}\quad & x_1 \geqslant 0 \\ & x_1 + x_2 = 1\end{aligned}$$

12. 在抛物线 $y = \dfrac{1}{5}(x - 1)^2$ 上找到离点 $(x, y) = (1, 2)$ 最近的点. 可以转化这个问题为:

$$\begin{aligned}\min\quad & f(x, y) = (x - 1)^2 + (y - 2)^2 \\ \text{s.t.}\quad & (x - 1)^2 = 5y\end{aligned}$$

(i) 求出上述问题的所有 KT 点; (ii) 哪些点是上述问题的解? (iii) 将约束条件代入目标函数, 消去 x, 得到一个无约束优化问题. 证明这个问题的解不是原问题的解.

13. 用罚函数法求解下列问题:

(1) $\min\ x^2$, s.t. $x - 1 = 0$; (2) $\min\ x_1^2 + x_2^2$, s.t. $x_1 \geqslant 1$;

(3) $\min\ x_1^2 + x_2^2$, s.t. $x_1 + x_2 - 1 \geqslant 0$; (4) $\min\ 2x_1^2 + 2x_1x_2 + x_2^2 - 2x_2$, s.t. $x_1 = 0$.

14. 用障碍函数法求解下列问题:

(1) $\min \quad x^2,$ $\quad$ s.t. $\quad x \geqslant 0;$

(2) $\min \quad x_1 - 2x_2,$ $\quad$ s.t. $\quad 1 + x_1 - x_2^2 \geqslant 0,$ $\quad x_2 \geqslant 0.$

15. 解下面二次规划问题并作图解释该问题的几何意义:

$$\begin{aligned} \min \quad & 2\,x_1 + 3x_2 + 4x_1^2 + 2x_1x_2 + x_2^2 \\ \text{s.t.} \quad & x_1 - x_2 \geqslant 0 \\ & x_1 + x_2 \leqslant 4 \\ & x_1 \leqslant 3 \end{aligned}$$

16. 用 Lagrange 法求解二次规划问题

$$\begin{aligned} \min \quad & 2x_1^2 + x_2^2 + x_1x_2 - x_1 - x_2 \\ \text{s.t.} \quad & x_1 + x_2 = 1 \end{aligned}$$

17. 考虑二次规划问题

$$\begin{aligned} \max \quad & -x_1^2 - x_2^2 - x_3^2 + 4x_1 + 6x_2 \\ \text{s.t.} \quad & x_1 + x_2 \leqslant 2 \\ & 2x_1 + 3x_2 \leqslant 12 \\ & x_1, x_2, x_3 \geqslant 0 \end{aligned}$$

(1) 写出其对应的 Lagrange 函数, 并且求出该函数的鞍点;

(2) 利用有效集法求解该二次规划问题.

18. 用有效集法求解二次规划问题

$$\begin{aligned} \min \quad & 9x_1^2 + 9x_2^2 - 30x_1 - 72x_2 \\ \text{s.t.} \quad & -2x_1 - x_2 \geqslant -4 \\ & x_1, x_2 \geqslant 0 \end{aligned}$$

19. 写出函数 $f(x) = -x_1^2 - 4x_2^2 - 16x_3^2$ 的所有稳定点. 约束条件 $c(x) = 0$, 其中 $c(x)$: (i) $c(x) = x_1 - 1$; (ii) $c(x) = x_1x_2 - 1$; (iii) $c(x) = x_1x_2x_3 - 1$.

20. 编程实现 L-N 算法, 并求解问题

$$\begin{aligned} \min \quad & \mathrm{e}^{x_1x_2x_3x_4x_5} - \frac{1}{2}(x_1^3 + x_2^3 + 1)^2 \\ \text{s.t.} \quad & x_1^2 + x_2^2 + x_3^2 + x_4^2 + x_5^2 - 10 = 0 \\ & x_2x_3 - 5x_4x_5 = 0 \\ & x_1^3 + x_2^3 + 1 = 0 \end{aligned}$$

初始点选择$x_0 = (-1.71, 1.59, 1.82, -0.763, -0.763)$, 解为 $x^* = (-1.8, 1.7, 1.9, -0.8, -0.8)$.

21. 对附录 2 中的测试函数 1, 2 分别用罚函数法和序列二次规划法求解.

22. 考虑下面二次规划问题:

$$\begin{aligned} \max \quad & 6x_1 - x_1^2 + 4x_2 - x_2^2 \\ \text{s.t.} \quad & x_1 + x_2 \leqslant 3 \\ & x_1, x_2 \geqslant 0 \end{aligned}$$

先使用图解法求解, 再用有效约束集方法求解.

附录 2 约束优化问题的测试问题

1. 目标函数 $f(x) = (x_1 - 2)^2 + (x_2 - 1)^2$
   约束条件:
$$-0.25x_1^2 - x_2^2 + 1 \geqslant 0$$
$$x_1 - 2x_2 + 1 = 0$$
   该问题的最优解为 $x^* = (0.5(\sqrt{7} - 1), 0.25(\sqrt{7} + 1))$.
2. 目标函数 $f(x) = (x_1 - 2)^2 + (x_2 - 1)^2$
   约束条件:
$$-x_1 - x_2 + 2 \geqslant 0$$
$$-x_1^2 + x_2 \geqslant 0$$
   该问题的最优解为 $x^* = (1, 1)$.
3. 目标函数 $f(x) = 1000 - x_1^2 - 2x_2^2 - x_3^2 - x_1x_2 - x_1x_3$
   约束条件:
$$8x_1 + 14x_2 + 7x_3 - 56 = 0$$
$$x_1^2 + x_2^2 + x_3^2 - 25 = 0$$
$$x_1, x_2, x_3 \geqslant 0$$
   该问题的最优解为 $x^* = (3.512118414, 0.2169881741, 3.552174034)$.
4. 目标函数 $f(x) = 9 - 8x_1 - 6x_2 - 4x_3 + 2x_1^2 + 2x_2^2 + x_3^2 + 2x_1x_2 + 2x_1x_3$
   约束条件:
$$3 - x_1 - x_2 - 2x_3 \geqslant 0$$
$$x_1, x_2, x_3 \geqslant 0$$
   该问题的最优解为 $x^* = \left(\frac{4}{3}, \frac{7}{9}, \frac{4}{9}\right)$.
5. 目标函数 $f(x) = \sum_{i=1}^{10} \left[(\ln(x_i - 2))^2 + (\ln(10 - x_i))^2 - \left(\prod_{i=1}^{10} x_i \right)^2 \right]$
   约束条件:
$$2.001 \leqslant x_i \leqslant 9.999, \quad i = 1, \cdots, 10$$
   该问题的最优解为 $x^* = 9.35025655(1, 1, \cdots, 1)$.

第 6 章　最优化问题的一些模型

最优化方法作为一门交叉性学科, 其研究的问题主要来自各种实际部门和应用学科, 如经济、金融、信息、几何、统计等领域中的许多问题. 对这些领域中的有关知识, 特别是其中一些优化问题的模型及建立过程、性质、特点等的了解, 对优化方法的具体应用是十分重要的. 本章中我们列举了经济金融、信息处理、几何、统计领域中的一些优化问题中, 虽然在第 1～5 章中给过几个简单的例子, 在本章我们分学科领域介绍一些优化问题的模型, 有些根据问题的条件可直接得到优化模型, 还有些需要使用一些数学技巧才能得到优化模型. 正如在第 1 章提到的, 优化方法要想用于实际, 第一步便是建模, 因为实际问题一般是以文字叙述的, 可否以数学模型、优化模型表示, 以及怎样表示往往不是显而易见的. 再就是我们给出的例子有些既可以划为这一类, 也可以划为另外一类, 并不十分严格. 例如, 某些通信设备器材的布线问题, 其中节点之间的距离, 节点连线之间的角度等问题, 可归为通信中的优化问题, 也可归为几何中的优化问题. 再就是还有许多优化问题的建模十分复杂, 除了用到一些数学知识, 还要用到实际应用学科领域的比较专门的知识. 因此了解一些应用领域的问题, 和这些领域的专家学者交流沟通, 对从事比较专业的理论优化研究的学者是十分必要的和有益的.

6.1　经济与金融中的优化问题

6.1.1　经济均衡问题

在市场经济活动中, 当市场上某种产品的价格越高时, 生产商越是愿意扩大生产能力 (供应能力), 提供更多的产品满足市场需求; 但市场价格太高时, 消费者的消费欲望 (需求能力) 会下降. 反之, 当市场上某种商品的价格越低时, 消费者的消费欲望 (需求能力) 会上升, 但生产商的供应能力会下降. 如果生产商的供应能力和消费者的需求能力长期不匹配, 就会导致经济不稳定. 在完全市场竞争的环境中, 经济活动应当使生产和消费 (供应能力和需求能力) 达到平衡, 相对稳定. 这时商品的价格就称为市场的清算价格. 下面考虑两个简单的单一市场及双边市场的具体实例, 并介绍经济均衡思想在拍卖与投标问题、交通流分配问题中的应用案例.

例 6.1.1　单一生产商、单一消费者的情形.

假设市场上只有一个生产商 (记为甲) 和一个消费者 (记为乙). 对某种商品,

他们在不同价格下的供应能力和需求能力如表 6.1 所示. 举例来说, 表 6.1 中数据的含义是: 当单价低于 2 万元但大于或等于 1 万元时, 甲愿意生产 2t 产品, 乙愿意购买 8t 产品; 当单价等于或低于 9 万元但大于 4.5 万元时, 乙愿意购买 2t 产品, 甲愿意生产 8t 产品; 依次类推. 那么, 市场的清算价格应该是多少?

表 6.1　不同价格下的供应能力和需求能力

生产商 (甲)		消费者 (乙)	
单价/(万元/t)	供应能力/t	单价/(万元/t)	需求能力/t
1	2	9	2
2	4	4.5	4
3	6	3	6
4	8	2.25	8

(1) 问题分析.

仔细观察一下表 6.1 就可以看出来, 这个具体问题的解是一目了然的: 清算价格显然应该是 3 万元/t, 因为此时供需平衡 (都是 6t). 为了能够处理一般情况, 下面通过建立优化模型来解决这个问题.

这个问题没有明确的目标函数, 似乎不是一个优化问题. 不过, 我们可以换一个角度来看这个问题: 假设市场上还有一个虚拟的经销商, 他是甲乙进行交易的中介. 那么, 为了使自己获得的利润最大, 他将总是以可能的最低价格从甲购买产品, 再以可能的最高价格卖给乙, 直到进一步的交易无利可图为止. 例如, 最开始的 2t 产品他将会以 1 万元的单价从甲购买, 以 9 万元的单价卖给乙; 接下来的 2t 产品他会以 2 万元的单价从甲购买, 再以 4.5 万元的单价卖给乙; 再接下来的 2t 产品他只能以 3 万元的单价从甲购买, 再以 3 万元的单价卖给乙 (其实这次交易他已经只是保本, 但我们仍然假设这笔交易会发生, 如他为了使自己的营业额尽量大); 最后, 如果他继续购买甲的产品卖给乙, 他一定会亏本, 所以他肯定不会交易. 因此, 市场清算价格就是 3 万元. 根据这个想法, 我们就可以建立这个问题的线性规划模型.

(2) 模型建立.

决策变量: 设甲以 1 万元、2 万元、3 万元、4 万元的单价售出的产品数量 (单位: t) 分别是 x_1, x_2, x_3, x_4, 乙以 9 万元、4.5 万元、3 万元、2.25 万元的单价购买的产品数量 (单位: t) 分别是 y_1, y_2, y_3, y_4. 目标函数: 就是虚拟经销商的总利润, 即

$$9y_1 + 4.5y_2 + 3y_3 + 2.5y_4 - x_1 - 2x_2 - 3x_3 - 4x_4$$

约束条件:

供需平衡　$y_1 + y_2 + y_3 + y_4 = x_1 + x_2 + x_3 + x_4$

供应限制　$y_1, y_2, y_3, y_4 \leqslant 2$

$$
\begin{array}{ll}
\text{消费限制} & x_1, x_2, x_3, x_4 \leqslant 2 \\
\text{非负限制} & y_1, y_2, y_3, y_4, x_1, x_2, x_3, x_4 \geqslant 0
\end{array}
$$

这个问题就是在约束条件下要求总利润最大, 是个线性规划问题.

(3) 模型的进一步扩展.

一般地, 可以假设甲的供应能力随价格的变化情况分为 K 段, 即价格位于区间 $[p_k, p_{k+1})$ 时, 供应量最多为 $c_k(k=1,2,\cdots,K; 0<p_1<p_2<\cdots<p_{K+1}=\infty; 0=c_0<c_1<c_2<\cdots<c_K)$, 我们把这个函数关系称为供应函数 (这里它是一个阶梯函数). 同理, 假设乙的消费能力随价格的变化情况分为 L 段, 即价格位于区间 $(q_{k+1}, q_k]$ 时, 消费量最多为 $d_k(k=1,2,\cdots,L; q_1>\cdots>q_L>q_{L+1}=0; 0=d_0<d_1<d_2<\cdots<d_L)$, 我们把这个函数关系称为需求函数 (这里它也是一个阶梯函数).

设甲以 p_k 的价格售出的产品数量为 $A_k(k=1,2,\cdots,K)$, 乙以 q_k 的价格购入的产品数量为 $X_k(k=1,2,\cdots,L)$. 记 $c_0=d_0=0$, 则可以建立如下所示的线性规划模型:

$$
\begin{aligned}
\max \quad & \sum_{k=1}^{L} q_k X_k - \sum_{k=1}^{K} p_k A_k \\
\text{s.t.} \quad & \sum_{k=1}^{L} X_k - \sum_{k=1}^{K} A_k = 0 \\
& 0 \leqslant A_k \leqslant c_k - c_{k-1}, \quad k=1,2,\cdots,K \\
& 0 \leqslant X_k \leqslant d_k - d_{k-1}, \quad k=1,2,\cdots,L
\end{aligned}
$$

另外, 也可以将该问题推广到多个生产商、多个消费者的情形.

例 6.1.2 两个生产商、两个消费者的情形.

假设市场上除了例 6.1.1 中的甲和乙, 还有另一个生产商 (记为丙) 和另一个消费者 (记为丁), 他们在不同价格下的供应能力和需求能力如表 6.2 所示. 此外, 从甲销售到丁的每吨产品的运输成本是 1.5 万元, 从丙销售到乙的每吨产品的运输成本

表 6.2 不同价格下的供应能力和需求能力

生产商 (丙)		消费者 (丁)	
单价/(万元/t)	供应能力/t	单价/(万元/t)	需求能力/t
2	1	15	1
4	4	8	3
6	8	5	6
8	12	3	10

是 2 万元, 而甲、乙之间没有运输成本, 丙、丁之间没有运输成本. 这时, 我们的问题是: 市场的清算价格应该是多少? 甲和丙分别生产多少? 乙和丁分别购买多少?

(1) 问题分析.

首先, 看看为什么要考虑从甲销售到丁的产品的运输成本和从丙销售到乙的产品的运输成本. 如果不考虑这些运输成本, 我们就可以认为甲、乙、丙、丁处于同一个市场上, 则可以将两个生产商 (甲和丙) 的供应函数合并成一个供应函数, 合并后就可以认为市场上仍然只有一个供应商. 类似地, 乙和丁的需求函数也可以合并成一个需求函数, 合并后就可以认为市场上仍然只有一个消费者. 这样, 就回到了例 6.1.1 的情形. 也就是说, 考虑运输成本在经济学上的含义, 应当是认为甲和乙是一个市场 (地区或国家), 而丙和丁是另一个市场 (地区或国家). 运输成本也可能还包括关税等成本, 由于这个成本的存在, 两个市场的清算价可能是不同的. 仍然按照例 6.1.1 的思路, 可以建立这个问题的线性规划模型.

(2) 模型的建立.

设甲以 1, 2, 3, 4(万元) 的单价售出的产品数量 (单位: t) 分别是 A_1, A_2, A_3, A_4; 乙以 9, 4.5, 3, 2.25(万元) 的单价购买的产品数量 (单位: t) 分别是 X_1, X_2, X_3, X_4; 丙以 2, 4, 6, 8(万元) 的单价售出的产品数量 (单位: t) 分别是 B_1, B_2, B_3, B_4, 丁以 15, 8, 5, 3(万元) 的单价购买的产品数量 (单位: t) 分别是 Y_1, Y_2, Y_3, Y_4. 此外, 假设 AX 和 AY 分别是甲向乙和丁的供货量, BX 和 BY 分别是丙向乙和丁的供货量. 这些决策变量之间的关系参见示意图 (图 6.1).

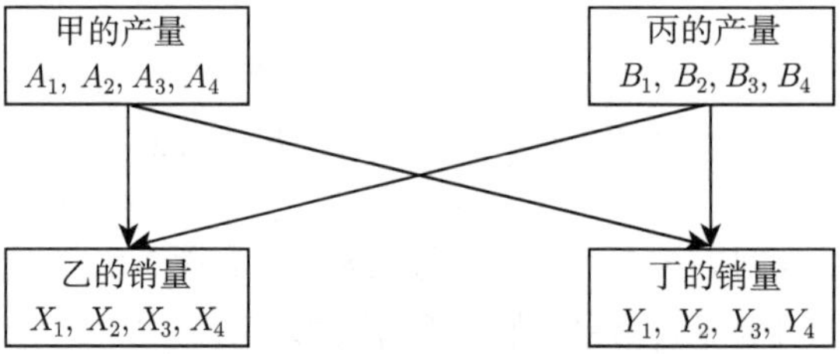

图 6.1 决策变量之间的关系

目标函数仍然是虚拟经销商的总利润, 约束条件仍然是四类 (供需平衡、供应限制、需求限制和非负限制), 不过这时应注意供需平衡约束应该是包括如图 6.1 所示的决策变量之间的关系:

$$AX + AY = A_1 + A_2 + A_3 + A_4$$

$$BX + BY = B_1 + B_2 + B_3 + B_4$$

$$AX + BX = X_1 + X_2 + X_3 + X_4$$

$$AY + BY = Y_1 + Y_2 + Y_3 + Y_4$$

此外, 其他约束实际上只是简单的变量上界的约束.

(3) 模型的进一步扩展.

可以和例 6.1.1 一样, 将上面的具体模型一般化, 即考虑供应函数和需求函数的分段数不是固定为 4, 而是任意有限正整数的情形. 很自然地, 上面的方法很容易推广到多个市场的情形. 理论上看这没有什么困难, 只是这时变量会更多, 数学表达式变得更复杂一些.

例 6.1.3 拍卖与投标问题.

假设一家拍卖行对委托的 5 类艺术品对外拍卖, 采用在规定日期前投标人提交投标书的方式进行, 最后收到了来自 4 个投标人的投标书. 每类项目的数量、投标人对每个项目的投标价格如表 6.3 中所示. 例如, 有 3 件第 4 类艺术品; 对每件第 4 类艺术品, 投标人 1, 2, 3, 4 愿意出的最高价分别为 6, 1, 3, 2(货币单位, 如万元). 此外, 假设每个投标人对每类艺术品最多只能购买 1 件, 并且每个投标人购买的艺术品的总数不能超过 3 件. 我们的问题是: 哪些艺术品能够卖出去? 卖给谁? 这个拍卖和投标问题中每类物品的清算价应该是多少?

表 6.3 拍卖与投标信息

招标项目类型		1	2	3	4	5
招标项目的数量		1	2	3	3	4
投标价格	投标人 1	9	2	8	6	3
	投标人 2	6	7	9	1	5
	投标人 3	7	8	6	3	4
	投标人 4	5	4	3	2	1

(1) 问题分析.

这个具体问题在实际中可以通过对所有投标的报价进行排序来解决, 如可以总是将艺术品优先卖给出价最高的投标人. 但这种方法不易确定每类艺术品的清算价, 所以我们这里还是借用例 6.1.1 和例 6.1.2 中的方法, 即假设有一个中间商希望最大化自己的利润, 从而建立这个问题的优化模型.

(2) 问题的一般提法和假设.

先建立一般的模型, 然后求解本例的具体问题, 设有 n 类物品需要拍卖, 第 j 类物品的数量为 $s_j(j=1,\cdots,n)$; 有 m 个投标者 $i(i=1,\cdots,m)$, 投标者 i 对第 j 类物品的投标价格为 b_{ij}(假设非负). 投标者 i 对每类物品最多购买一件, 且总件数不能超过 c_i . 我们的目标之一是要确定第 j 类物品的清算价格 p_j , 它应当满足下列假设条件:

(i) 成交的第 j 类物品的数量不超过 s_j $(j=1,\cdots,n)$;

(ii) 对第 j 类物品的报价低于 p_j 的投标人将不能获得第 j 类物品;

(iii) 如果成交的第 j 类物品的数量少于 s_j, 可以认为 $p_j=0$ (除非拍卖方另外指定一个最低的保护价);

(iv) 对第 j 类物品的报价高于 p_j 的投标人有权获得第 j 类物品, 但如果他有权获得的物品超过 3 件, 那么我们假设他总是希望使自己的满意度最大 (满意度可以用他的报价与市场清算价之差来衡量).

(3) 优化模型.

用 0-1 变量表示是否分配一件第 j 类物品给投标者 i, 即 $x_{ij}=1$ 表示分配, 而 $x_{ij}=0$ 表示不分配. 目标函数仍然是虚拟的中间商的总利润 (认为这些利润全部是拍卖行的利润也可以), 即

$$\sum_{i=1}^{m}\sum_{j=1}^{n} b_{ij}x_{ij} \tag{6.1}$$

除变量取值为 0 或 1 的约束外, 问题的约束条件主要是两类: 每类物品的数量限制和每个投标人所能分到的物品的数量限制, 即

$$\sum_{i=1}^{m} x_{ij} \leqslant s_j, \quad j=1,\cdots,n \tag{6.2}$$

$$\sum_{j=1}^{n} x_{ij} \leqslant c_i, \quad i=1,\cdots,m \tag{6.3}$$

模型就是在约束 (6.2)、(6.3) 及 $x_{ij}=0,1$ 下最大化目标函数 (6.1).

最后, 大学生的选课问题与此问题是类似的, 即可把课程看成招标 (拍卖) 项目, 而把学生愿意付出的选课费看成投标. 据说国外有些大学的选课系统就是使用这个模型确定每门课程的清算价格 (选课费用) 的, 而且取得了很好效果.

例 6.1.4　交通流均衡问题.

某地有如图 6.2 所示的一个公路网, 每天上班时间有 6000 辆小汽车要从居民区 A 前往工作区 D. 经过观察, 得到图中 5 条道路上每辆汽车的平均行驶时间和汽车流量之间的关系, 如表 6.4 所示, 我们的问题是: 长期来看, 这些汽车将如何在每条道路上分布?

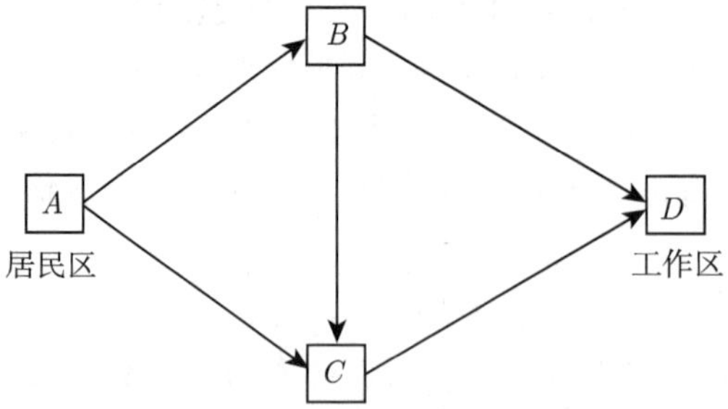

图 6.2　一条公路网示意图

表 6.4 平均行驶时间和汽车流量之间的关系

道路		AB	AC	BC	BD	CD
行驶时间/min	流量 $\leqslant 2$	20	52	12	52	20
	$2<$流量 $\leqslant 3$	30	53	13	53	30
	$3<$流量 $\leqslant 4$	40	54	14	54	40

(1) 问题分析.

这个问题乍一看似乎与前面几个例子完全不同, 但实际上交通流与市场经济活动类似, 也存在着均衡. 我们可以想象有一个协调者, 正如例 6.1.1~例 6.1.3 中的所谓中间商可以理解为市场规律一样, 实际上, 这里的所谓协调者也可以认为是交通流的规律. 交通流的规律就是每辆汽车都将选择使自己从 A 到 D 运行时间最少的路线, 其必然的结果是无论走哪条路线从 A 到 D, 最终花费的时间应该是一样的 (否则, 花费时间较长的那条线路上的部分汽车就会改变自己的路线, 以缩短自己的行驶时间). 也就是说, 长期来看, 这些汽车在每条道路上的分布将达到均衡状态 (所谓均衡, 这里的含义就是每辆汽车都不能仅仅通过自身独自改变道路节省其行驶时间). 基于这种考虑, 我们可以建立这个问题的优化模型.

(2) 优化模型.

交通流的规律要求所有道路上的流量达到均衡. 如果车流量是一辆车一辆车增加的, 那么在每条道路上车流量小于 2 时, 车流量会有一个分布规律; 当某条道路上流量正好超过 2 时, 新加入的一辆车需要选择使自己堵塞时间最短的道路. 这就提示我们把同一条道路上的流量分布分解成不同性质的三个部分. 也就是说, 我们用 $Y(AB)$ 表示道路 AB 上的总的流量, 并进一步把它分解成三部分:

(i) 道路 AB 上的流量不超过 2 时的流量, 用 $X(2,AB)$ 表示;

(ii) 道路 AB 上的流量超过 2 但不超过 3 时, 超过 2 的流量部分用 $X(3,AB)$ 表示;

(iii) 道路 AB 上的流量超过 3 但不超过 4 时, 超过 3 的流量部分用 $X(4,AB)$ 表示.

依此类推, 对道路 AC, BC, BD, CD 上同理可以定义类似的决策变量. 因此, 问题中总共有 20 个决策变量 $Y(j)$ 和 $X(i,j)$ $(i=2,3,4,\ j=AB,AC,BC,BD,CD)$. 问题的目标是使总的堵塞时间最短. 用 $T(i,j)$ 表示流量 $X(i,j)$ 对应的堵塞时间 (即表 6.4 中的数据, 是对每辆车而言的), 我们看用 $\sum\limits_{i=2,3,4}\sum\limits_{j\text{为道路}} T(i,j)X(i,j)$ 作为总堵塞时间是否合适. 容易理解: 后面加入道路的车辆可能又会造成前面进入道路的车辆的进一步堵塞, 如流量为 3 时, 原先流量为 2 的车辆实际上也只能按 $T(3,j)$ 的时间通过, 而不是 $T(2,j)$. 也就是说, $\sum\limits_{i=2,3,4}\sum\limits_{j\text{为道路}} T(i,j)X(i,j)$ 并不是总堵塞时间. 但是可以注意到, $T(i,j)$ 关于 i 是单调增加的, 即不断增加的车流只会使以前的堵塞加剧而不可能使以前的堵塞减缓. 所以, 关于决策变量 $X(i,j)$, $\sum\limits_{i=2,3,4}\sum\limits_{j\text{为道路}} T(i,j)X(i,j)$ 与我们希望优化的目标的单调性是一致的. 因此, 可以把它作为目标函数进行优化.

约束条件有三类:

(i) 每条道路上的总流量 Y 等于该道路上的分流量 X 的和;

(ii) 道路交汇处 A,B,C,D(一般称为节点) 的流量守恒 (即进入量等于流出量);

(iii) 决策变量的上限限制, 如 $X(2,AB)\leqslant 2$, $X(3,AB)\leqslant 1, X(4,AB)\leqslant 1$ 等.

这样对应的优化模型可直接写出.

例 6.1.5 投资组合问题.

模型 1 基本的投资组合模型. 假定我们知道某三支股票 (A,B,C)12 年 (2002~2013) 的价格 (已经包括了分红在内) 每年的增长情况如表 6.5 所示 (表 6.5 中还给出了相应年份的 500 支股票的价格指数的增长情况). 例如, 表中第一个数据 1.300 的含义是股票 A 在 2002 年的年末价值是其年初价值的 1.300 倍, 即收益为 30%, 其余数据的含义依此类推. 假设在 2005 年时有一笔资金准备投资这三支股票, 并期望年收益率至少达到 15%, 那么你应当如何投资? 当期望的年收益率变化时, 投资组合和相应的风险如何变化? 这个问题的模型就是在第 5 章介绍的 Markowitz 模型, 是一个凸二次规划问题. 假设除了上述三支股票, 投资人还有一种无风险的投资方式, 如购买国库券. 假设国库券的年收益率为 5%, 这时如何考虑上述问题?

表 6.5 股票收益数据

年份	股票 A	股票 B	股票 C	股票指数
2002	1.300	1.225	1.149	1.258997
2003	1.103	1.290	1.260	1.197526
2004	1.216	1.216	1.419	1.364361
2005	0.954	0.728	0.922	0.919287
2006	0.929	1.144	1.169	1.057080
2007	1.056	1.107	0.965	1.055012
2008	1.038	1.321	1.133	1.187925
2009	1.089	1.305	1.732	1.317130
2010	1.090	1.195	1.021	1.240164
2011	1.083	1.390	1.131	1.183675
2012	1.035	0.928	1.006	0.990108
2013	1.176	1.715	1.908	1.526236

(1) 问题分析.

本例的问题称为投资组合 (portfolio) 问题, 在第 5 章提到过. 早在 1952 年

Markowitz 给出了这个模型的基本框架, 后来这个模型又得到了进一步的改进. 一般来说, 投资股票的收益是随机变量, 记股票 A, B, C 每年的收益率的随机变量分别为 R_1, R_2 和 R_3(注意表中的数据减去 1 以后才是年收益率). 按照 Markowitz 投资模型, 风险用收益的方差来衡量: 方差越大, 风险越大; 方差越小, 风险越小. 根据概率论的知识和表 6.5 中给出的数据, 可以计算出收益率的数学期望为

$$ER_1 = 0.0890833, \quad ER_2 = 0.213667, \quad ER_3 = 0.234583.$$

同样地, 可以计算股票 A, B, C 年收益率的协方差矩阵为

$$\text{COV} = \begin{pmatrix} 0.01080754 & 0.01240721 & 0.01307513 \\ 0.01240721 & 0.05839170 & 0.05542639 \\ 0.01307513 & 0.05542639 & 0.09422681 \end{pmatrix}$$

(2) 模型的建立.

用决策变量 x_1, x_2 和 x_3 分别表示投资人投资股票 A, B, C 的比例. 记 $x = (x_1, x_2, x_3)^{\mathrm{T}}$. 假设市场上没有其他的投资渠道, 且手上资金 (不妨设只有一个单位的资金) 必须全部用于投资这三种股票, 则

$$x_1.x_2, x_3 \geqslant 0, \qquad x_1 + x_2 + x_3 = 1$$

年投资收益率 $R = x_1R_1 + x_2R_2 + x_3R_3$ 也是一个随机变量. 根据概率论的知识, 投资的总期望收益为

$$R = x_1ER_1 + x_2ER_2 + x_3ER_3$$

年投资收益率的方差为

$$V = \sum_{i=1}^{3}\sum_{j=1}^{3} x_ix_j\text{COV}(R_i, R_j) = x^{\mathrm{T}}\text{COV}x$$

实际投资者可能面临很多约束条件, 这里只考虑题中要求的年收益率 (的数学期望) 不低于 15% 这个要求, 即

$$ER^{\mathrm{T}}x = x_1ER_1 + x_2ER_2 + x_3ER_3 \geqslant 0.15.$$

其中, $ER = (ER_1, ER_2, ER_3)^{\mathrm{T}}$.

于是, 可以得到该问题的二次规划模型.

$$\begin{aligned} \min \quad & V = x^{\mathrm{T}}\text{COV}x \\ \text{s.t.} \quad & ER^{\mathrm{T}}x \geqslant 0.15 \\ & \mathbf{1}^{\mathrm{T}}x = 1 \\ & x \geqslant 0 \end{aligned} \tag{6.4}$$

(3) 模型的进一步扩展 (一).

假设投资者目前持有的股票比例为: 股票 A 占 50%, B 占 35%, C 占 15%. 实际股票市场上每次股票买卖通常总有交易费, 例如, 按交易额的 1% 收取交易费, 这时投资者应如何对所持的股票进行买卖 (换手), 以便满足"最优解"的要求?

仍用决策变量 x_1, x_2 和 x_3 分别表示投资人投资股票 A, B, C 的比例, 进一步假设购买股票 A, B, C 的比例为 y_1, y_2 和 y_3, 卖出股票 A, B, C 的比例为 z_1, z_2 和 z_3. 其中, y_i 与 $z_i (i = 1, 2, 3)$ 中显然最多只能有一个严格取正数, 且

$$x_1, x_2, x_3 \geqslant 0, \quad y_1, y_2, y_3 \geqslant 0, \quad z_1, z_2, z_3 \geqslant 0 \tag{6.5}$$

由于交易费用的存在, 这时约束 $x_1 + x_2 + x_3 = 1$ 不一定成立. 其实, 这个关系式的本质是: 当前持有的总资金是守恒的, 在有交易成本 (1%) 的情况下, 应当表示成如下形式:

$$x_1 + x_2 + x_3 + 0.01(y_1 + y_2 + y_3 + z_1 + z_2 + z_3) = 1 \tag{6.6}$$

另外, 考虑到当前持有的各支股票的份额 c_i, x_i, y_i 与 $z_i (i = 1, 2, 3)$ 之间也应该满足守恒关系式

$$x_i = c_i + y_i - z_i, \quad i = 1, 2, 3 \tag{6.7}$$

这就是新问题的约束条件, 模型的其他部分不变.

(4) 模型的进一步扩展 (二).

在实际的股票市场上, 一般存在成千上万种的股票, 这时计算两两之间的相关性 (协方差矩阵) 将是一件非常费事甚至不可能的事情. 能否通过一定的方式避免协方差的计算, 对模型进行简化呢?

可以认为股票指数反映的是股票市场的大势信息, 对具体每支股票的涨跌通常是有显著影响的. 我们这里假设每支股票的收益与股票指数呈线性关系, 从而可以通过线性回归方法找出这个线性关系.

具体地说, 用 M 表示股票指数 (也是一个随机变量), 其均值为 $m_0 = E(M)$, 方差为 $s_0^2 = D(M)$. 根据上面的线性关系的假定, 对某支具体的股票 i, 其价值 R_i (随机变量) 可以表示成

$$R_i = u_i + b_i M + e_i$$

其中, u_i 和 b_i 需要根据所给数据经过回归计算得到, e_i 是一个随机误差项, 其均值为 $E(e_i) = 0$, 方差为 $s_i^2 = D(e_i)$. 此外, 假设随机误差项 e_i 与其他股票 $j(j \neq i)$ 和股票指数 M 都是独立的, 所以 $E(e_i e_j) = E(e_i M) = 0$.

先看看如何根据所给数据经过回归计算得到 u_i 和 b_i. 记所给的 12 年数据为 $\{M^{(k)}, R_i^{(k)}\}(k = 1, 2, \cdots, 12)$, 线性回归实际上是要使误差的平方和最小, 即要解

如下优化问题:

$$\min \quad \sum_{k=1}^{12}(e_i^{(k)})^2 = \sum_{k=1}^{12}|u_i + b_iM^{(k)} - R_i^{(k)}|^2, \quad i = 1, 2, 3$$

现在, 仍用决策变量 x_1, x_2 和 x_3 分别表示投资人投资股票 A, B, C 的比例, 此时, 与前面类似, 对应的收益应该表示成

$$R = \sum_{i=1}^{3} x_iR_i = \sum_{i=1}^{3} x_i(u_i + b_iM + e_i)$$

收益的数学期望为

$$ER = \sum_{i=1}^{3} x_iE(u_i + b_iM + e_i) = \sum_{i=1}^{3} x_i(u_i + b_im_0)$$

收益的方差为

$$DR = \sum_{i=1}^{3} x_i^2D(u_i + b_iM + e_i) = \sum_{i=1}^{3}[(x_ib_i)^2s_0^2 + x_i^2s_i^2]$$

则此时的优化模型就应该是

$$\begin{aligned}
\min \quad & \sum_{i=1}^{3}(b_i^2s_0^2 + s_i^2)x_i^2 \\
\text{s.t.} \quad & x_1 + x_2 + x_3 = 1 \\
& \sum_{i=1}^{3} x_i(u_i + b_im_0) \geqslant 0.15 \\
& x_1, x_2, x_3 \geqslant 0
\end{aligned} \tag{6.8}$$

模型 (6.8) 仍然是一个二次规划模型.

例 6.1.6 其他目标下的投资组合模型.

前面介绍的模型中都是在可能获得的收益的数学期望满足一定最低要求的前提下, 用可能获得的收益的方差来衡量投资风险, 将其作为最小化的目标. 这种做法的合理性通常至少需要两个基本假设.

(1) 可能获得的收益的分布是对称的 (如正态分布). 因为这时未来收益高于设定的最低要求和低于设定的最低要求的数量和概率是一样的. 但实际中这个假设往往难以验证.

(2) 投资者对风险 (或偏好) 的效用函数是二次的, 否则为什么只选择效益 (随机变量) 的二阶矩 (方差) 来衡量风险使之最小化, 而不采用其他阶数的矩?

一般来说, 投资者实际关心的是未来收益低于设定的最低要求的数量 (即低多少) 和概率, 也就是说更关心的是下侧风险 (downside risk). 所以, 如果分布不是对称的, 则采用收益的方差来衡量投资风险就不一定合适. 为了克服这个缺陷, 可以用收益低于最低要求的数量的均值 (一阶矩) 作为下侧风险的衡量依据, 即作为最小化的目标. 此外, 也可以采用收益低于最低要求的数量的二阶矩 (即收益的半方差, semivariance) 作为衡量投资风险的依据. 其实, 半方差计算与方差计算类似, 只是只有当收益低于最低要求的收益率时, 才把两者之差的平方记入总风险, 而对收益高于最低要求的收益率时的数据忽略不计. 这方面的具体模型这里不再详细介绍. 下面介绍一个与上面这些优化目标不同的投资组合模型, 这个模型虽然很简单, 但却会产生一些有趣的现象.

假设市场上只有两支股票 A 和 B 可供某个投资者购买, 且该投资者对未来一年的股票市场进行了仔细分析, 认为市场只能出现两种可能的情况 (1 和 2). 此外, 该投资者对每种情况出现的概率、每种情况出现时两支股票的增值情况都进行了预测和分析 (表 6.6, 可以看出股票 A, B 的均值和方差是一样的). 假设该投资者是一位保守的投资人, 其投资目标是使两种情况下最小的收益最大化 (也就是说, 不管未来发生哪种情况, 他都能至少获得这个收益). 这时应如何建立模型和求解?

表 6.6　两种情况出现的概率及两支股票的增值情况

情形	发生概率	股票 A	股票 B
1	0.8	1.0	1.2
2	0.2	1.5	0.7

模型的建立: 设年初投资股票 A, B 的比例分别为 x_1, x_2, 决策变量 x_1, x_2 显然应该满足 $x_1, x_2 \geqslant 0,\quad x_1 + x_2 = 1$. 使最小收益最大的 "保守" 目标实际上就是希望:

$$\max\{\min(1.0x_1 + 1.2x_2, 1.5x_1 + 0.7x_2)\}$$

引入一个辅助变量 $y = \min(1.0x_1 + 1.2x_2, 1.5x_1 + 0.7x_2)$, 便可以把这个问题化为一个线性规划问题.

$$\begin{aligned} \max \quad & y \\ \text{s.t.} \quad & 1.0x_1 + 1.2x_2 \geqslant y \\ & 1.5x_1 + 0.7x_2 \geqslant y \\ & x_1 + x_2 = 1 \\ & x_1, x_2 \geqslant 0 \end{aligned}$$

例 6.1.7　市场营销问题.

问题一: 新产品的市场预测.

设某公司开发了一种新产品, 打算与目前市场上已有的三种同类产品竞争. 为了了解这种新产品在市场上的竞争力, 在大规模投放市场前, 公司营销部门进行了广泛的市场调查, 得到了表 6.7. 四种产品分别记为 A, B, C, D, 其中 A 为新产品, 表 6.7 中数据的含义是: 最近购买某种产品 (用行表示) 的顾客下次购买四种产品的机会 (概率). 例如, 表中第一行数据表示当前购买产品 A 的顾客, 下次购买产品 A, B, C, D 的概率分别为 0.75, 0.1, 0.05, 0.1. 根据这个调查结果, 我们来分析新产品 A 未来的市场份额大概是多少?

表 6.7　市场调查数据

产品	A	B	C	D
A	0.75	0.1	0.05	0.1
B	0.4	0.2	0.1	0.3
C	0.1	0.2	0.4	0.3
D	0.2	0.2	0.3	0.3

(1) 问题分析.

新产品进入市场后, 初期的市场份额会不断发生变化, 因此, 本例中的问题是一个离散动态随机过程, 也就是马氏链 (Markov chain). 很显然, 上面给出的表实际上是转移概率矩阵 (注意每行元素的和为 1). 要分析新产品 A 未来的市场份额, 就是要计算稳定状态下每种产品被购买的概率.

(2) 模型的建立.

记 N 为产品种数. 产品编号为 i, 转移概率矩阵的元素记为 a_{ij}, 稳定状态下产品 i 的市场份额记为 p_i . 因为是稳定状态, 所以应该有

$$p_i = \sum_{j=1}^{N} a_{ji} p_j, \quad i = 1, 2, \cdots, N$$

另外还要满足 N 种产品的市场份额之和等于 1, 即 $\sum\limits_{j=1}^{N} p_j = 1$. 可见, 这个问题的模型实际上是一个非常简单的方程组 (当然, 还应该增加概率 p_i 非负的约束). 如果把这些看成约束条件, 那就是一个特殊的优化模型 (没有目标函数).

问题二: 产品属性的效用函数.

一般来讲, 每种产品 (如某种品牌的小汽车) 都有不同的属性, 如价格、安全性、外观、保质期等. 在设计和销售新产品之前, 了解顾客对每种属性的各个选项的偏好程度非常重要. 偏好程度可以用效用函数来表示, 即某种属性的不同选项对顾客的价值 (效用). 可是, 让顾客直接精确地给出每个属性的效用函数一般是困难的. 例如, 对于价格, 一般的顾客当然会说越便宜越好, 但很难确定 10 万元的价格和 15 万元的价格的效用具体是多少. 对于具体的产品, 其各种属性的具体选项配置都已经确定下来了, 所以如果我们把一些具体的产品让顾客进行评估打分, 顾客通常能比较容易地给出每种产品的效用. 那么, 从这些具体产品的效用信息中, 我们能否

反过来估计每个属性中各个选项的效用呢？这种方法通常称为联合分析 (conjoint analysis). 下面通过一个例子来说明.

对某种牌号的小汽车, 假设只考虑两种属性: 价格和安全气囊. 价格分为 12.9 万元、9.9 万元、7.9 万元; 安全气囊的配置为两个、一个、没有. 经过市场调查, 顾客对该产品的不同配置的偏好程度 (效用) 如表 6.8 所示 (表中的值或权重越大, 表示顾客越喜欢). 现在的问题是: 价格和安全气囊的效用函数如何？

表 6.8 顾客对产品的不同配置的偏好程度

价格 (万元)	安全气囊		
	2	1	0
12.9	7	3	1
9.9	8	4	2
7.9	9	6	5

模型的建立

记价格选项分别为 H(高), M(中), L(低), 对应的效用为 $p_j(j=H,M,L)$; 安全气囊选项分别为 0, 1, 2, 对应的效用为 q_i $(i=0,1,2)$. 我们的目的实际上就是要求出 p_j 和 q_i.

假设价格和安全气囊的效用是线性可加的, 即当价格选项为 j 、安全气囊选项为 i 时, 具体产品的效用 $c(i,j)$ 应该可以用价格和安全气囊的效用之和来估计, 即 $c(i,j)=p_i+q_j$.

那么, 如何比较不同估计的好坏呢？一种简单的想法是针对 6 个待定参数 (p_j 和 q_i), 由表 6.8 中给出了 9 组数据, 可以用最小二乘法确定 p_j 和 q_i. 也就是说, 通过下面的问题

$$\min\sum_i\sum_j(c(i,j)-c_0(i,j))^2$$

求出 p_j 和 q_i, 其中, $c_0(i,j)$ 是表中的数据 (安全气囊选项为 i、价格选项为 j 时具体产品的效用). 因为作效用分析的主要目的是将不同配置的具体产品的优劣次序排出来, 所以另一种方法是希望 $c(i,j)$ 和 $c_0(i,j)$ 保持同样的顺序, 即对任意的 (i,j) 和 (k,l), 当 $c_0(i,j)+1\leqslant c_0(k,l)$ 时, 也尽量有 $c(i,j)+1\leqslant c(k,l)$. 这里 “+1” 表示 $c(i,j)$ 严格小于 $c(k,l)$ 且至少相差 1. 于是可以考虑如下目标函数

$$\min\sum_{i,j}\sum_{k,l}(1+p_j+q_i-p_l-q_k)^2$$

式中的求和只是对满足 $c_0(i,j)+1\leqslant c_0(k,l)$ 的 (i,j) 和 (k,l) 求和.

例 6.1.8 机票的销售策略.

某航空公司每天有三个航班服务于 A,B,C,H 四个城市, 其中城市 H 是可供转机使用的. 三个航班的出发地—目的地分别为 AH,HB,HC , 可搭乘旅客的最大

数量分别为 120 人, 100 人, 110 人, 机票的价格分头等舱和经济舱两类. 经过市场调查, 公司销售部得到了每天旅客的相关信息, 如表 6.9 所示. 问题是该公司应该在每条航线上分别分配多少头等舱和经济舱的机票?

表 6.9 市场调查数据

出发地 — 目的地	头等舱需求/人	头等舱价格/元	经济舱需求/人	经济舱价格/元
AH	33	190	56	90
AB(经 H 转机)	24	244	43	193
AC(经 H 转机)	12	261	67	199
HB	44	140	69	80
HC	16	186	17	103

(1) 问题的分析.

公司的目标应该是使销售收入最大化, 由于头等舱的机票价格大于对应的经济舱的机票价格, 很容易让人想到先满足所有头等舱的顾客需求: 这样 AH 上的头等舱数量 =33+24+12=69, HB 上的头等舱数量 =24+44=68, HC 上的头等舱数量 =12+16=28 等, 但这种贪婪算法是否一定得到最好的销售计划?

(2) 模型的建立.

考虑 5 个起终点航线 AH, AB, AC, HB, HC, 依次编号为 i, 其中 $i = 1, 2, 3, 4, 5$. 相应的头等舱需求记为 a_i, 价格记为 p_i; 相应的经济舱需求记为 b_j, 价格记为 q_j. 此外, 三个航班 AH, HB, HC 的顾客容量分别是 $c_1 = 120, c_2 = 100, c_3 = 110$.

设第 i 条航线上销售的头等舱机票数为 x_i, 销售的经济舱机票数为 y_i, $i = 1, 2, 3, 4, 5$. 这些是问题的决策变量. 显然, 目标函数是

$$\sum_{i=1}^{5}(p_i x_i + q_i y_i)$$

约束条件有以下两类:

(i) 三个航班上的容量限制.

例如, 航班 AH 上的乘客应当是购买 AH, AB, AC 机票的所有旅客, 所以

$$\sum_{i=1}^{3}(x_i + y_i) \leqslant c_1$$

同理, 有

$$x_2 + y_2 + x_4 + y_4 \leqslant c_2$$

$$x_3 + y_3 + x_5 + y_5 \leqslant c_3$$

(ii) 每条航线上的需求限制.

$$0 \leqslant x_i \leqslant u_i, \quad 0 \leqslant y_i \leqslant b_i, \quad i - 1, \cdots, 5$$

实际上, 票数还有整数的限制, 因此, 这个问题是一个整数线性规划问题.

6.2 范数逼近问题

很多不同领域中的问题都可以归结为一个向量函数范数最小的问题, 因此我们把这一类问题称为范数逼近问题.

例 6.2.1 范数最小问题.

最简单的范数逼近问题是下列形式的无约束优化问题:

$$\min \quad \|Ax - b\|$$

这里 $A \in \mathbf{R}^{m\times n}$ 和 $b \in \mathbf{R}^m$ 是问题中的数据, $x \in \mathbf{R}^n$ 是变量. 范数逼近问题的解有时称为 $Ax \simeq b$ 的近似解. $r = Ax - b$, 称为问题的残量. 这个问题是一个凸优化问题, 是有解的. 最优值当且仅当 $b \in R(A)$ 时为 0. 但当 $b \in R(A)$ 时, 问题是更有用和有趣的. 不失一般性, 假定 A 是列满秩的, 特别是假定 $m \geqslant n$. 显然当 $m = n$ 时, 问题的最优解是 $A^{-1}b$. 所以我们不妨假定 $m > n$.

范数逼近问题的几种解释:

把 Ax 写为 $Ax = x_1a_1 + \cdots + x_na_n$. 这里 $a_1, \cdots, a_n \in \mathbf{R}^m$ 是 A 的列, 则我们可以看出范数逼近问题的目标是用 A 的列去尽可能好地拟合或逼近 b.

逼近问题也称为回归问题, 在这种背景下, 我们能加 $x \geqslant 0$ 约束到范数逼近问题中:

$$\begin{aligned} \min \quad & \|Ax - b\| \\ \text{s.t.} \quad & x \geqslant 0 \end{aligned}$$

在估计问题中, 当我们去估计一个已经知道是非负变量的时候, 非负约束会出现. 范数逼近的几何解释是我们需要确定向量 $\boldsymbol{b}$ 到由 A 的列生成的锥上的投影.

还有, 在一些问题中, 一些先验的知识要求变量是有界的, 即问题变为

$$\begin{aligned} \min \quad & \|Ax - b\| \\ \text{s.t.} \quad & l \leqslant x \leqslant u \end{aligned}$$

基本的最小范数问题如下

$$\begin{aligned} \min \quad & \|x\| \\ \text{s.t.} \quad & Ax = b \end{aligned}$$

这里 $A \in \mathbf{R}^{m\times n}$, $b \in \mathbf{R}^m$, 如果 $Ax = b$ 有解, 这个问题有解, 称为 $Ax = b$ 的最小范数解. 这里 $\|\cdot\|$ 一般表示 2-范数.

例 6.2.2 信号重构, 光滑化和去噪问题.

在这个例子中, 我们讨论图像或信号的重构. 在重构问题中, 我们用 x 表示一个 n 维向量信号, 其分量 x_i 对应某个时刻函数值. 通常假定信号变化不剧烈, 也就是说 $x_i \simeq x_{i+1}$. 考虑下面优化问题:

$$\begin{aligned} \min \quad & \|Ax-b\| \\ \text{s.t.} \quad & \operatorname{card}(x) \leqslant k \end{aligned}$$

这里, $\operatorname{card}(x)$ 表示 x 中非零分量的个数, 如加一个额外的噪声 v, 信号 x 被损坏后的信号为 $x_{\text{cor}} = x + v$. 这个噪声信号可以以许多不同方式表示, 但我们简单假定它是未知的、小的、迅速变化的. 这个问题的目的是构建原信号 x 的一个估计 $\hat{x}$, 这里损坏信号 x_{cor} 是已知的. 这个过程称为信号重构或去噪. 重构问题的一个简单表示是下面的双准则问题:

$$\min \quad (\|\hat{x} - x_{\text{cor}}\|_2, \varphi(\hat{x}))$$

这里 $\hat{x} \in \mathbf{R}^n$ 是变量, $\varphi : \mathbf{R}^n \to \mathbf{R}$ 是凸函数, 称为正则化或光滑化目标. 这个函数的目的是量化重构信号 $\hat{x}$ 的粗糙程度.

重构问题试图寻找一个信号, 它既能接近损坏信号, 又是光滑的, 即其光滑函数 $\varphi(x)$ 是小的. 重构问题是一个凸的双准则问题. 通过标量化和解标量化凸优化问题后, 我们可以发现 Pareto 最优点. 最简单的重构方法是使用二次光滑函数 $\varphi_{\text{quad}}(x) = \|Dx\|_2^2$, 这里 $D \in \mathbf{R}^{(n-1)\times n}$ 是双对角矩阵

$$D = \begin{pmatrix} -1 & 1 & 0 & \cdots & 0 & 0 & 0 \\ 0 & -1 & 1 & \cdots & 0 & 0 & 0 \\ \vdots & \vdots & \vdots & & \vdots & \vdots & \vdots \\ 0 & 0 & 0 & \cdots & -1 & 1 & 0 \\ 0 & 0 & 0 & \cdots & 0 & -1 & 1 \end{pmatrix}$$

这时, 我们可以得到如下标量化优化问题

$$\min \quad \|\hat{x} - x_{\text{cor}}\|_2^2 + \delta \|D\hat{x}\|_2^2$$

这里 $\delta > 0$ 是光滑化参数. 显然这个问题的解是

$$\hat{x} = (I + \delta D^{\mathrm{T}} D)^{-1} x_{\text{cor}}$$

例 6.2.3 全变分重构.

当原信号十分光滑且噪声变化迅速时, 简单二次光滑函数十分有用. 但在使用上述二次光滑化方法时, 原信号里任何快速的变化将会被删去. 这里我们描述一种

重构方法, 它既能除去大部分噪声, 同时也能保持原信号中偶然的快速变化. 这个方法是基于下面的光滑函数

$$\varphi_{tv}(x)=\sum_{i=1}^{n-1}|x_{i+1}-x_i|=\|Dx\|_1$$

这称为 x 的全变分. 像二次光滑质量函数 φ_{quad}, 全变分函数对快速变化的 x 给予一个较大的罚项. 可是当 $|x_{i+1}-x_i|$ 较大时, 全变分函数却给予一个相对较小的罚项.

下面给出一个全变分重构的例子.

图 6.3 给出了一个 $x\in\mathbf{R}^{2000}$ 的原信号 (第一个) 及一个受到噪声影响后的干扰信号 x_{cor}. 可以看到, 该信号大部分是光滑的, 但有几个突然的变化或跳跃值, 噪声是迅速变化的. 我们首先使用二次光滑. 图 6.4 给出了在二次光滑化后的三个重构信号. 它们分别是在 $\|D\hat{x}\|_2$ 和 $\|\hat{x}-x_{\text{cor}}\|_2$ 不同的平衡程度下得到的, 其中, 第一个信号逼近程度 $\|\hat{x}-x_{\text{cor}}\|_2=10$, 第二个信号逼近程度 $\|\hat{x}-x_{\text{cor}}\|_2=7$ 以及第三个信号逼近程度 $\|\hat{x}-x_{\text{cor}}\|_2=4$. 可以看到, 前二个重构信号里降低了噪声, 相对光滑些, 但在陡的边处没有很好保持. 而在第三个重构信号中, 信号中陡的边被更好保持了, 但仍然有较大的噪声留下. 现在我们说明全变分重构. 图 6.5 给出了全变分 $\|D\hat{x}\|_1$ 和逼近程度 $\|\hat{x}-x_{\text{cor}}\|_2$ 之间最优平衡曲线. 图 6.6 则分别在 $\|D\hat{x}\|_1=5$, $\|D\hat{x}\|_1=8$, 以及 $\|D\hat{x}\|_1=10$ 三种情况下得到了全变分后的重构信号, 我们观察到, 不像二次光滑函数, 全变分重构较好地保持了信号中的迅速变化.

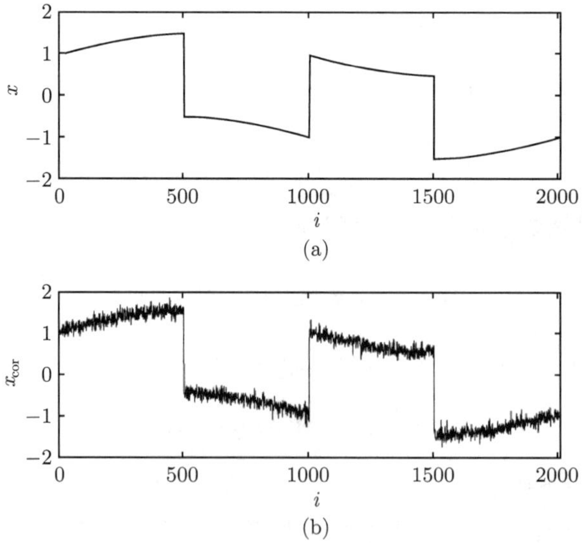

图 6.3　原信号及干扰后的信号

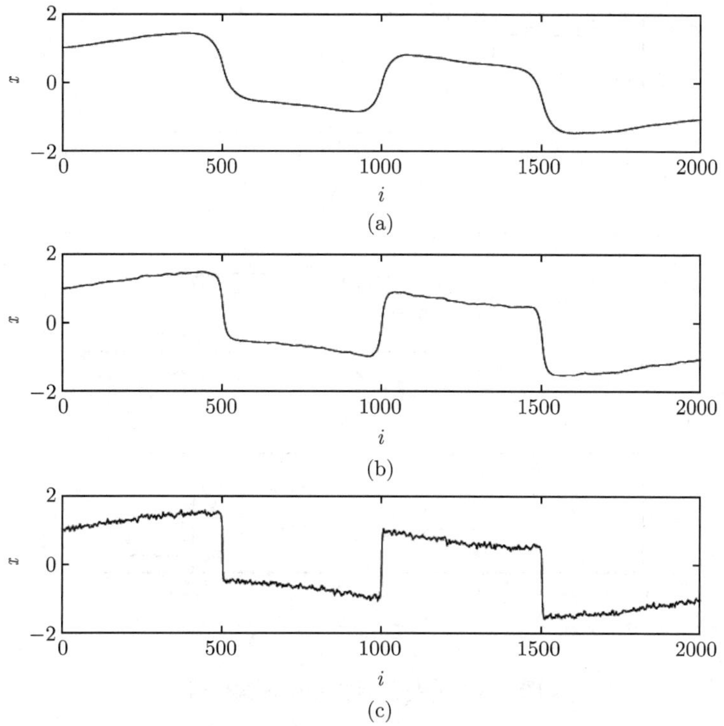

图 6.4 二次光滑化后的三个重构信号

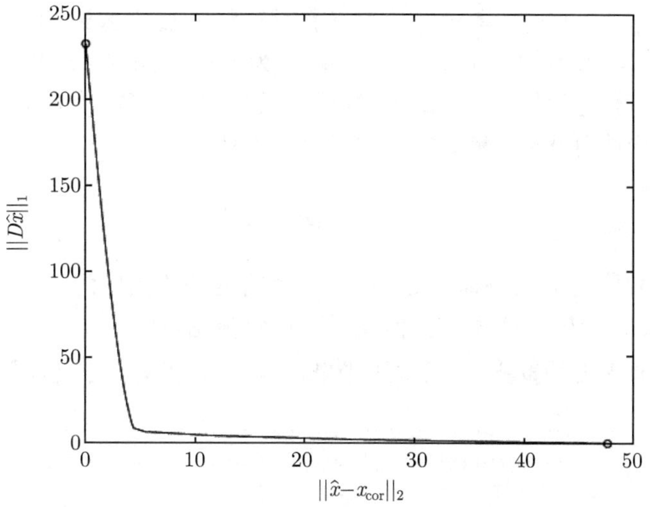

图 6.5 $\|D\hat{x}\|_1$ 与 $\|\hat{x}-x_{\mathrm{cor}}\|_2$ 之间的最优平衡曲线

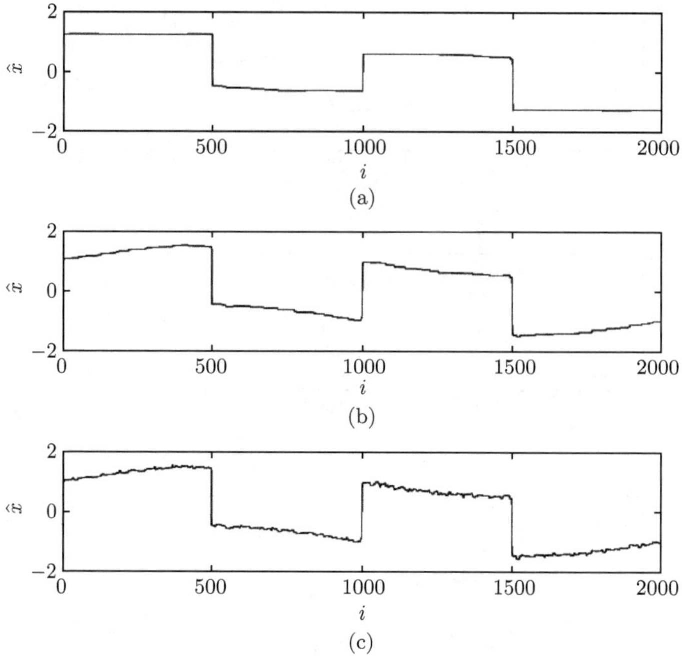

图 6.6　全变分后的三个重构信号

例 6.2.4　随机鲁棒逼近.

我们考虑具有基目标 $\|Ax-b\|$ 的逼近问题, 但也希望注意到在数据矩阵 A 的不确定性. 在这个例子中, 考虑关于 A 的随机模型, 我们假定 A 是取值在 $\mathbf{R}^{m\times n}$ 中的随机变量, 均值为 $\bar{A}$. 于是我们能写 A 为 $A=\bar{A}+U$, 这里 U 是具有 0 均值的随机矩阵, $\bar{A}$ 是 A 的平均值, U 描述了其为随机变量. $\|Ax-b\|$ 的期望值用 $E\|Ax-b\|$ 表示是自然的. 我们的问题就是要求解

$$\min \quad E\|Ax-b\| \tag{6.9}$$

我们把这个问题称为随机鲁棒逼近问题, 这个问题是凸优化问题, 但通常是不可解的, 既然在大部分情况估计其目标值或导数都是很困难的.

在随机鲁棒逼近问题中, 一个简单情况, 即当 A 仅仅假定取有限个值时是可以求解的, 即

$$\mathrm{prob}(A=A_i)=p_i, \quad i=1,\cdots,k$$

这里 $A_i\in\mathbf{R}^{m\times n}$, $1^{\mathrm{T}}p=1$, $p\geqslant 0$. 在这种情况, 问题 (6.9) 有如下形式

$$\min \quad p_1\|A_1x-b\|+\cdots+p_k\|A_kx-b\|$$

这一般被称为范数和问题, 它也可以表示为如下凸优化问题:

$$\begin{aligned} \min \quad & p^{\mathrm{T}} t \\ \text{s.t.} \quad & \|A_i x - b\| \leqslant t_i, \quad i = 1, \cdots, k \end{aligned}$$

这里 $x \in \mathbf{R}^n$, $t \in \mathbf{R}^k$. 如果范数是欧氏范数, 这个问题是二阶锥优化问题 (SOCP). 如果范数是 l_1 或 l_∞, 则问题能表示为线性规划问题. 但是有些随机鲁棒问题是可求解的, 即有显示表达式. 例如, 考虑随机鲁棒最小二乘问题 $\min E\|Ax - b\|_2^2$, 这时目标函数可表示为

$$\begin{aligned} & E\|Ax - b\|_2^2 \\ = & E(\bar{A}x - b + Ux)^{\mathrm{T}}(\bar{A}x - b + Ux) \\ = & (\bar{A}x - b)^{\mathrm{T}}(\bar{A}x - b) + E(x^{\mathrm{T}}U^{\mathrm{T}}Ux) \\ = & \|\bar{A}x - b\|_2^2 + x^{\mathrm{T}}Px, \end{aligned}$$

这里 $P = E(U^{\mathrm{T}}U)$. 所以随机鲁棒逼近问题有正则化的最小二乘形式

$$\min \quad \|\bar{A}x - b\|_2^2 + \|P^{\frac{1}{2}}x\|_2^2$$

其解为 $x = (\bar{A}^{\mathrm{T}}\bar{A} + P)^{-1}\bar{A}^{\mathrm{T}}b$.

6.3 统计中的优化模型

例 6.3.1 最大似然估计.

设我们有一族 $\mathbf{R}^m$ 中的概率分布, 记为向量 $x \in \mathbf{R}^n$, 密度函数为 $p_x(\cdot)$. 对一个固定 $y \in \mathbf{R}^m$, 作为 x 的函数, 函数 $p_x(y)$ 称为似然函数. 记

$$l(x) = \log p_{\boldsymbol{x}}(y)$$

称其为对数似然函数. 经常有关于参数 x 的约束, 称为关于 x 的先验知识或似然函数域. 这些约束可以显式地给出或当不满足先验信息约束时, 通过 $p_{\boldsymbol{x}}(y) = 0$ 归并到似然函数. 现在基于从分布中观察的样本 y, 考虑参数 x 的估计问题. 一个普遍使用的方法是最大似然方法, 即求解

$$\max \quad p_{\boldsymbol{x}}(y)$$

也就是选择一个参数值, 它使得似然函数或对数似然函数最大. 如果我们有关于 x 的先验信息, 如 $x \in C \subseteq \mathbf{R}^n$, 我们就可以加约束 $x \in C$. 这时求解最大似然估计的问题可以表示为如下优化问题

$$\begin{aligned} \max \quad & l(x) = \log p_{\boldsymbol{x}}(y) \\ \text{s.t.} \quad & x \in C \end{aligned}$$

在这个优化问题中, x 是变量, y 是样本参数. 如果对每一个 y, $l(x)$ 是凸函数, 且 C 可以由一些线性等式和凸不等式约束来描述的, 则这时最大似然估计问题是一个凸优化问题. 这在许多估计问题中都是如此. 对这些问题, 我们能使用凸优化方法计算最大似然估计问题.

例 6.3.2 带有独立同分布噪声的线性测量.

假设 $x \in \mathbf{R}^n$, $y \in \mathbf{R}^m$ 有如下关系

$$y_i = a_i^{\mathrm{T}} x + v_i, \quad i = 1, \cdots, m,$$

这里 v_i 是独立同分布, 它在 $\mathbf{R}$ 上的密度函数为 p_v, 并且 x 在 $\mathbf{R}^n$ 上有先验分布函数 p_x. 由此, 我们可以得到 x 和 y 的联合分布函数为

$$p(x, y) = p_x(x) \prod_{i=1}^{m} p_v(y_i - a_i^{\mathrm{T}} x)$$

那么该问题的最大后验概率估计可以通过解

$$\max \quad \log p_x(x) + \sum_{i=1}^{m} \log p_v(y_i - a_i^{\mathrm{T}} x)$$

得到估计解. 如果 p_v 和 p_x 是 log-凹的, 这个问题就是一个凸优化问题.

例如, 如果 v_i 是 $[-a, a]$ 上一致分布的, x 的先验分布是 Gauss 的, 均值为 $\bar{x}$, 方差为 Σ. 那么, 最大后验概率估计问题可写为下列优化问题:

$$\begin{aligned} \min \quad & (x - \bar{x})^{\mathrm{T}} \Sigma^{-1} (x - \bar{x}) \\ \text{s.t.} \quad & \|Ax - y\|_\infty \leqslant a \end{aligned}$$

例 6.3.3 已知一阶矩和二阶矩时的概率界.

设 $S = \mathbf{R}^m$, 给定随机变量 X 的一阶矩和二阶矩:

$$EX = a \in \mathbf{R}^m, \quad EXX^{\mathrm{T}} = \Sigma \in S^m$$

也就是说, 已知 m 个函数 $z_i, i = 1, \cdots, m$ 和 $m(m+1)/2$ 个函数 $z_i z_j, i,\ j = 1, \cdots, m$ 的期望值, 但不知道其他分布信息. 这时 f 可以表示为一般二次函数

$$f(z) = z^{\mathrm{T}} P z + 2q^{\mathrm{T}} z + r$$

这里变量是 $P \in S^m$, $q \in \mathbf{R}^m$ 和 $r \in \mathbf{R}$. 由一阶矩和二阶矩信息, 有

$$
\begin{aligned}
Ef(X) &= E(X^{\mathrm{T}}PX + 2q^{\mathrm{T}}X + r) \\
&= E\mathrm{tr}(PXX^{\mathrm{T}}) + 2Eq^{\mathrm{T}}X + r \\
&= \mathrm{tr}(\Sigma P) + 2q^{\mathrm{T}}a + r
\end{aligned}
$$

这里 $\mathrm{tr}(\cdot)$ 表示迹算子, 其值为作用矩阵的对角元之和. 而 $f(z) \geqslant 0$ 对任意 z 成立. 这个约束条件可以表示为线性矩阵不等式

$$
\begin{pmatrix} P & q \\ q^{\mathrm{T}} & r \end{pmatrix} \succeq 0
$$

特别地, 我们有 $P \succeq 0$.

我们假定集合 C 是一个开多面体的补集, 即

$$
C = \mathbf{R}^m \backslash P, \quad P = \{z | a_i^{\mathrm{T}} z < b_i,\ i = 1, \cdots, k\}
$$

而约束条件 $f(z) \geqslant 1$ 对任意 $z \in C$ 成立相当于要求

$$
a_i^{\mathrm{T}} z \geqslant b_i \Rightarrow z^{\mathrm{T}}Pz + 2q^{\mathrm{T}}z + r \geqslant 1, \quad \forall i = 1, \cdots, k
$$

反过来, 它又能表示为: 存在 $\tau_1, \cdots, \tau_k \geqslant 0$ 满足

$$
\begin{pmatrix} P & q \\ q^{\mathrm{T}} & r-1 \end{pmatrix} \succeq \tau_i \begin{pmatrix} 0 & a_i/2 \\ a_i^{\mathrm{T}}/2 & -b_i \end{pmatrix}, \quad \forall i = 1, \cdots, k
$$

这样, Chebyshev 界问题可以表示为

$$
\begin{aligned}
\min \quad & \mathrm{tr}(\Sigma P) + 2q^{\mathrm{T}}a + r \\
\text{s.t.} \quad & \begin{pmatrix} P & q \\ q^{\mathrm{T}} & r-1 \end{pmatrix} \succeq \tau_i \begin{pmatrix} 0 & a_i/2 \\ a_i^{\mathrm{T}}/2 & -b_i \end{pmatrix}, \quad \forall i = 1, \cdots, k \\
& \begin{pmatrix} P & q \\ q^{\mathrm{T}} & r \end{pmatrix} \succeq 0 \\
& \tau_i \geqslant 0, \quad i = 1, \cdots, k
\end{aligned}
$$

这是一个关于变量 P, q, r 和 $\tau_1, \cdots, \tau_k$ 的半定规划 (semidefinite programming), 这是一类凸优化问题. 最优值 α 是 $\mathrm{prob}(X \in C)$ 在均值为 a, 二阶矩为 Σ 的所有分布集合上的上界.

下面, 我们用一个例子中来说明了 Chebyshev 概率界方法. 假定我们有 m 个可能符号或信号 $s \in \{s_1, s_2, \cdots, s_m\} \subseteq \mathbf{R}^n$, 称为信号星座. 这些信号中的一个通过一个有噪声的信道传输, 接收信号为 $x = s + v$, 这里 v 是噪声, 是随机变量. 假定 $Ev = 0$, $Evv^{\mathrm{T}} = \sigma^2 I$. 接收者需要估计哪个信号是被接收的. 最小化距离检测是选择最接近 x 的信号 s_k.

假设信号 s_k 被传输, 接受信号为 x, 按照最小化距离检测方法, 如果 s_k 比其他信号更接近 x 时, 即

$$\|x - s_k\|_2 < \|x - s_j\|_2, \quad j \neq k$$

信号 s_k 能被正确检测出来. 等价地, 如果随机变量 v 满足线性不等式

$$2(s_j - s_k)^{\mathrm{T}}(s_k + v) < \|s_j\|_2^2 - \|s_k\|_2^2, \quad j \neq k$$

信号 s_k 能被正确检测出来.

这些不等式定义了信号 s_k 的 Voronoi 区域 V_k , 即相比其他信号最接近 s_k 的点集. 此时, 信号 s_k 能被正确检测出来的概率是 $\mathrm{prob}(s_k + v \in V_k)$. 而前面所得到的 Chebyshev 界, 即半定规划问题的最优解, 提供了各个信号能被正确检测出来概率的一个下界.

例 6.3.4 实验设计.

这个例子考虑从实验数据估计向量 $x \in \mathbf{R}^n$ 的问题:

$$y_i = a_i^{\mathrm{T}} x + w_i, \quad i = 1, \cdots, m$$

其中, w_i 表示噪声. 我们假定 w_i 是均值为 0, 单位方差为 1 的独立高斯随机变量, 并且有 $\mathrm{Span}\{a_1, \cdots, a_m\} = \mathbf{R}^n$. 显然, x 的最大似然估计, 也是最小协方差估计, 可以由一个最小二乘问题的解给出:

$$\hat{x} = \left(\sum_{i=1}^{m} a_i a_i^{\mathrm{T}}\right)^{-1} \sum_{i=1}^{m} y_i a_i$$

此时, 相关的估计误差 $e = \bar{x} - x$ 有零均值和协方差矩阵

$$E = Eee^{\mathrm{T}} = \left(\sum_{i=1}^{m} a_i a_i^{\mathrm{T}}\right)^{-1}$$

矩阵 E 刻画了估计的精度. 例如, 对 x 来说, α 置信水平椭球由

$$E = \{z | (z - x)^{\mathrm{T}} E^{-1} (z - x) \leqslant \beta\}$$

给出, 这里 β 是依赖于 n 和 α 的常数. 假定 $a_1, \cdots, a_m$ 可以从 p 个可能的实验向量 $v_1, \cdots, v_p \in \mathbf{R}^n$ 中选取. 实验设计的目标是选择向量 a_i, 以便方差 E 最小. 换句话说, 当 m 次实验可以从固定 p 个实验中选取时, 我们的任务是找到一组能够提供最大信息量的实验.

假设 m_j 表示 m 次实验中取值 v_j 的次数, 所以有

$$m_1 + \cdots + m_p = m$$

可以表示方差矩阵为

$$E = \left(\sum_{i=1}^{m} a_i a_i^{\mathrm{T}}\right)^{-1} = \left(\sum_{j=1}^{p} m_j v_j v_j^{\mathrm{T}}\right)^{-1}$$

这表明了方差仅仅依赖于实验选取的个数 (即依赖于 $m_1, \cdots, m_p$).

基本的实验设计问题如下. 给定可能选择的实验向量 $v_1, \cdots, v_p$ 和整个要被执行的次数 m, 选取一组实验次数的类型, 即选取 $m_1, \cdots, m_p$ 使得方差 E 最小. 当然, 变量 $m_1, \cdots, m_p$ 是整数, 且和等于 m. 这就得到如下优化问题:

$$\begin{aligned} \min \quad & E = \left(\sum_{j=1}^{p} m_j v_j v_j^{\mathrm{T}}\right)^{-1} \\ \text{s.t.} \quad & m_i \geqslant 0, \quad m_1 + \cdots + m_p = m \\ & m_i \in \mathbf{Z}, \quad i = 1, \cdots, p \end{aligned}$$

其中, $m_1, \cdots, m_p$ 是变量. 可以看到, 基本的实验设计问题是一个定义在半正定锥上的向量优化问题.

例 6.3.5 松弛实验设计问题.

基本实验设计问题一般是一个难的组合优化问题, 特别是当 m 和 n 相当的时候, 因为这时 m_i 都是很小的整数. 不过, 当 m 相对 n 很大的时候, 基本实验设计问题可以通过忽略或放松 m_i 是整数的限制条件而得到问题好的近似解. 设 $\lambda_i = \dfrac{m_i}{m}$, 我们可以根据 λ_i 表示误差方差为

$$E = \frac{1}{m}\left(\sum_{i=1}^{p} \lambda_i v_i v_i^{\mathrm{T}}\right)^{-1}$$

向量 $\lambda \in \mathbf{R}^p$ 满足 $\lambda \geqslant 0, 1^{\mathrm{T}}\lambda = 1$, 且每一个 λ 是 $\dfrac{1}{m}$ 的整数倍数. 忽略最后一个约束条件, 我们得到下面的优化问题

$$\begin{aligned} \min \quad & E = \frac{1}{m}\left(\sum_{i=1}^{p} \lambda_i v_i v_i^{\mathrm{T}}\right)^{-1} \\ \text{s.t.} \quad & \lambda \geqslant 0, \quad 1^{\mathrm{T}}\lambda = 1 \end{aligned}$$

这里变量是 $\boldsymbol{\lambda}$, 我们把这个问题称为松弛实验设计问题. 容易看出这个问题是一个凸优化问题.

6.4 几何中的优化问题

$\mathbf{R}^n$ 中一个点 x_0 到闭集合 $C \subseteq \mathbf{R}^n$ 的距离定义为

$$\operatorname{dist}(x_0, C) = \inf\{\|x_0 - x\| \mid x \in C\}$$

这里 $\|\cdot\|$ 是某种范数, 显然这里的下确界是可达的. 我们称 C 中离 x_0 最近的点 z 为 x_0 到 C 的投影. 一般可能会有不止一个 x_0 的投影点. 在某些特殊情形, 我们可以保证投影点是唯一的. 例如, 当 C 是闭凸集, 范数为 2-范数时, 这时对任一 x_0, 只有一个投影点. 我们使用记号 P_C 表示 $\mathbf{R}^n \to \mathbf{R}^n$ 的投影算子, 也就是 P_C 表示: 对任意 $x_0 \in C$, $P_C(x_0) \in C$ 满足 $\|x_0 - P_C(x_0)\| = \operatorname{dist}(x_0, C)$. 也就是有

$$P_C(x_0) = \operatorname{argmin}\{\|x - x_0\| \mid x \in C\}$$

我们称 P_C 为 C 上的投影 (算子).

下面, 举例来说明投影算子.

考虑 $m \times n$ 矩阵, 其秩不超过 k 的集合

$$C = \{X \in \mathbf{R}^{m\times n} \mid \operatorname{rank}X \leqslant k\}$$

显然 $k \leqslant \min\{m, n\}$. 设 $X_0 \in \mathbf{R}^{m\times n}$. 我们可以通过奇异值分解发现 X_0 到 C 的投影.

记 $X_0 = \sum\limits_{i=1}^{r} \rho_i u_i v_i^{\mathrm{T}}$ 是 X_0 的奇异值分解, 这里 $r = \operatorname{rank}X_0$, 则矩阵

$$Y = \sum_{i=1}^{\min\{k,r\}} \rho_i u_i v_i^{\mathrm{T}}$$

是 X_0 到 C 上的投影.

例 6.4.1 一个点到一个凸集合的投影.

如果 C 是闭凸集, 我们就可以通过解一个凸优化问题得到投影点和距离. 把 C 表示为如下线性等式和凸的不等式

$$Ax = b, \quad f_i(x) \leqslant 0, \quad i = 1, \cdots, m$$

于是求 x_0 到 C 的投影可以表示为如下问题

$$\begin{aligned} \min \quad & \|x - x_0\| \\ \text{s.t.} \quad & f_i(x) \leqslant 0, \quad i = 1, \cdots, m \\ & Ax = b \end{aligned} \tag{6.10}$$

求 x_0 到由 $Ax \leqslant b$ 表示的多面体上的投影可以表示为如下二次规划问题

$$\begin{aligned} \min \quad & \|x - x_0\|_2^2 \\ \text{s.t.} \quad & Ax \leqslant b \end{aligned}$$

某些特殊情形可以求出显示解, 如多面体是一个区间、一个超平面时. 但一般无显示解.

例 6.4.2 一个点到一个锥上的投影.

以 $x = P_K(x_0)$ 表示一个点 x_0 到一个锥 K 上的投影, 这时的优化问题为

$$\begin{aligned} \min \quad & \|x - x_0\|_2^2 \\ \text{s.t.} \quad & x \succeq_K 0 \end{aligned}$$

这里 $x \succeq_K 0$ 表示 $x \in K$. 问题的 KKT 条件为

$$x \succeq_K 0, \quad x - x_0 = z, \quad z \succeq_{K^*} 0, \quad z^{\mathrm{T}} x = 0$$

记 $x_+ = x, \quad x_- = z$, 则有

$$x_0 = x_+ - x_-, \quad x_+ \succeq_K 0, \quad x_- \succeq_{K^*} 0, \quad x_+^{\mathrm{T}} x_- = 0$$

例 6.4.3 分离一个点和一个凸集.

设 C 是例 6.4.1 中表示的闭凸集, 如果 $x_0 \in C$, 则有 $\mathrm{dist}(x_0, C) = 0$, 最优点就是 x_0 本身. 否则 $\mathrm{dist}(x_0, C) > 0$. 这时如果需要找一个超平面把 x_0 和 C 分开, 只要求出 x_0 到 C 的投影, 连接 x_0 和该投影点, 过该线段中点且以连线向量为法向的超平面即将二者分离. 也就是该超平面方程为

$$(P_C(x_0) - x_0)^{\mathrm{T}} \left(x - \frac{1}{2}(x_0 + P_C(x_0)) \right) = 0.$$

但这种做法仅仅对 2-范数适用. 对其他范数不适用. 对其他的范数, 在投影问题和超平面问题之间最明显的联系是通过 Lagrange 对偶建立的.

首先把投影问题表示为如下形式

$$\begin{aligned} \min \quad & \|y\| \\ \text{s.t.} \quad & f_i(x) \leqslant 0, \quad i = 1, \cdots, m \\ & Ax = b \\ & x_0 - x = y \end{aligned}$$

这个问题的变量是 x 和 y, 它的 Lagrange 函数为

$$L(x, y, \lambda, \mu, \nu) = \|y\| + \sum_{i=1}^{m} \lambda_i f_i(x) + \nu^{\mathrm{T}}(Ax - b) + \mu^{\mathrm{T}}(x_0 - x - y)$$

它的对偶函数为

$$g(\lambda,\mu,\nu)=\begin{cases}\inf\limits_x\left(\sum\limits_{i=1}^m\lambda_i f_i(x)+\nu^{\mathrm{T}}(Ax-b)+\mu^{\mathrm{T}}(x_0-x)\right), & \|\mu\|_*\leqslant 1\\ -\infty, & \text{否则}\end{cases}$$

于是得到原优化问题的对偶问题

$$\begin{aligned}\max\quad & \mu^{\mathrm{T}}x_0+\inf_x\left(\sum_{i=1}^m\lambda_i f_i(x)+\nu^{\mathrm{T}}(Ax-b)-\mu^{\mathrm{T}}x\right)\\ \text{s.t.}\quad & \lambda\geqslant 0\\ & \|\mu\|_*\leqslant 1.\end{aligned}$$

这里变量是 λ,μ,ν. 可以解释对偶问题如下. 假设 λ,μ,ν 是对偶可行的且有正的对偶目标, 即 $\lambda\geqslant 0$, $\|\mu\|_*\leqslant 1$ 及

$$\mu^{\mathrm{T}}x_0-\mu^{\mathrm{T}}x+\sum_{i=1}^m\lambda_i f_i(x)+\nu^{\mathrm{T}}(Ax-b)>0$$

对所有 x 成立. 这意味着 $\mu^{\mathrm{T}}x_0>\mu^{\mathrm{T}}x$ 对所有 $x\in C$ 成立. 于是 μ 定义了严格分离超平面. 特别地, 假设 (6.10) 是严格可行的, 则强对偶成立. 如果 $x_0\notin C$, 则最优值是正的, 且任一最优对偶解定义了一个严格可分超平面. 这种通过对偶构造分离超平面的做法对任意范数都是可行的. 作为对比, 前面讨论的模型仅仅对 2-范数成立. 下面对上述问题中 C 为多面体时做进一步讨论. 这时投影问题为

$$\begin{aligned}\min\quad & \|y\|\\ \text{s.t.}\quad & Ax\leqslant b\\ & x_0-x=y\end{aligned}$$

其对偶问题是

$$\begin{aligned}\max\quad & \mu^{\mathrm{T}}x_0-b^{\mathrm{T}}\lambda\\ \text{s.t.}\quad & A^{\mathrm{T}}\lambda=\mu\\ & \|\mu\|_*\leqslant 1,\quad \lambda\geqslant 0\end{aligned}$$

它可以进一步简化为

$$\begin{aligned}\max\quad & (Ax_0-b)^{\mathrm{T}}\lambda\\ \text{s.t.}\quad & \|A^{\mathrm{T}}\lambda\|_*\leqslant 1\\ & \lambda\geqslant 0\end{aligned}$$

容易验证, 如果对偶目标函数是正的, 则 $A^{\mathrm{T}}\lambda$ 是超平面的法向量. 如果 $Ax \leqslant b$, 则

$$(A^{\mathrm{T}}\lambda)^{\mathrm{T}}x = \lambda^{\mathrm{T}}(Ax) \leqslant \lambda^{\mathrm{T}}b < \lambda^{\mathrm{T}}Ax_0$$

所以 $\mu = A^{\mathrm{T}}\lambda$ 定义了一个可分超平面.

例 6.4.4 两个集合之间的距离.

两个集合 C 和 D 之间的距离定义如下

$$\mathrm{dist}(C, D) = \inf\{\|x - y\| \mid x \in C, y \in D\}$$

如果 $\mathrm{dist}(C, D) > 0$, 则两个集合不相交. 如果 $\mathrm{dist}(C, D) = 0$, 且下确界是可达的, 则这两个集合相交.

两个集合之间的距离也可以表示为一个点和一个集合之间的距离

$$\mathrm{dist}(C, D) = \mathrm{dist}(0, D - C)$$

所以例 6.4.3 中的结果在这里是适用的. 这里, 我们将导出特别适用于两个集合之间距离的结果.

设 C 和 D 可由如下的凸不等式组表示:

$$C = \{x \mid f_i(x) \leqslant 0,\ i = 1, \cdots, m\}, \quad D = \{x \mid g_i(x) \leqslant 0,\ i = 1, \cdots, p\}$$

于是我们可以通过求解凸优化问题

$$\begin{aligned} \min \quad & \|x - y\| \\ \text{s.t.} \quad & f_i(x) \leqslant 0, \quad i = 1, \cdots, m \\ & g_i(y) \leqslant 0, \quad i = 1, \cdots, p \end{aligned}$$

来得到 $\mathrm{dist}(C, D)$. 当然, 如果两个集合都是多面体, 其中的范数是 2-范数并取平方, 这时问题就是一个凸二次规划问题.

例 6.4.5 凸集合之间的分离.

从集合间超平面分离的角度, 求两个集合之间距离的优化问题的对偶有如下有趣的几何解释. 首先把问题表述为如下形式:

$$\begin{aligned} \min \quad & \|w\| \\ \text{s.t.} \quad & f_i(x) \leqslant 0, \quad i = 1, \cdots, m \\ & g_i(y) \leqslant 0, \quad i = 1, \cdots, p \\ & x - y = w \end{aligned}$$

其对偶函数为

$$g(\lambda, z, \mu) = \inf_{x,y,w} \left(\|w\| + \sum_{i=1}^{m} \lambda_i f_i(x) + \sum_{i=1}^{p} \mu_i g_i(y) + z^T(x - y - w) \right)$$

$$= \begin{cases} \inf_x \left(\sum_{i=1}^{m} \lambda_i f_i(x) + z^{\mathrm{T}} x \right) + \inf_y \left(\sum_{i=1}^{p} \mu_i g_i(y) - z^{\mathrm{T}} y \right), & \|z\|_* \leqslant 1 \\ -\infty, & \text{否则} \end{cases}$$

由此得下面的对偶问题

$$\begin{aligned} \max \quad & \inf_x \left(\sum_{i=1}^{m} \lambda_i f_i(x) + z^{\mathrm{T}} x \right) + \inf_y \left(\sum_{i=1}^{p} \mu_i g_i(y) - z^{\mathrm{T}} y \right) \\ \text{s.t.} \quad & \|z\|_* \leqslant 1 \\ & \lambda \succeq 0, \quad \mu \succeq 0 \end{aligned}$$

我们可以几何地解释如下. 如果 λ, μ 是具有正目标值的对偶可行变量, 则

$$\sum_{i=1}^{m} \lambda_i f_i(x) + z^{\mathrm{T}} x + \sum_{i=1}^{p} \mu_i g_i(y) - z^{\mathrm{T}} y > 0$$

对任意 x 和 y 成立. 特别地, 对 $x \in C$ 和 $y \in D$, 我们有 $z^{\mathrm{T}} x - z^{\mathrm{T}} y > 0$. 可见, z 定义了一个超平面严格分离了 C 和 D, 具体地, 假设 $\mathrm{dist}(x_0, y_0) = \mathrm{dist}(C, D)$ 该分离超平面方程为 $z^{\mathrm{T}} \left(x - \frac{1}{2}(x_0 + y_0) \right) = 0$. 因此, 如果前面两个问题之间的强对偶成立, 我们可得如下结论: 如果两个凸集之间的距离大于 0, 则它们可以被一个超平面严格分离.

这里, 我们考虑两个集合为多面体时的表示形式. 假设两个凸集分别由两组不等式 $A_1 x \leqslant b_1$ 和 $A_2 x \leqslant b_2$ 确定. 这时得到如下对偶问题

$$\begin{aligned} \max \quad & -b_1^{\mathrm{T}} \lambda - b_2^{\mathrm{T}} \mu \\ \text{s.t.} \quad & A_1^{\mathrm{T}} \lambda + z = 0, \quad A_2^{\mathrm{T}} \mu - z = 0 \\ & \|z\|_* \leqslant 1 \\ & \lambda \geqslant 0, \quad \mu \geqslant 0 \end{aligned}$$

如果 λ, μ 和 z 是对偶可行的, 则对所有 $x \in C, y \in D$, 有

$$z^{\mathrm{T}} x = -\lambda^{\mathrm{T}} A_1 x \geqslant -\lambda^{\mathrm{T}} b_1, \quad z^{\mathrm{T}} y = \mu^{\mathrm{T}} A_2 x \leqslant \mu^{\mathrm{T}} b_2$$

并且如果对偶目标值是大于 0 的, 则

$$z^{\mathrm{T}} x - z^{\mathrm{T}} y \geqslant -\lambda^{\mathrm{T}} b_1 - \mu^{\mathrm{T}} b_2 > 0$$

即 z 定义了一个可分超平面.

例 6.4.6 欧氏距离和角度问题.

假定 $a_1,\cdots,a_n$ 是 $\mathbf{R}^n$ 中一组向量, 并已知其长度

$$l_1=\|a_1\|_2,\cdots,l_n=\|a_n\|_2$$

当它们线性无关的时候, 称这一组向量为一个布局或一组基. 在这个例子中, 我们考虑涉及布局几何性质的最优化问题.

给定一组向量 $a_1,\cdots,a_n$, 它们的长度、距离和角度可以根据 Gram 矩阵表示:

$$G=A^{\mathrm{T}}A,\quad A=(a_1,\cdots,a_n)$$

显然, $G_{ij}=a_i^{\mathrm{T}}a_j$. G 的对角元为 $G_{ii}=l_i^2, i=1,\cdots,n$. 向量 a_i 和向量 a_j 之间的距离 d_{ij} 为

$$d_{ij}=\|a_i-a_j\|_2=(l_i^2+l_j^2-2a_i^{\mathrm{T}}a_j)^{\frac{1}{2}}=(l_i^2+l_j^2-2G_{ij})^{\frac{1}{2}}$$

也可以表示 G_{ij} 为

$$G_{ij}=(l_i^2+l_j^2-d_{ij}^2)/2.$$

进一步我们注意到, 它是 d_{ij}^2 的仿射函数.

向量 a_i 和向量 a_j 之间的相关系数 ρ_{ij} 为

$$\rho_{ij}=\frac{a_i^{\mathrm{T}}a_j}{\|a_i\|_2\|a_j\|_2}=\frac{G_{ij}}{l_il_j}$$

向量 a_i 和向量 a_j 之间的夹角 θ_{ij} 为

$$\theta_{ij}=\arccos\rho_{ij}=\arccos(G_{ij}/(l_il_j))$$

这里我们取 $\arccos\rho\in[0,\pi]$. 于是我们有 $G_{ij}=l_il_j\cos\theta_{ij}$.

长度、距离和角度在正交变换下是不变的, 即如果 $Q\in\mathbf{R}^{n\times n}$ 是正交的, 则 $Qa_1,\cdots,Qa_n$ 有相同的 Gram 矩阵, 所以有相同的长度、距离和角度.

Gram 矩阵 $G=A^{\mathrm{T}}A$ 是对称半正定的, 它的逆命题是线性代数中的一个基本的结果: 一个矩阵 $G\in S^n$ 是一组向量 $a_1,\cdots,a_n$ 的 Gram 矩阵的充分必要条件是 $G\succeq 0$. 当 $G\succeq 0$ 时, 我们可以得到一个分解 $G=A^{\mathrm{T}}A$. 记 $A=G^{\frac{1}{2}}$. 当 $G\succeq 0$ 时, 有 Cholesky 分解: $LL^{\mathrm{T}}=G$, 所以可以取 $A=L^{\mathrm{T}}$. 而且, 对一个已给的 Gram 矩阵 G, 我们可以构造所有的布局, 即对任一 A, 对另一 $\bar{A}$ 满足 $\bar{A}^{\mathrm{T}}\bar{A}=G$, 有一个正交矩阵 Q, 使得 $\bar{A}=QA$. 从而一组长度、距离和角度是可实现的, 即一个布局可实现的充要条件是相关的 Gram 矩阵是半正定的且有对角元素 $l_1^2,\cdots,l_n^2$.

我们可以使用这个事实把几个几何问题表示为凸优化问题, 其中以 $G\in S^n$ 为变量. 实际中, 我们要求 $G\succeq 0$ 和 $G_{ii}=l_i^2, i=1,\cdots,n$. 若固定角度为某个值, 即

$\theta_{ij}=\alpha$, 从而, 有 $G_{ij}=l_il_j\cos\alpha$. 更一般地, 可以假定角度的上下限: $\alpha\leqslant\theta_{ij}\leqslant\beta$, 由约束条件

$$l_il_j\cos\alpha\geqslant G_{ij}\geqslant l_il_j\cos\beta$$

我们能够通过最小化或最大化 G_{ij} 来最大化或最小化一个特殊的角度 θ_{ij}.

类似地, 可以对距离加以限制. 例如, 要求 d_{ij} 在某一区间, 已知有下述关系

$$\begin{aligned}d_{\min}\leqslant d_{ij}\leqslant d_{\max}&\Longleftrightarrow d_{\min}^2\leqslant d_{ij}^2\leqslant d_{\max}^2\\&\Longleftrightarrow d_{\min}^2\leqslant l_i^2+l_j^2-2G_{ij}\leqslant d_{\max}^2\end{aligned}$$

这是关于 G 的一对线性不等式. 我们可以最小化或最大化距离. 作为一个简单的例子, 假定已将某些角度和距离限定在某个区域, 我们可以去求其他角或距离的最小或最大值, 通过解一个半定规划问题 (SDP), 我们能通过分解导出最优的 Gram 矩阵.

例 6.4.7 奇异值和条件数约束.

一个矩阵 A 的奇异值 $\sigma_1\geqslant\cdots\geqslant\sigma_n$, 是 $G=A^{\mathrm T}A$ 的特征值 $\lambda_1\geqslant\cdots\geqslant\lambda_n$ 的平方根. 所以 σ_1^2 是 G 的凸函数, σ_n^2 是 G 的凹函数. 于是我们能保证 A 的最大奇异值的一个上界和最小奇异值的一个下界. A 的条件数 $\dfrac{\sigma_1}{\sigma_n}$, 是 G 的拟凸函数, 于是我们可以要求 A 的条件数不超过某个上界, 或者在所有满足其他几何约束的布局中寻找一个使条件数最小的布局. 大致地说, 我们增加的约束限制使得 $a_1,\cdots,a_n$ 能构成一个条件数较好的矩阵.

另外, 我们可以考虑与对偶基相关的约束. 假设 $G\succ0$ 并且 $a_1,\cdots,a_n$ 构成 $\mathbf{R}^n$ 中一组基. 它们的对偶基 $b_1,\cdots,b_n$ 满足

$$b_i^{\mathrm T}a_j=\begin{cases}1, & i=j\\0, & i\neq j\end{cases}$$

可以看到对偶基向量 $b_1,\cdots,b_n$ 正好是矩阵 A^{-1} 的列. 因而, 对应对偶基的 Gram 矩阵就是 G^{-1}. 我们能够把关于对偶基的几个几何条件表示为关于 G 的凸约束. 对偶基向量的长度的平方

$$\|b_i\|_2^2=e_i^{\mathrm T}G^{-1}e_i$$

是 G 的凸函数, 所以可以有最小化问题. 而 G^{-1} 的迹, 也是 G 的凸函数, 表示对偶基长度的平方和, 这也是好条件基的一个度量.

例 6.4.8 欧氏距离问题.

在这个问题中, 我们仅关心向量之间的距离, 而不涉及向量的长度或彼此之间的角度. 这些距离在正交变换下当然是不变的, 同时平移也是不变的. 不失一般性, 假定向量 $a_1,\cdots,a_n$ 的平均值为 0, 即 $a_1+\cdots+a_n=0$, 也即 $A\mathbf{1}=0$, 这里 $\mathbf{1}$ 表示

分量全为 1 的向量. 这里我们把长度作为优化问题中的自由变量. 下面的讨论依赖这样一个事实: 有一个具有距离 $d_{ij} \geqslant 0$ 的布局的充分必要条件是有长度 $l_1, \cdots, l_n$, 满足 $G \succeq 0$, 这里 $G_{ij} = (l_i^2 + l_j^2 - d_{ij}^2)/2$.

定义向量 $z \in \mathbf{R}^n$ 使得 $z_i = l_i^2$, 且 $D \in S^n$, 其元素为 $D_{ij} = d_{ij}^2$. 对某个选择的长度, 条件 $G \succeq 0$ 可以表示为

$$G = (z\mathbf{1}^{\mathrm{T}} + \mathbf{1}z^{\mathrm{T}} - D)/2 \succeq 0 \quad \text{对某个} z \geqslant 0 \tag{6.11}$$

这是一个关于 D 和 z 的线性矩阵不等式. 一个非负且对角元为 0 的对称矩阵, 满足式 (6.11), 则该矩阵称为欧几里得距离矩阵. 一个矩阵是欧几里得距离矩阵的充分必要条件是其每一个元素是一个布局中向量之间距离的平方. 条件 (6.11) 等价于一个更简单的条件: D 关于 $\mathbf{1}^{\perp}$ 是负半定的, 即

$$\begin{aligned}
\text{条件(6.11)} &\Longleftrightarrow u^{\mathrm{T}} D u \leqslant 0 \text{对所有满足} \mathbf{1}^{\mathrm{T}} u = \mathbf{0} \text{的} u \\
&\Longleftrightarrow \left(I - \frac{\mathbf{1}}{n}\mathbf{1}\mathbf{1}^{\mathrm{T}}\right) D \left(I - \frac{\mathbf{1}}{n}\mathbf{1}\mathbf{1}^{\mathrm{T}}\right) \preceq 0
\end{aligned}$$

这个简单的矩阵不等式, 满足 $D_{ij} \geqslant 0, D_{ii} = 0$, 是欧几里得距离矩阵的经典刻画. 为了看出等价性, 注意到 $A\mathbf{1} = 0$, 这意味着 $\mathbf{1}^{\mathrm{T}} G \mathbf{1} = \mathbf{1}^{\mathrm{T}} A^{\mathrm{T}} A \mathbf{1} = 0$. 于是有 $G \succeq 0$ 当且仅当 G 关于 $\mathbf{1}^{\perp}$ 是半正定的, 即

$$\begin{aligned}
0 &\preceq \left(I - \frac{\mathbf{1}}{n}\mathbf{1}\mathbf{1}^{\mathrm{T}}\right) G \left(I - \frac{\mathbf{1}}{n}\mathbf{1}\mathbf{1}^{\mathrm{T}}\right) \\
&= \frac{\mathbf{1}}{2}\left(I - \frac{\mathbf{1}}{n}\mathbf{1}\mathbf{1}^{\mathrm{T}}\right) (z\mathbf{1}^{\mathrm{T}} + \mathbf{1}z^{\mathrm{T}} - D) \left(I - \frac{\mathbf{1}}{n}\mathbf{1}\mathbf{1}^{\mathrm{T}}\right) \\
&= -\frac{\mathbf{1}}{2}\left(I - \frac{\mathbf{1}}{n}\mathbf{1}\mathbf{1}^{\mathrm{T}}\right) D \left(I - \frac{\mathbf{1}}{n}\mathbf{1}\mathbf{1}^{\mathrm{T}}\right)
\end{aligned}$$

这是一个简化的条件.

所以我们能将任何欧氏距离问题表示为一个凸优化问题, 其中变量为 $D \in S^n$.

例 6.4.9 体积最小的外接椭球.

假设 $C \in \mathbf{R}^n$ 是一个有界且有非空内部的集合. 在这个例子中, 我们考虑如何求包含在 C 内部的体积最大的椭球和包含 C 的体积最小的椭球问题, 这两个问题都可以表示为凸优化问题, 但仅仅在特殊情况下容易求解.

包含 C 的体积最小的椭球称为 Löwner-John 椭球, 记为 E_{lj}. 为了刻画 E_{lj}, 记一般的椭球为

$$E = \{v \mid \|Av + b\|_2 \leqslant 1\}$$

这里 $A \in S_{++}^n$, 这样定义的椭球 E 的体积正比于 $\det A^{-1}$. 于是计算包含 C 的体积最小的椭球问题可以表示为

$$\begin{aligned} \min \quad & \log \det A^{-1} \\ \text{s.t.} \quad & \sup_{v \in C} \|Av + b\|_2 \leqslant 1 \end{aligned}$$

这里变量是 A 和 b. 在这个问题中, 目标函数和约束函数都是凸的. 所以问题是一个凸优化问题. 但这个问题只在特殊情况下可以得到显示解.

情况 1　先考虑 C 是一个有限集合的情况. 设 $C = \{x_1, \cdots, x_m\} \in \mathbf{R}^n$. 一个椭球包含 C 当且仅当它包含其凸包. 所以问题就是要求包含

$$\text{conv}(C) = \text{conv}\{x_1, \cdots, x_m\}$$

的体积最小的椭球, 这可以表示为如下优化问题

$$\begin{aligned} \min \quad & \log \det A^{-1} \\ \text{s.t.} \quad & \|Ax_i + b\|_2 \leqslant 1, \quad i = 1, \cdots, m \end{aligned}$$

这是一个凸优化问题.

情况 2　包含几个椭球的并的最小椭球问题. 设 C 是几个椭球的并集, 和上面一样, 这时要求包含 C 的最小椭球问题就是求包含这些椭球的凸包的最小椭球. 设有 m 个已给的椭球, 椭球方程为

$$E_i = \{x \mid x^{\mathrm{T}} A_i x + 2b_i^{\mathrm{T}} x + c_i \leqslant 0\}, \quad i = 1, \cdots, m$$

这里 $A_i \in S_{++}^n$. 假定要求的椭球为 E_{lj},

$$E_{lj} = \{x \mid \|Ax + b\|_2 \leqslant 1\} = \{x \mid x^{\mathrm{T}} A^{\mathrm{T}} A x + 2(A^{\mathrm{T}} b)^{\mathrm{T}} x + b^{\mathrm{T}} b - 1 \leqslant 0\}$$

这里 $A \in S^n$, $b \in \mathbf{R}^n$. 因为 $E_i \subsetneqq E_{lj}$ 的充分必要条件是, 存在 $\tau \geqslant 0$ 满足

$$\begin{pmatrix} A^2 - \tau A_i & Ab - \tau b_i \\ (Ab - \tau b_i)^{\mathrm{T}} & b^{\mathrm{T}} b - 1 - \tau c_i \end{pmatrix} \preceq 0$$

因为 E_{lj} 的体积正比于 $\det A^{-1}$, 所以能通过解下面的优化问题求得一个包含 $E_1, \cdots, E_m$ 的椭球:

$$\begin{aligned} \min \quad & \log \det A^{-1} \\ \text{s.t.} \quad & \tau_1 \geqslant 0, \cdots, \tau_m \geqslant 0 \\ & \begin{pmatrix} A^2 - \tau A_i & Ab - \tau b_i \\ (Ab - \tau b_i)^{\mathrm{T}} & b^{\mathrm{T}} b - 1 - \tau c_i \end{pmatrix} \preceq 0, \quad i = 1, \cdots, m \end{aligned}$$

情况 3　Löwner-John 椭球逼近的有效性. 设 E_{lj} 是包含凸集 C 的 Löwner-John 椭球, 这里 C 是有界的且有非空的内部. 设 x_0 是椭球的中心. 如果关于中心, 通过一个 n 的因子收缩 Löwner-John 椭球, 则得到一个位于集合 C 中的椭球:

$$x_0 + \frac{1}{n}(E_{lj} - x_0) \subseteq C \subseteq E_{lj}$$

也就是说, 在一个仅仅依赖于维数 n 的因子内, Löwner-John 椭球逼近一个凸集合. 图 6.7 表示了一个简单的例子. 图中外面的椭球表示包含由平面 (这时 $n=2$)中 6 个点所构成的凸集的 Löwner-John 椭球, 而里面的椭球则是乘以收缩因子 $\dfrac{1}{2}$ 得到的. 可以看到, 收缩之后的椭球一定在凸集里面.

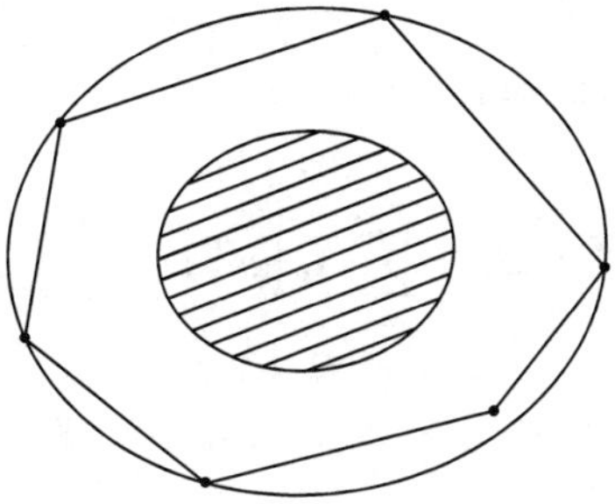

图 6.7 凸集的 Löwner-John 椭球及其收缩

因子 $\dfrac{1}{n}$没有额外的关于 C 的假定是不可能改进的. 例如, 如果 $\mathbf{R}^n$ 中的单纯形有这样的性质, 它的 Löwner-John 椭球必须从其内部由一个因子 n 去拟合它. 我们将对一种特殊情形 $C=\operatorname{conv}\{x_1,\cdots,x_m\}$ 证明这个结果. 我们用平方范数约束, 引进变量 $\bar{A}=A^2$ 和 $\bar{b}=Ab$, 得到问题

$$\begin{aligned}
\min\quad & \log\det\bar{A}^{-1}\\
\text{s.t.}\quad & x_i^{\mathrm{T}}\bar{A}x_i-2\bar{b}^{\mathrm{T}}x_i+\bar{b}^{\mathrm{T}}\bar{A}^{-1}\bar{b}\leqslant 1,\quad i=1,\cdots,m
\end{aligned}$$

这个问题的 KKT 条件是

$$\begin{aligned}
&\sum_{i=1}^{m}\lambda_i(x_ix_i^{\mathrm{T}}-\bar{A}^{-1}\bar{b}\bar{b}^{\mathrm{T}}\bar{A}^{-1})=\bar{A}^{-1},\quad \sum_{i=1}^{m}\lambda_i(x_i-A^{-1}\bar{b})=0\\
&\lambda_i\geqslant 0,\quad x_i^{\mathrm{T}}\bar{A}x_i-2\bar{b}^{\mathrm{T}}x_i+\bar{b}^{\mathrm{T}}\bar{A}^{-1}\bar{b}\leqslant 1,\quad i=1,\cdots,m\\
&\lambda_i(1-x_i^{\mathrm{T}}\bar{A}x_i+2\bar{b}^{\mathrm{T}}x_i-\bar{b}^{\mathrm{T}}\bar{A}^{-1}\bar{b})=0,\quad i=1,\cdots,m
\end{aligned}$$

通过适当的变换, 我们可以假定 $\bar{A}=I,\bar{b}=0$, 即最小椭球是单位椭球且中心在原点. 于是 KKT 条件可以简化为

$$\begin{aligned}
&\sum_{i=1}^{m}\lambda_ix_ix_i^{\mathrm{T}}=I\\
&\sum_{i=1}^{m}\lambda_ix_i=0\\
&\lambda_i(1-x_i^{\mathrm{T}}x_i)=0,\quad i-1,\cdots,m\\
&\|x_i\|_2\leqslant 1,\quad \lambda_i\geqslant 0,\quad i=1,\cdots,m
\end{aligned}$$

通过对第一个方程两边取迹, 并使用互补松弛条件, 可以得到 $\sum_{i=1}^{m}\lambda_i = n$.

在新的坐标下, 收缩后的椭球变为中心在原点半径为 $1/n$ 的圆. 我们需要证明

$$\|x\|_2 \leqslant \frac{1}{n} \Longrightarrow x \in C = \operatorname{conv}\{x_1, \cdots, x_m\}$$

假设 $\|x\|_2 \leqslant \frac{1}{n}$. 从 KKT 条件得到

$$x = \sum_{i=1}^{m}\lambda_i(x^{\mathrm{T}}x_i)x_i = \sum_{i=1}^{m}\lambda_i\left(x^{\mathrm{T}}x_i + \frac{1}{n}\right)x_i = \sum_{i=1}^{m}\mu_i x_i \tag{6.12}$$

这里 $\mu_i = \lambda_i\left(x^{\mathrm{T}}x_i + \frac{1}{n}\right)$. 由 Cauchy-Schwarz 不等式, 有

$$\mu_i = \lambda_i\left(x^{\mathrm{T}}x_i + \frac{1}{n}\right) \geqslant \lambda_i\left(-\|x\|_2\|x_i\|_2 + \frac{1}{n}\right) \geqslant \lambda_i\left(-\frac{1}{n} + \frac{1}{n}\right) = 0$$

进一步有

$$\sum_{i=1}^{m}\mu_i = \sum_{i=1}^{m}\lambda_i\left(x^{\mathrm{T}}x_i + \frac{1}{n}\right) = \sum_{i=1}^{m}\lambda_i/n = 1$$

上式和式 (6.12), 就表明了 x 在 $x_1, \cdots, x_m$ 的凸组合中, 因此 $x \in C$.

问题 假定 C 是一个对称的集合, 上述问题会有怎样进一步的结论? 可以证明这时逼近因子可以改进到 $1/\sqrt{n}$, 且这个界是紧的.

例 6.4.10 内切最大椭球.

我们现在考虑寻找包含在 C 中的最大椭球的问题, 这里和例 6.4.9 中一样假定 C 是凸的有界集, 且有非空内部. 假定椭球方程为

$$E = \{Bu + d \mid \|u\|_2 \leqslant 1\}$$

这里矩阵 $B \in S_{++}^n$. 所以椭球体积正比于 $\det B^{-1}$. 于是我们的问题可以表述为如下凸优化问题:

$$\begin{aligned} \max \quad & \log\det B^{-1} \\ \text{s.t.} \quad & \sup\nolimits_{\|u\|_2 \leqslant 1} I_C(Bu + d) \leqslant 0 \end{aligned} \tag{6.13}$$

这里变量是 $B \in S^n$ 和 $d \in \mathbf{R}^n$, I_C 表示指示函数. 这里显然隐含着约束 $B \succ 0$.

情形 1 最大化多面体内的椭球. 我们下面考虑上面问题中 C 是一个多面体的情形. 设多面体

$$C = \{x \mid a_i^{\mathrm{T}}x \leqslant b_i, \quad i = 1, \cdots, m\}.$$

为了应用问题 (6.13), 我们先把约束表示为更简洁的形式:

$$\sup_{\|u\|_2\leqslant 1} I_C(Bu+d)\leqslant 0 \Longleftrightarrow \sup_{\|u\|_2\leqslant 1} a_i^{\mathrm{T}}(Bu+d)\leqslant b_i, i=1,\cdots,m$$
$$\Longleftrightarrow \|Ba_i\|_2+a_i^{\mathrm{T}}d\leqslant b_i,\quad i=1,\cdots,m$$

于是就得到下列凸优化问题:

$$\begin{aligned}&\min\quad \log\ \det B^{-1}\\&\text{s.t.}\quad \|Ba_i\|_2+a_i^{\mathrm{T}}d\leqslant b_i,\quad i=1,\cdots,m\end{aligned}$$

这里变量是 B 和 b.

问题 如果 C 是几个椭球的交集, 如何将包含其中的最大椭球表示为优化问题?

情形 2 最大体积外接椭球的仿射不变性. Löwner-John 椭球和内切最大椭球都是仿射不变的. 设 E_{lj} 是 C 的 Löwner-John 椭球, $T\in\mathbf{R}^{n\times n}$ 是非奇异的, TC 的 Löwner-John 椭球是 TE_{lj}. 类似地, 对内置的最大椭球这也是成立的. 要确定这个结果, 设 E 是任一包含 C 的椭球, 则 TE 包含 TC. 这个命题反过来也是成立的.

例 6.4.11 确定球心问题.

设 $C\in\mathbf{R}^n$ 是有界的且有非空内部, $x\in C$. 一个点 x 的深度定义为

$$\text{depth}(x,C)=\text{dist}(x,\mathbf{R}^n\backslash C)$$

即这个点到 C 的外部的最近距离. 深度实际上给出了中心在 x 位于 C 中的最大球的半径. 集合 C 的 Chebyshev 中心定义为在 C 中的最大深度的点, 也即

$$x_{\text{cheb}}(C)=\text{argmax depth}(x,C)=\text{argmax dist}(x,\mathbf{R}^n\backslash C)$$

一个 Chebyshev 中心是离 C 的外部最远的 C 中的点, 它也是位于 C 中的最大球的球心.

情形 1 当 C 是凸集合的时候, 深度是 $x\in C$ 的凹函数. 所以计算 Chebyshev 中心是一个凸优化问题. 特别地, 如果 C 定义为

$$C=\{x\mid f_1(x)\leqslant 0,\cdots,f_m(x)\leqslant 0\}$$

这里 $f_i(x)$ 都是凸函数, 则我们可以通过求解下列优化问题得到 Chebyshev 中心

$$\begin{aligned}&\max\quad R\\&\text{s.t.}\quad g_i(x,R)\leqslant 0,\quad i=1,\cdots,m\end{aligned}$$

这里 g_i 定义为 $g_i(x,R)=\sup\limits_{\|u\|\leqslant 1} f_i(x+Ru)$.

容易看出这个问题是一个凸优化问题, 但一般求解十分困难. 只有在 g_i 容易计算的时候, 才能精确求得该 Chebyshev 中心, 比如, 当 C 是多面体的时候, 设这时 C 表示为

$$C=\{x\mid a_i^{\mathrm{T}}x\leqslant b_i, i=1,\cdots,m\}$$

这样如果 $R \geqslant 0$, 有

$$g_i(x,R) = \sup_{\|u\|\leqslant 1} a_i^{\mathrm{T}}(x+Ru) - b_i = a_i^{\mathrm{T}}x + R\|a_i\|_* - b_i$$

则 Chebyshev 中心问题可以化为如下线性规划问题

$$\begin{array}{ll} \max & R \\ \text{s.t.} & a_i^{\mathrm{T}}x + R\|a_i\|_* \leqslant b_i, \quad i=1,\cdots,m \\ & R \geqslant 0 \end{array}$$

这里变量是 x 和 R.

情形 2 几个椭球交集的 Chebyshev 中心. 设 C 是 m 个椭球的交集, 定义为

$$C = \{x \mid x^{\mathrm{T}}A_ix + 2b_i^{\mathrm{T}}x + c_i \leqslant 0, i=1,\cdots,m\}$$

这里 $A_i \in S_{++}^n$, 有

$$\begin{aligned} g_i(x,R) =& \sup_{\|u\|_2\leqslant 1} ((x+Ru)^{\mathrm{T}}A_i(x+Ru) + 2b_i^{\mathrm{T}}(x+Ru) + c_i) \\ =& x^{\mathrm{T}}A_ix + 2b_i^{\mathrm{T}}x + c_i + \sup_{\|u\|_2\leqslant 1} (R^2u^{\mathrm{T}}A_iu + 2R(A_ix+b_i)^{\mathrm{T}}u) \end{aligned}$$

可以验证, $g_i(x,R) \leqslant 0$ 当且仅当存在 λ_i 满足矩阵不等式

$$\begin{pmatrix} -x^{\mathrm{T}}A_ix_i - 2b_i^{\mathrm{T}}x - c_i - \lambda_i & R(A_ix+b_i)^{\mathrm{T}} \\ R(A_ix+b_i) & \lambda_iI - R^2A_i \end{pmatrix} \succeq 0$$

使用这个结果, 我们能表示 Chebyshev 中心问题为

$$\begin{array}{ll} \max & R \\ \text{s.t.} & \begin{pmatrix} -\lambda_i - c_i + b_i^{\mathrm{T}}A - 1_ib_i & 0 & (x+A_i^{-1}b_i)^{\mathrm{T}} \\ 0 & \lambda_iI & RI \\ x+A_i^{-1}b_i & RI & A_i^{-1} \end{pmatrix} \succeq 0, \quad i=1,\cdots,m \end{array}$$

这是一个变量为 R, λ, x 的半定规划问题.

问题 如果把上述问题中的球换成椭球, 如何表示这个问题?

例 6.4.12 不等式的解析中心.

凸不等式和线性等式

$$f_i(x) \leqslant 0, \quad i=1,\cdots,m, \qquad Fx = g$$

定义的集合的解析中心是指下面凸优化问题的解:

$$\begin{aligned} \min \quad & -\sum_{i=1}^{m} \log(-f_i(x)) \\ \text{s.t.} \quad & Fx = g \end{aligned}$$

我们假定下列系统

$$f_i(x) < 0, \quad i = 1, \cdots, m, \quad Fx = g$$

有解. 如果

$$C = \{x \mid f_i(x) < 0, i = 1, \cdots, m, \quad Fx = g\}$$

是有界的, 则上述问题的目标函数有下界. 当 x 是严格可行点时, 我们可以把 $-f_i(x)$ 解释为第 i 个不等式的边际或松弛. 解析中心就是这样的点, 它最大化松弛或边际的乘积, 同时满足等式约束 $Fx = g$.

下面考虑 $f_i(x)$ 是线性不等式时的情形. 假定线性不等式为

$$a_i^{\mathrm{T}} x \leqslant b_i, \quad i = 1, \cdots, m.$$

则解析中心就是无约束优化问题

$$\min \quad -\sum_{i=1}^{m} \log(b_i - a_i^{\mathrm{T}} x)$$

的解. 如果由这个线性不等式系统定义的多面体是有界的, 则解析中心是唯一的. 我们这时再看一下解析中心的几何意义. 不妨假定法向量 a_i 是单位向量, 即 $\|a_i\|_2 = 1$. 这时松弛量 $b_i - a_i^{\mathrm{T}} x$ 表示 x 到超平面 $H_i = \{x \mid a_i^{\mathrm{T}} x = b_i\}$ 的距离. 所以, 解析中心 x_{ac} 是这样一个点, 它使得其到各超平面的距离的乘积最大.

问题 试确定多面体是平面上的三角形时, 解析中心是哪个点?

例 6.4.13 基于不等式解析中心的内外椭球.

不等式集合的解析中心隐含地定义了一个内置的椭圆, 由对数障碍函数的 Hesse 矩阵定义

$$-\sum_{i=1}^{m} \log(b_i - a_i^{\mathrm{T}} x)$$

在解析中心处估算, 即

$$H = \sum_{i=1}^{m} d_i^2 a_i a_i^{\mathrm{T}}, \qquad d_i = \frac{1}{b_i - a_i^{\mathrm{T}} x_{ac}}, \quad i = 1, \cdots, m$$

有 $E_{\text{inner}} \subseteq P \subseteq E_{\text{outer}}$, 这里

$$\begin{aligned} P &= \{x \mid a_i^{\mathrm{T}} x \leqslant b_i, i = 1, \cdots, m\} \\ E_{\text{inner}} &= \{x \mid (x - x_{ac})^{\mathrm{T}} H (x - x_{ac}) \leqslant 1\} \\ E_{\text{outer}} &= \{x \mid (x - x_{ac})^{\mathrm{T}} H (x - x_{ac}) \leqslant m(m-1)\} \end{aligned}$$

这是比内置最大椭球更弱的一个结果. 当以 n 的某个因子相乘后, 它就覆盖了多面体. 由对数 Hesse 矩阵定义的内外椭球, 相对来说, 是与数 $(m(m-1))^{\frac{1}{2}}$ 相关的, 这个数至少为 n.

下面我们证明 $E_{\text{inner}} \subseteq P$. 假设 $x \in E_{\text{inner}}$, 即

$$(x-x_{ac})^{\mathrm{T}} H(x-x_{ac}) = \sum_{i=1}^{m} (d_i a_i^{\mathrm{T}}(x-x_{ac}))^2 \leqslant 1$$

这意味着

$$a_i^{\mathrm{T}}(x-x_{ac}) \leqslant \frac{1}{d_i} = b_i - a_i^{\mathrm{T}} x_{ac}, \quad i=1,\cdots,m$$

所以 $a_i^{\mathrm{T}} x \leqslant b_i, i=1,\cdots,m$. 为了证明 $P \subseteq E_{\text{outer}}$, 我们需要使用 x_{ac} 是解析中心这个事实, 所以对数障碍函数的梯度为 0, 即

$$\sum_{i=1}^{m} d_i a_i = 0$$

现在我们假定 $x \in P$. 于是

$$\begin{aligned}
(x-x_{ac})^{\mathrm{T}} H(x-x_{ac}) &= \sum_{i=1}^{m} (d_i a_i^{\mathrm{T}}(x-x_{ac}))^2 \\
&= \sum_{i=1}^{m} d_i^2 \left(\frac{1}{d_i} - a_i^{\mathrm{T}}(x-x_{ac})\right)^2 - m \\
&= \sum_{i=1}^{m} d_i^2 (b_i - a_i^{\mathrm{T}} x)^2 - m \\
&\leqslant \left(\sum_{i=1}^{m} d_i (b_i - a_i^{\mathrm{T}} x)\right)^2 - m \\
&= \left(\sum_{i=1}^{m} d_i (b_i - a_i^{\mathrm{T}} x_{ac}) + \sum_{i=1}^{m} d_i a_i^{\mathrm{T}} (x_{ac} - x)\right)^2 - m \\
&= m^2 - m
\end{aligned}$$

这表明 $x \in E_{\text{outer}}$$\Bigg($ 上面第二个等式是因为 $\sum_{i=1}^{m} d_i a_i = 0$. 第三个等式是因为对任意 $y \geqslant 0, \sum_{i=1}^{m} y_i^2 \leqslant \left(\sum_{i=1}^{m} y_i\right)^2$. 最后一个不等式是由 $\sum_{i=1}^{m} d_i a_i = 0$ 和 d_i 的定义得到 $\Bigg)$.

例 6.4.14　线性矩阵的解析中心.

解析中心的定义可以推广到关于锥的广义不等式情形. 例如, 矩阵不等式

$$x_1 A_1 + x_2 A_2 + \cdots + x_n A_n \preceq B$$

的解析中心定义为

$$\min \quad -\log\ \det(B - x_1A_1 - \cdots - x_nA_n)$$

例 6.4.15 分类问题.

在模式识别和分类问题中, 给定 $\mathbf{R}^n$ 中两组点的集合: $\{x_1, \cdots, x_N\}$ 和 $\{y_1, \cdots, y_M\}$. 问题是希望找出一个函数 f: $\mathbf{R}^n \to \mathbf{R}$, 使得

$$f(x_i) > 0, \quad i = 1, \cdots, N, \quad f(y_i) < 0, \quad i = 1, \cdots, M$$

如果这些不等式成立, 我们就说 f 或它的 0-水平集 $\{x \mid f(x) = 0\}$ 分离了这两个点集.

情形 1 线性分类. 如果使用仿射函数 $f(x) = a^{\mathrm{T}}x - b$ 作为要寻找的函数, 则要求满足

$$a^{\mathrm{T}}x_i - b > 0, \quad i = 1, \cdots, N, \qquad a^{\mathrm{T}}y_i - b < 0, \quad i = 1, \cdots, M$$

也就是我们要找一个超平面把这两类点分开. 既然不等式关于 a 和 b 是齐次的, 这个不等式组可以等价地写为

$$a^{\mathrm{T}}x_i - b \geqslant 1, \quad i = 1, \cdots, N, \qquad a^{\mathrm{T}}y_i - b \leqslant -1, \quad i = 1, \cdots, M$$

如果仿射分类函数 $f(x) = a^{\mathrm{T}}x - b$ 存在, 我们还可以求出最优的线性分类函数, 也就是使得被分开的两部分之间有最大的间距, 这个问题可以表示为如下优化模型:

$$\begin{aligned} \max \quad & t \\ \text{s.t.} \quad & a^{\mathrm{T}}x_i - b \geqslant t, \quad i = 1, \cdots, N \\ & a^{\mathrm{T}}y_i - b \leqslant -t, \quad i = 1, \cdots, M \\ & \|a\|_2 \leqslant 1 \end{aligned}$$

这里变量是 a, b 和 t. 最优值 t^* 大于 0 的充分必要条件是二类点集可以被严格分离.

情形 2 支撑向量分类. 当两个点集合不是线性可分的时候, 我们可以去寻找一个仿射函数去近似地把二类点分开. 但一般来说这是一个困难的组合优化问题. 一种交互式近似线性归并方法是基于支持向量分类方法. 做法如下: 我们首先通过引入非负变量 $u_1, \cdots, u_N$ 和 $v_1, \cdots, v_M$, 形成不等式系统:

$$a^{\mathrm{T}}x_i - b \geqslant 1 - u_i, \quad i = 1, \cdots, N, \qquad a^{\mathrm{T}}y_i - b \leqslant -(1 - v_i), \quad i = 1, \cdots, M$$

当 $u = v = 0$ 时, 我们回到原问题. 否则当 u 和 v 足够大时, 这些不等式总是会是有解的. 我们可以把 u_i 作为约束 $a^{\mathrm{T}}x_i - b \geqslant 0$ 被违背多大的一度量, 对 v_i 也

是类似的. 我们的目标是发现 a 和 b 及非负 u 和 v 满足上面的不等式组. 这样就得到下面的最小化问题:

$$\begin{aligned} \min \quad & 1^{\mathrm{T}}u+1^{\mathrm{T}}v \\ \text{s.t.} \quad & a^{\mathrm{T}}x_i-b\geqslant 1-u_i, \quad i=1,\cdots,N \\ & a^{\mathrm{T}}y_i-b\leqslant -(1-v_i), \quad i=1,\cdots,M \\ & u\geqslant 0, \quad v\geqslant 0 \end{aligned}$$

情形 3 非线性分类. 实际上我们也可以寻找非线性函数, 使得

$$f(x_i)>0, \quad i=1,\cdots,N, \quad f(y_i)<0, \quad i=1,\cdots,M$$

这里仅仅考虑某些特殊情形. 假定 f 是二次函数:

$$f(x)=x^{\mathrm{T}}Px+q^{\mathrm{T}}x+r$$

参数 $P\in S^n$, $q\in \mathbf{R}^n$, $r\in\mathbf{R}$ 满足不等式组

$$x_i^{\mathrm{T}}Px_i+q^{\mathrm{T}}x_i+r>0, \quad i=1,\cdots,N, \qquad y_i^{\mathrm{T}}Py_i+q^{\mathrm{T}}y_i+r<0, \quad i=1,\cdots,M$$

像线性情况一样, 这里函数 f 关于 P, q, r 是齐次的, 可以通过求解下面非齐次但等价的不等式组问题得到解:

$$\begin{aligned} & x_i^{\mathrm{T}}Px_i+q^{\mathrm{T}}x_i+r\geqslant 1, \quad i=1,\cdots,N \\ & y_i^{\mathrm{T}}Py_i+q^{\mathrm{T}}y_i+r\leqslant -1, \quad i=1,\cdots,M \end{aligned}$$

曲面 $\{z \mid z^{\mathrm{T}}Pz+q^{\mathrm{T}}z+r=0\}$ 是一个二次曲面, 设两个分类区域为

$$\{z \mid z^{\mathrm{T}}Pz+q^{\mathrm{T}}z+r\leqslant 0\}, \quad \{z \mid z^{\mathrm{T}}Pz+q^{\mathrm{T}}z+r\geqslant 0\}$$

是由二次不等式定义, 可以对参数加某些限制, 如 P 是半负定的, 这意味着曲面是椭球, 这时问题是下列半定规划可行性问题.

求 P, q, r, 使得

$$\begin{aligned} & x_i^{\mathrm{T}}Px_i+q^{\mathrm{T}}x_i+r\geqslant 1, \quad i=1,\cdots,N \\ & y_i^{\mathrm{T}}Py_i+q^{\mathrm{T}}y_i+r\leqslant -1, \quad i=1,\cdots,M \\ & P\preceq 0 \end{aligned}$$

实际上也可以像线性情况一样, 使得二类点有最大的分类. 这时优化模型可以写为

$$\begin{aligned} \max \quad & t \\ \text{s.t.} \quad & x_i^{\mathrm{T}}Px_i+q^{\mathrm{T}}x_i+r\geqslant t, \quad i=1,\cdots,N \\ & y_i^{\mathrm{T}}Py_i+q^{\mathrm{T}}y_i+r\leqslant -t, \quad i=1,\cdots,M \\ & P\preceq 0 \end{aligned}$$

这里 t, P, q, r 是变量, 这个问题属于半定规划问题.

例 6.4.16 定位和选址.

设有 $\mathbf{R}^2$ 或 $\mathbf{R}^3$ 中的 N 个点和其中某些点之间的点对, 点对之间是连接的. 这 N 个点中的一些点是固定的或已知的, 我们这里的问题是确定剩下的点, 以便相连的线段的长度之和最短, 约束条件是关于位置的额外要求. 比如, 一个公司的仓库及一些销售货物的道路. 目标是选择仓库的位置以便交通费最少. 再比如, 点表示节点在一个集成电路中的位置, 连线表示连接这些节点之间的线路. 这里的目标是安排节点的位置以便该集成电路中的线路长度最短. 这类问题可以使用图论中的无向图描述. 对每一个节点我们用变量 x_i, x_i 表示这个节点的位置. 这样上述问题可以写为

$$\min \quad \sum_{(i,j)\in A} f_{ij}(x_i, x_j)$$

这里 A 是图里所有连线的集合, f_{ij} 表示连接弧 (i,j) 的花费. 当两个点之间没有连线时, 记 $f_{ij}=0$. 这些点当中有一些的坐标是已知的, 变量是其余点的坐标. 如果 f_{ij} 是凸的, 则这个问题是一个凸优化问题. 下面分几种情况做进一步讨论.

情形 1 线性费用定位问题. 假定弧线表示两个节点 i,j 之间的距离, 这样就有 $f_{ij}=\|x_i-x_j\|$. 这样我们的问题就是要最小化 $\sum\limits_{(i,j)\in A}\|x_i-x_j\|$.

一般使用 2-范数或 1-范数, 如在线路设计问题中, 使用 1-范数. 这时定位问题是凸优化问题.

考虑只有一个点需要确定而其他点都是确定的情形. 如果取 1-范数, 则问题为

$$\min \quad \sum_{i=1}^{K}(|u-u_i|+|v-v_i|)$$

这里 $(u_1,v_1),\cdots,(u_K,v_K)$ 是已知点. 这时可以解析地求出这个问题的解. 如果取 2-范数, 问题表示为

$$\min \quad \sum_{i=1}^{K}((u-u_i)^2+(v-v_i)^2)^{\frac{1}{2}}$$

这个问题也称为 Weber 点问题.

在有些问题中, 还有些约束条件, 如变量在某个区间里等. 这时得到带约束的定位问题.

情形 2 非线性费用定位问题. 更一般地, 如果关于弧长的花费是非线性函数, 这时定位问题是一个非线性优化问题.

$$\min_{i<j} \quad w_{ij}h(\|x_i-x_j\|)$$

这里 $w_{ij} \geqslant 0$, 且 h 是正数轴上的增函数, 也是凸函数. 比如, 取 $h(z) = z^2$, 范数取 2- 范数就是一例. 这时称为二次定位问题. 如果约束是线性等式约束, 这时问题可以求出解析解. 如果有线性不等式和等式约束, 问题可以用二次规划方法求解.

情形 3 具有路约束的定位问题. 设有 N 个已给的点 $x_1, \cdots, x_N$, 沿着这些点的 p- 链路是指有一个节点子集, 其指标为 $i_0, \cdots, i_p \in \{1, \cdots, N\}$. 这条路的长度为

$$\|x_{i_1} - x_{i_0}\| + \|x_{i_2} - x_{i_1}\| + \cdots + \|x_{i_p} - x_{i_{p-1}}\|$$

这个函数是 $x_1, \cdots, x_N$ 的凸函数, 如果加一个上界就得到一个凸约束条件. 有一些有趣的是定位问题涉及这类路约束.

情形 4 极小极大延迟布局. 我们考虑一个有向图, 其节点为 $1, \cdots, N$, 弧线是指有节点 i 连接 j, 这些弧组成这个有向图的弧集合. 如果没有指向它的弧, 一个节点称为源节点. 一个节点称为目标节点, 如果没有弧以它为始点. 我们这里的问题是要求图中的最大路, 这条路起点为某一个源点, 终点是某一目标节点. 图中的弧在实际问题中有不同的含义, 如表示货物流、信息流, 从一个地点传到另外一个地点. 我们用连接的节点之间的弧长距离表示两点之间运输或传播的时间. 整个的运输或传播的时间就用这条路的距离表示, 它就是这条路上每条弧的距离长度的和. 这个问题也称为延迟布局问题. 现在我们可以描述极小极大布局问题. 这些节点中有一些位置是确定的, 而另一些待定, 也就是这些点的坐标是自由变量. 目标是选取自由变量以便最小化整个运输或传播时间的最大值, 这是对所有以源点为起点, 目标节点为终点的路来求解的. 这时目标为

$$T_{\max} = \max\{\|x_{i_1} - x_{i_0}\| + \cdots + \|x_{i_p} - x_{i_{p-1}}\| \mid i_0, \cdots, i_p\text{是一条源—终路}\}$$

是 $x_1, \cdots, x_N$ 的凸函数, 该问题是一个优化凸问题.

当节点数很多时, 源—终路个数可能很大, 它是节点或弧的个数的指数函数. 尽管这时问题是凸优化问题, 但规模过大. 这时有一个有用的重新表示, 可以避免计算所有的源—终路. 我们首先解释怎样有效地计算最大延时. 设 τ_k 是任何从节点 k 到一个目标节点的最大总延时. 显然当 k 也是目标节点时. $\tau_k = 0$, 考虑非目标节点 k, 它能够到达的节点是 $j_1, \cdots, j_p$. 如果有一条路从节点 k 的节点经过节点 j_i, 则这条最长路就是 $\|x_{j_i} - x_k\| + \tau_{j_i}$.

这样接下来便有从 k 开始的到一个目标节点的最大延时为

$$\tau_k = \max\{\|x_{j_1} - x_k\| + \tau_{j_1}, \cdots, \|x_{j_p} - x_k\| + \tau_{j_p}\} \tag{6.14}$$

由此可以看出怎样基于上式的递归去表示 $\min\max$ 延迟定位问题. 我们可以把问题表示为

$$
\begin{aligned}
\min \quad & \max\{\tau_k \mid k\text{是一个源点}\} \\
\text{s.t.} \quad & \tau_k = 0 \text{ 当 } k \text{ 是一个目标点时} \\
& \tau_k = \max\{\|x_j - x_k\| + \tau_j \mid \text{有一个从 } k \text{ 到 } j \text{ 的弧}\}
\end{aligned}
$$

这里变量是 $\tau_1, \cdots, \tau_N$ 及待定的位置. 这个问题不是凸的优化问题, 但通过把等式用不等式代替, 我们可以等价地把它表示为一个凸的优化问题.

引进新的变量 $T_1, \cdots, T_N$, 这些量分别是 $\tau_1, \cdots, \tau_N$ 的上界. 对所有的目标节点我们取 $T_k = 0$, 在式 (6.14) 中取不等式

$$
T_k \geqslant \max\{\|x_{j_1} - x_k\| + T_{j_1}, \cdots, \|x_{j_p} - x_k\| + T_{j_p}\}
$$

如果这些不等式满足, 则 $T_k \geqslant \tau_k$. 这样就可以把原定位问题表示为下述凸优化问题

$$
\begin{aligned}
\min \quad & \max\{T_k \mid k\text{是一个源点}\} \\
\text{s.t.} \quad & T_k = 0 \text{ 当 } k \text{ 是一个目标点时} \\
& T_k \geqslant \max\{\|x_j - x_k\| + T_j \mid \text{有一个从 } k \text{ 到 } j \text{ 的弧}\}
\end{aligned}
$$

例 6.4.17 多面体的 Chebyshev 中心.

为充分利用废料, 某公司想从一个多边形的废料中切割出一块面积最大的圆形材料以用于生产. 具体用数学语言表示如下.

假设这个多面体 P 表示为

$$
P = \{x \in \mathbf{R}^n \mid a_i^{\mathrm{T}} x \leqslant b_i, i = 1, \cdots, m\}
$$

如果这个球 B 表示为

$$
B = \{x_c + u \mid \|u\|_2 \leqslant r\}
$$

那么这个问题的变量是中心 $x_c \in \mathbf{R}^n$ 和半径 r, 我们希望能找到最大的 r , 使得 $B \subseteq P$. 此时, 这个最大球的中心称为多面体的 Chebyshev 中心.

于是, 这个问题的优化模型为

$$
\begin{aligned}
\max \quad & r \\
\text{s.t.} \quad & a_i^{\mathrm{T}}(x_c + u) \leqslant b_i, \quad \forall u : \|u\|_2 \leqslant r, \quad i = 1, \cdots, m
\end{aligned} \tag{6.15}
$$

但上面的模型不是我们熟悉的优化模型, 且不好求解, 我们可以用变换将模型简化. 对任意的 $i = 1, \cdots, m$, 有

$$
\begin{aligned}
a_i^{\mathrm{T}}(x_c + u) \leqslant b_i, \quad \forall u : \|u\|_2 \leqslant r &\Longleftrightarrow \sup\{a_i^{\mathrm{T}}(x_c + u) \mid \|u\|_2 \leqslant r\} \leqslant b_i \\
&\Longleftrightarrow a_i^{\mathrm{T}} x_c + r\|a_i\|_2 \leqslant b_i
\end{aligned}
$$

则问题 (6.15) 可以等价地写成

$$\begin{aligned} \max \quad & r \\ \text{s.t.} \quad & a_i^{\mathrm{T}} x_c + r\|a_i\|_2 \leqslant b_i, \quad i = 1, \cdots, m \end{aligned}$$

显然, 这是一个线性规划问题.

例 6.4.18 最短路问题.

如图 6.8 所示, A, B, $\cdots$, G 表示 7 个城市, 连线表示城市之间有路相通, 连线旁的数字表示路的长度 W_{ij}, 要从城市 A 到 G 找出一条最短路线.

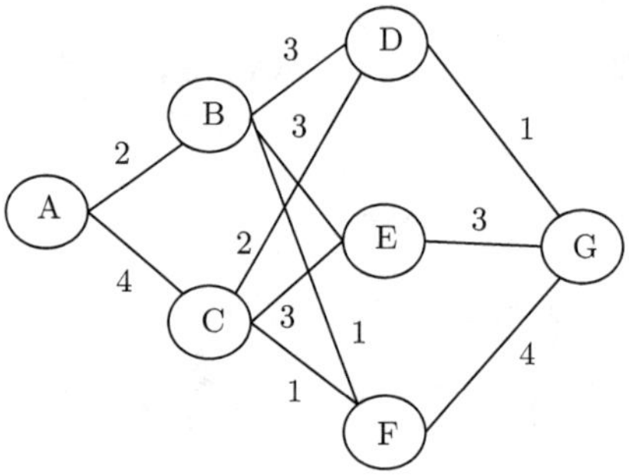

图 6.8 城市连通示意图

下面我们用 0-1 规划法表示一般最短路问题, 其思路如下.

设图中有几个节点, 起点为 1, 终点为 n. 引入 0-1 型决策变量 X_{ij}, 如果弧 (i,j) 在最短路上, 则 $X_{ij}=1$, 否则 $X_{ij}=0$.

对于除了起点 1 和终点 n 以外的任意一个顶点 i, 如果 $\sum\limits_{j=1}^{n} X_{ij}=1$, 则说明从 i 出发的所有弧中必然有一条弧在最短路上, 也就是说, 最短路经过该顶点, 此时所有从其他顶点到达该顶点的弧中必然也有一条弧在最短路上, 因而必有 $\sum\limits_{j=1}^{n} X_{ji}=1$; 如果 $\sum\limits_{j=1}^{n} X_{ij}=0$, 说明最短路不经过顶点 i , 则必有 $\sum\limits_{j=1}^{n} X_{ji}=0$. 两种情况可以合并写成 $\sum\limits_{j=1}^{n} X_{ij}=\sum\limits_{j=1}^{n} X_{ji}$, $1<i<n$.

对于起点 1, 则必然满足 $\sum\limits_{j=1}^{n} X_{1j}=1$, 对于终点 n , 则必有 $\sum\limits_{j=1}^{n} X_{jn}=1$.

目标函数是最短路上的各条弧的长度之和 (总里程), 于是最短路问题可以用如下的 0-1 规划来描述:

$$\begin{aligned}
\min \quad & z = \sum_{(i,j)\in S} W_{ij}X_{ij} \\
\text{s.t.} \quad & \sum_{(i,j)\in S} X_{ij} = \sum_{(i,j)\in S} X_{ji}, \quad 1 < i < n \\
& \sum_{(1,j)\in S} X_{1j} = 1 \\
& \sum_{(j,n)\in S} X_{jn} = 1 \\
& X_{ij} = 0 \quad \text{或} \quad 1
\end{aligned}$$

其中, S 是图中所有边 (弧) 的集合.

6.5 生产工艺或管理中的优化问题

例 6.5.1 下料问题.

某钢管零售商从钢管厂进货, 将钢管按照顾客的要求切割后售出. 从钢管厂进货时得到的原料钢管都是 19m 长.

(1) 现有一客户需要 50 根 4m 长、20 根 6m 长和 15 根 8m 长的钢管, 应如何下料最节省?

(2) 零售商如果采用不同切割模式太多, 将会导致生产过程的复杂化, 从而增加生产和管理成本, 所以该零售商规定采用的切割模式不能超过 3 种. 此外, 该客户除需要 (1) 中的三种钢管外, 还需要 10 根 5m 长的钢管, 应如何下料最节省?

1. 问题 (1) 的分析和建模

首先, 应当确定哪些切割模式是可行且合理的, 即按照客户需要在原料钢管上安排切割的一种组合, 同时保证切割的余料不应该大于或等于客户需要钢管的最小尺寸. 在这种合理性假设下, 切割模式一共有 7 种, 如表 6.10 所示.

表 6.10 钢管下料的合理切割模式

	4m 钢管根数	6m 钢管根数	8m 钢管根数	余料/m
模式 1	4	0	0	3
模式 2	3	1	0	1
模式 3	2	0	1	3
模式 4	1	2	0	3
模式 5	1	1	1	1
模式 6	0	3	0	1
模式 7	0	0	2	3

问题化为在满足客户需要的条件下, 按照哪些合理的模式, 切割多少根原料钢管, 最为节省. 而所谓节省, 可以有两种标准, 一是切割后剩余的总余料量最小, 二是切割原料钢管的总根数最少. 下面将对这两个目标分别讨论.

决策变量: 用 x_i 表示按照第 i 种模式 $(i=1,2,\cdots,7)$ 切割的原料钢管的根数, 显然它们应当是非负整数.

决策目标: 以切割后剩余的总余料量最小为目标, 则由表 6.10 可得

$$\min \quad Z_1 = 3x_1 + x_2 + 3x_3 + 3x_4 + x_5 + x_6 + 3x_7$$

以切割原料钢管的总根数最少为目标, 则有

$$\min \quad Z_2 = x_1 + x_2 + x_3 + x_4 + x_5 + x_6 + x_7$$

约束条件: 为满足客户的需求, 按照表 6.10 应有

$$\begin{aligned} 4x_1 + 3x_2 + 2x_3 + x_4 + x_5 &\geqslant 50 \\ x_2 + 2x_4 + x_5 + 3x_6 &\geqslant 20 \\ x_3 + x_5 + 2x_7 &\geqslant 15 \\ x_i \in \mathbf{N}, \quad i = 1, \cdots, 7 \end{aligned}$$

这样, 可以分别得到满足上面两个目标函数建立的整数规划模型.

2. 问题 (2) 的分析和建模

由于钢管规格增加到 4 种, 如果按照解问题 (1) 的思路, 枚举法的工作量较大. 下面介绍整数非线性规划模型, 可以同时确定切割模式和切割计划, 这是带有普遍性的方法.

同问题 (1) 类似, 一个合理的切割模式的余料不应该大于或等于客户需要的钢管的最小尺寸, 切割计划中只使用合理的切割模式, 而由于本题中参数都是整数, 所以合理切割模式的余量不能大于 3m. 此外, 这里我们仅选择总根数最少为目标进行求解.

决策变量: 由于不同切割模式不能超过三种, 可以用 x_i 表示按照第 i 种模式 $(i=1,2,3)$ 切割的原料钢管的根数, 显然它们应当是非负整数. 设所使用的第 i 种切割模式下每根原料钢管生产 4m 长、5m 长、6m 长和 8m 长的钢管数量分别为 $r_{1i}, r_{2i}, r_{3i}, r_{4i}$(非负整数).

决策目标: 以切割原料钢管的总根数最少为目标, 即目标为

$$\min \quad x_1 + x_2 + x_3$$

约束条件: 为满足客户的需求, 应有

$$r_{11}x_1 + r_{12}x_2 + r_{13}x_3 \geqslant 50$$
$$r_{21}x_1 + r_{22}x_2 + r_{23}x_3 \geqslant 10$$
$$r_{31}x_1 + r_{32}x_2 + r_{33}x_3 \geqslant 20$$
$$r_{41}x_1 + r_{42}x_2 + r_{43}x_3 \geqslant 15$$

每一种切割模式必须可行合理, 所以每根原料钢管的成品量不能超过 19m, 也不能少于 16m(余料不能大于 3m), 于是

$$\begin{aligned} &16 \leqslant 4r_{11} + 5r_{21} + 6r_{31} + 8r_{41} \leqslant 19 \\ &16 \leqslant 4r_{12} + 5r_{22} + 6r_{32} + 8r_{42} \leqslant 19 \\ &16 \leqslant 4r_{13} + 5r_{23} + 6r_{33} + 8r_{43} \leqslant 19 \\ &x_i \in \mathbf{N}, \quad i = 1, 2, 3 \end{aligned}$$

这个问题中 x_j, r_{ij} 是变量.

于是, 可以得到该问题的一个整数非线性规划模型. 但在实际用软件求解时, 为了减少运行时间, 可以增加一些显然的约束条件, 从而缩小可行解的搜索范围. 例如, 由于 3 种切割模式的排列顺序是无关紧要的, 所有不妨增加以下约束:

$$x_1 \geqslant x_2 \geqslant x_3$$

例 6.5.2 面试顺序问题.

有 4 名同学到一家公司参加三个阶段的面试: 公司要求每个同学都必须首先找公司秘书初试, 然后到部门主管处复试, 最后到经理处参加面试, 并且不允许插队 (即在任何一个阶段 4 名同学的顺序是一样的). 由于 4 名同学的专业背景不同, 所以每人在三个阶段的面试时间也不同, 如表 6.11 所示. 这 4 名同学约定他们全部面试完以后一起离开公司. 假定现在是时间早晨 8:00, 请问他们最早何时能离开公司?

表 6.11 面试时间要求(单位: min)

	秘书初试	主管复试	经理面试
同学甲	13	15	20
同学乙	10	20	18
同学丙	20	16	10
同学丁	8	10	15

实际上, 这个问题就是要安排 4 名同学的面试顺序, 使完成全部面试所花费的时间最少.

记 t_{ij} 为第 i 名同学参加第 j 阶段面试需要的时间 (已知), 令 x_{ij} 表示第 i 名同学参加第 j 阶段面试的开始时刻 (不妨记早上 8:00 面试开始为 0 时刻)($i=1,2,3,4$; $j=1,2,3$), T 为完成全部面试所花费的最少时间.

优化目标为

$$\min \quad T=\{\max_i\{x_{i3}+t_{i3}\}\} \tag{6.16}$$

约束条件:

(1) 时间先后次序约束 (每人只有参加完前一个阶段的面试后才能进入下一个阶段):

$$x_{ij}+t_{ij}\leqslant x_{i,j+1},\quad i=1,2,3,4,\quad j=1,2 \tag{6.17}$$

(2) 每个阶段 j 同一时间只能面试 1 名同学: 用 0-1 变量 y_{ik} 表示第 k 名同学是否排在第 i 名同学前面 (1 表示"是", 0 表示"否"), 则

$$x_{ij}+t_{ij}-x_{kj}\leqslant Ty_{ik},\quad i,k=1,2,3,4,j=1,2,3;\ i<k \tag{6.18}$$

$$x_{kj}+t_{kj}-x_{ij}\leqslant T(1-y_{ik}),\quad i,k=1,2,3,4,j=1,2,3;\ i<k \tag{6.19}$$

可以将非线性的优化目标 (6.16) 改写为如下线性优化目标:

$$\begin{aligned}\min\quad & T\\ \text{s.t.}\quad & T\geqslant x_{13}+t_{13}\\ & T\geqslant x_{23}+t_{23}\\ & T\geqslant x_{33}+t_{33}\\ & T\geqslant x_{43}+t_{43}\end{aligned} \tag{6.20}$$

式 (6.17)~ 式 (6.20) 就是这个问题的 0-1 非线性规划模型 (当然所有变量还有非负约束, 变量 y_{ik} 还有 0-1 约束).

例 6.5.3　消防车调度问题.

某市消防中心同时接到了三处火警报告. 根据当前的火势, 三处火警地点分别需要 2 辆、2 辆和 3 辆消防车前往灭火. 三处火警地点的损失将依赖于消防车到达的及时程度: 记 t_{ij} 为第 j 辆消防车到达火警地点 i 的时间, 则三处火警地点的损失分别为 $6t_{11}+4t_{12},7t_{21}+3t_{22},9t_{31}+8t_{32}+5t_{33}$. 目前可供消防中心调度的消防车正好有 7 辆, 分别属于三个消防站 (可用消防车数量分别 3 辆、2 辆、2 辆). 消防车从三个消防站到三个火警地点所需要的时间如表 6.12 所示. 该公司应如何调度消防车, 才能使总损失最小?

本例题考虑的是为每个火警地点分配消防车的问题, 初步看来与线性规划中经典的运输问题有些类似. 本题的问题可以看成指派问题和运输问题的一种变形, 我们下面首先把它变成一个运输问题的模型.

表 6.12 消防站到三个火警地点所需要的时间(单位: min)

时间	火警地点 1	火警地点 2	火警地点 3
消防站 1	6	7	9
消防站 2	5	8	11
消防站 3	6	9	10

(1) 决策变量

为了用运输问题求解, 我们很自然地把 3 个消防站看成供应点, 如果直接把 3 个火警地点看成需求点, 我们却不能很方便地描述消防车到达的先后次序, 因此难以确定损失的大小. 下面我们把 7 辆车的需求分别看成 7 个需求点 (分别对应于到达时间 $t_{11}, t_{12}, t_{21}, t_{22}, t_{31}, t_{32}, t_{33}$). 用 x_{ij} 表示消防站 i 是否向第 j 个需求点派车 (1 表示派车, 0 表示不派车), 则共有 21 个 0-1 变量.

(2) 决策目标

题目中给出的损失函数都是消防车到达时间的线性函数, 所以由所给数据进行简单的计算可知, 如果消防站 1 向第 6 个需求点派车 (即消防站 1 向火警地点 3 派车但该消防车是到达火警地点 3 的第二辆车), 则由此引起的损失为 $8 \times 9 = 72$. 同理计算, 可以得到损失矩阵如表 6.13 所示 (元素分别记为 c_{ij}).

表 6.13 损失矩阵

c_{ij}	火警地点 1		火警地点 2		火警地点 3		
	$j=1$	$j=2$	$j=3$	$j=4$	$j=5$	$j=6$	$j=7$
消防站 $i=1$	36	24	49	21	81	72	45
消防站 $i=2$	30	20	56	24	99	88	55
消防站 $i=3$	36	24	63	27	90	80	50

于是, 使总损失最小的决策目标为

$$\min \quad Z = \sum_{j=1}^{7} \sum_{i=1}^{3} c_{ij} x_{ij} \tag{6.21}$$

(3) 约束条件

约束条件有两类, 一类是消防站拥有的消防车的数量限制, 另一类是各需求点对消防车的需求量限制.

消防站拥有的消防车的数量限制可以表示为

$$\sum_{j=1}^{7} x_{1j} = 3, \quad \sum_{j=1}^{7} x_{2j} = 2, \quad \sum_{j=1}^{7} x_{3j} = 2 \tag{6.22}$$

各需求点对消防车的需求量限制可以表示为

$$\sum_{i=1}^{3} x_{ij} = 1, \quad j = 1, 2, \cdots, 7 \tag{6.23}$$

综上, 式 (6.21)$\sim$ 式 (6.23) 就是这个问题的 0-1 整数规划模型 (当然变量 x_{ij} 还有 0-1 约束).

注　本章介绍的几类优化模型, 多数可直接用第 1 章 $\sim$ 第 5 章介绍的优化方法求解, 有的 (如半定规划模型) 则不能用本书中介绍的方法求解.

参 考 文 献

[1] Avriel M. Nonlinear Programming: Analysis and Methods. New Jersey: Prentice-Hall, 1976.

[2] Nocedel N, Wright S J. Numerical Optimization. New York: Springer-Verlag, 1998.

[3] Boyd, S, Vardenberghe L. Convex Optimization. Cambridge: Cambridge University Press, 2004.

[4] 席少霖, 赵凤治. 最优化计算方法. 上海: 上海科学技术出版社, 1983.

[5] 孙文瑜, 徐成贤, 朱德通. 最优化方法. 北京: 高等教育出版社, 2004.

[6] 施光燕, 董加礼. 最优化方法. 北京: 高等教育出版社, 2002.

[7] 杜藏. 最优化计算方法. 天津: 天津大学出版社, 1996.

[8] 袁亚湘, 孙文瑜. 最优化理论与方法. 北京: 科学出版社, 1999.

[9] 黄红选, 韩继业. 数学规划. 北京: 清华大学出版社, 2005.

[10] 阳明盛, 罗长童. 最优化原理、方法及求解软件. 北京: 科学出版社, 2006.

[11] Guéret C, et al. 运筹学案例 —— 建模、求解. 北京林森科技发展有限公司, 译. Dash Optimization 有限公司, 2006.

[12] 杜藏, 骆源. 科学计算语言 MATLAB 简明教程. 天津: 南开大学出版社, 1998.

[13] 张志涌. 掌握和精通 MATLAB. 北京: 北京航空航天大学出版社, 1997.

[14] 谢金星, 薛毅. 优化建模与 Lindo \ Lingo 软件. 北京: 清华大学出版社, 2005.

[15] 王宜举, 修乃华. 非线性规划理论与算法. 北京: 科学出版社, 2012

[16] Schrage L. Optimization Modeling with LINGO. Lindo Systems Inc., 2006.

[17] Lindo Systems Inc. http://www.lindo.com, 2006.

[18] 戴彧虹, 袁亚湘. 非线性共轭梯度法. 上海: 上海科学技术出版社, 2000.

[19] 韩继业, 修乃华, 戚后铎. 非线性互补问题理论与算法. 上海: 上海科学技术出版社, 2006.

《运筹与管理科学丛书》已出版书目

1. 非线性优化计算方法　袁亚湘　著　2008 年 2 月
2. 博弈论与非线性分析　俞　建　著　2008 年 2 月
3. 蚁群优化算法　马良等　著　2008 年 2 月
4. 组合预测方法有效性理论及其应用　陈华友　著　2008 年 2 月
5. 非光滑优化　高　岩　著　2008 年 4 月
6. 离散时间排队论　田乃硕　徐秀丽　马占友　著　2008 年 6 月
7. 动态合作博弈　高红伟〔俄〕彼得罗相　著　2009 年 3 月
8. 锥约束优化——最优性理论与增广 Lagrange 方法　张立卫　著　2010 年 1 月
9. Kernel Function-based Interior-point Algorithms for Conic Optimization Yanqin Bai 著　2010 年 7 月
10. 整数规划　孙小玲　李　端　著　2010 年 11 月
11. 竞争与合作数学模型及供应链管理　葛泽慧　孟志青　胡奇英　著　2011 年 6 月
12. 线性规划计算(上)　潘平奇　著　2012 年 4 月
13. 线性规划计算(下)　潘平奇　著　2012 年 5 月
14. 设施选址问题的近似算法　徐大川　张家伟　著　2013 年 1 月
15. 模糊优化方法与应用　刘彦奎　陈艳菊　刘　颖　秦　蕊　著　2013 年 3 月
16. 变分分析与优化　张立卫　吴佳　张艺　著　2013 年 6 月
17. 线性锥优化　方述诚　邢文训　著　2013 年 8 月
18. 网络最优化　谢政　著　2014 年 6 月
19. 网上拍卖下的库存管理　刘树人　著　2014 年 8 月
20. 图与网络流理论(第二版)　田丰　张运清　著　2015 年 1 月
21. 组合矩阵的结构指数　柳柏濂　黄宇飞　著　2015 年 1 月
22. 马尔可夫决策过程理论与应用　刘克　曹平　编著　2015 年 2 月
23. 最优化方法　杨庆之　编著　2015 年 3 月